中国少儿必读金典
—— 全优新版 ——

The Records
about Insects

法布尔昆虫记全集

[法]法布尔/原 著 龚 勋/主 编

天地出版社 | TIANDI PRESS

以人性观照虫性的杰作……

昆虫演绎的生命之歌

花儿因美丽芬芳而引人注目，鱼儿因自由自在而令人羡慕，鸟儿因征服蓝天而让人赞叹……大自然中，每一类物种都以自己独特的方式诠释着生命的真谛，这其中也包括很多人眼中微不足道的"虫子"。你想知道小小的虫子会演绎出怎样动人的生命之歌吗？那就请打开《法布尔昆虫记全集》，并从中寻找答案吧！

《法布尔昆虫记全集》不仅是一部研究昆虫的科学巨著，也是一部讴歌自然与生命的宏伟诗篇。自问世以来，它就以其丰富的内涵、优美的笔触影响了无数科学家、文学家以及普通读者。大文豪雨果曾盛赞法布尔为"昆虫世界的荷马"，而进化论之父达尔文则称他为"无与伦比的观察家"。法布尔以充满爱的语言向人们描绘了一个异彩纷呈的昆虫世界。在这里，每一种昆虫，它们从诞生、生长，直至死亡，每一个细节、每一个场景都充满了生命的灵性，闪耀着智慧的光辉！

为了让青少年朋友们更好地感悟法布尔先生笔下的昆虫世界，我们在秉承原著活泼生动的文风的基础上，用通俗易懂的语言对法布尔的《昆虫记》进行了重新整理，萃取名篇，结集成书，并精心配制了数十幅手绘图片，可谓是图文并茂。

读完本书，相信读者朋友们在了解更多昆虫知识的同时，一定会情不自禁地对自然界的这些小精灵生出由衷的怜爱。事实上，正是因为它们的存在，我们的大自然才如此美丽、可爱！

目录 | CONTENTS

目录 CONTENTS

论祖传

通过对一些昆虫的观察，我得出这样的结论：在昆虫界，父亲对家庭态度冷漠是一个普遍现象。当然，也有例外，比如某些种类的食粪虫。它们懂得家庭合作，父亲差不多和母亲一样勤劳，齐心协力共组家庭。那么，这些特别的昆虫的这种与伦理道德有关的天赋源于哪里呢？

也许有的人会说，这是因为养育幼虫相当耗费精力，而父亲和母亲共同努力会创造出一个人单独劳动所不能创造的东西。这确实是个不错的理由，但事实往往并非如此。就比如，赛西蜣螂的父亲十分勤劳，圣甲虫的父亲却整天游手好闲。尽管如此，这两种食粪虫的技艺和养育幼虫的方式却是相同的。又如，月形粪蜣螂的父亲总是协助伴侣，不离不弃；而西班牙粪蜣螂的父亲不等孩子们的粮食储存加工好，就抛妻弃子离开家庭。尽管它们的个性存在如此差异，可在制作粪球方面，二者都投入了巨大精力，还会将小粪球在食物储藏室里成排摆放。由此看来，如果仅仅因为它们制作的"产品"相似就断定它们的习性也相似，这种看法是错误的。

我们再说说膜翅目昆虫吧。毫无疑问，膜翅目昆虫会给后代留下遗产。而在积聚财富的过程中，无论是一罐蜜，还是一筐猎物，父亲是绝不参与的。不仅如此，如果居住的地方需要打扫，做父亲的也决不会伸一把手，对于它来说，无所事事是应该的。很多时候，维系一个家庭需要巨大的耗费，可这却不能唤起作为父亲的责任感。这是怎么回事呢？

我们姑且先放下虫子，来谈谈我们人类。每个人都有自己的个性和特质，当某些特质从平庸中脱颖而出，进而达到巅峰状态时，就被称为天才。比如，一个牧童为了打发时间而不停地数一堆堆小石子，渐渐地，他成了一个擅长计

算的人。他不需要借助任何工具，仅通过短暂的思考，就可以快速而准确地计算出那些几乎可以压得我们喘不过气来的数字。这样的人是值得赞叹的，他拥有过人的数学天赋。

还有的孩子，在我们忙于玩弹子和陀螺的时候，他却远离噪杂吵闹的人群，独自待在某处。在他心中，正响起天籁之音，他的脑海中正浮现出一座摆满管风琴的教堂。种种美妙的声音，让他心醉神迷，欣喜若狂。这就是一个在音乐方面具有天赋的人，他将来可能会成为一个音乐家。

又有一个孩子，他喜欢用黏土捏出一个个天真稚拙、憨态可掬的小东西；还喜欢用刀把树根做成假面具，扮怪相；喜欢把黄杨木做成绵羊或者马……长此以往，我们相信，他很可能会成为一个很棒的雕刻家，因为他有形态方面的才能和天赋。

其实，在人类活动的每个领域里，如艺术、商业、科学和文学，差不多都是这样。从一出生，我们身上就潜藏着某种把我们同一大堆普通人区别开来的东西。然而，这种东西源自何处呢？有人认为，它源于一系列遗传，那是一种时而直接、时而遥远的遗传，在传递的过程中，时间会对它进行添加或修改。如果仔细查查族谱，就会追溯到天才的根源。最开始，它仅仅是不起眼的涓涓细流，渐渐地，就会变成滔滔江河。

遗传，真是一个寓意深刻、不可思议的词啊！这一点，科学已经对它在很大程度上给予了肯定。然而，有关遗传的科学理论只会让那些晦涩的事物更加难以理解，而我渴求清晰明了的事物，所以就让那些固守这种理论的人乐此不疲吧！而我将全身心地投入到具体的现象中，而无需解释更深层次的秘密。是的，我这样的方法无法揭示出本能的根源，但至少它是有用的。

开展这样的研究，无疑需要一个内在特点已经被人们了如指掌的实验对象。可是，这样的对象要去哪里找呢？假如我们能够知道人类以外的生命的深层秘密，那么就可以轻松地找到大量极好的研究对象。然而，除了这个对象本身，没有任何人可以探测他的生命。进入别人的内心，是谁也办不到的；但为了研究，我们又必须置身于别人的角色之中。

自从达尔文将"无与伦比的观察家"这个称号赠予我以来，我的脑海中一直在思考"无与伦比"这个形容词，我实在不知道自己哪方面能够配得上这个词。对于自己身边到处皆是、活蹦乱跳的一切给予很大的兴趣，是一件极其自然而且十分有趣的事情。

如果一定要对我对昆虫的好奇心给予肯定，那么我暂且就承认了吧！是的，我发现了自己的这种天赋，感受到了怂恿我不断接触这个奇妙世界的本能。我不得不承认，我是虫子的热情观察者。这种有些与众不同的癖好，既给我的生活带来痛苦，也让我感受到难以言表的乐趣。这种癖好是怎样形成的呢？这其中哪些东西应该归功于遗传呢？

一段家族史，可以让我们知道亲人的过去，了解他们如何坚持不懈地同残酷的命运斗争，了解他们为了一点一点地成全今天的我们而付出的不懈努力。这些真实可信的家族史资料，不会毫无价值，反而极富教育意义，令人欢欣鼓舞。对于个人来说，没有任何历史的价值可以与之相比拟。

相对来说，我对于家族历史的了解十分匮乏。在祖父那一辈，我所收集的资料是很粗略的。我和外祖父没接触过，关于他的信息都是通过别人得知的。有人告诉我，我的外祖父是鲁艾格最贫困的市镇的执达员[①]。他的主要工作是用大字在印花公文纸上抄写早期的拼写词，他带足墨水和笔，然后翻山越岭到那些没有偿还能力的穷人家，制作证书。作为一个低等文人，他忙于同艰难困苦的生活搏斗，根本无暇关心昆虫。对于他来说，顶多是碰到昆虫时一脚把它踩死——这只无名的被认为有害的小虫，不值得花时间去研究。

再说说我的外祖母，她除了那个家和那串念珠外，什么事情都与她没有关系。在她看来，假如纸上没有公家盖的章，字母根本没有什么用，只会白白损害视力。在她那个年代，作为一个小老百姓，有谁会关心读书写字呢！读书写字只是留给公证人的奢侈品，而且，即便是公证人也不能滥写滥读！

总而言之，她是最不会把昆虫当回事儿的。如果她在洗菜的时候看到菜叶上有一条虫子，她肯定会吓一大跳，然后将它扔得远远的，断绝与这讨厌的害虫的所有关系。

综上所述，对于我的外祖父和外祖母来说，昆虫是没有任何价值的东西，甚至是他们一直不敢用手去触碰的讨厌家伙。由此看来，我对于昆虫的兴趣爱好，肯定不是从外祖父和外祖母那里继承来的。

---

①执达员：负责收租收税的人。

对于我的祖父母，我的资料还是比较确切的。因为他们健康长寿，让我得以有机会了解他们。他们是种田的，一辈子都没读过书。他们在淡红色的高原上拥有一块贫瘠的土地，他们的房子孤零零地坐落在金雀花树与欧石楠之间，四周渺无人烟，只有狼时常会光顾。在他们看来，这座房子就是整个世界。除了附近的几个村子，对于其他地方，他们只是模模糊糊地听说过。

在这片孤寂的荒原上，有一片满是沼泽的石灰质洼地，时常有红色的水从洼地里流出，这成了家产牛羊食用的牧草的重要水源。每到夏天，在牧草丰富的斜坡上，就会散放着许多绵羊。这些绵羊被一道道树枝编成的栅栏围在中间，以免遭受野兽的侵袭。放牧人的移动房屋位于牧场的中央，那是一间十分简陋的麦秆棚屋。牧场还有两只带着项圈的高大牧羊犬，专门对付夜间突然光临的窃贼或狼。当牧草变得越来越少，牧人就会把牲畜和棚屋迁往下一处牧草丰盛的地方。

严酷的气候使得这里的农业难以快速发展。在风调雨顺的季节，附近的人们会放火焚烧这片遍布金雀花树的荒野，再耕种因草灰而变得肥沃的土地，然后收获黑麦、燕麦、土豆等作物。通常，最好的地段会被用来种植大麻，这是制作麻布的原料，也是祖母最青睐的作物。

祖父除了对养牛养羊在行外，对其他一无所知。假如他知道远在异乡的一个亲人竟然对他一辈子都没多看过一眼的虫子产生浓厚的兴趣，并且乐此不疲，他将会怎样地目瞪口呆呢？假如他知道那个疯子就是我，就是那个常坐在他身边吃饭、脖子上挂着小围兜的小男孩，他肯定会大发雷霆："是谁批准你把时间浪费在这些无聊透顶的事情上的！"

作为一家之长，祖父不苟言笑，总是板着脸，十分严肃。他留着典型的古代高卢人的长发，浓密的头发常被拢在耳后，披散在肩上。他常戴着小三角帽，穿着长度及膝的短裤和塞满稻草的木鞋。在这样的祖父身边养蝈蝈儿，捉食粪虫，绝对不是一件令人高兴的事。

祖母是一个严格遵守教规的女人，常年戴着罗德兹山区妇女独有的帽子。这种帽子的帽顶像个黑毛毡圆盘，摸起来硬得像块木板；帽顶的中间用一指高、面值为六法郎的埃居①装饰着；帽子的下端用一条黑色的饰带固定在下巴

---

①埃居：法国古货币的一种，法语意思是盾徽。

下，以保持平衡。

祖母整天忙着洗衣服，照顾孩子，烧饭，纺纱，看小鸭，做乳酪和奶油，腌制食品，以及其他一些家务。她总是把家务做得井井有条，并乐此不疲。

我依然记得冬天夜晚的情景，这个时节十分适合全家人聚在一起闲聊。吃饭的时候，全家老少围坐在长长的桌子旁，我们所坐的板凳是由冷杉板做成的。在桌子上，除了盆、碗和汤匙外，总是摆放着一个车轮大小的黑麦圆面包，面包是由一块散发着灰汁香味的麻布包着的。开饭前，祖父用刀子从面包上切下够一餐食用的面包给自己，然后将剩下的部分细分给我们。我们会用手将面包掰碎，放进碗里。

之后就该祖母上场了。大锅的汤在炉火上翻滚着，散发着萝卜和猪肉混合的香味。祖母用镀锡的铁勺子从锅里舀出足够的汤，依次放进我们放着面包的碗里，然后再舀出萝卜和火腿片将我们的碗盛满。这真是美味极了！如果再配上家里自制的白色乳酪，那就更好了。

吃完饭后，祖母便坐在壁炉旁的角落里，摆弄起她的纺锤来。有时候，我们这些孩子们会围坐在火炉边听祖母讲故事。尽管那些故事讲来讲去没有什么变化，可我们依然很喜欢听。狼常常出现在故事里，我们总会被吓得心惊肉跳。尽管如此，我却很想见一见这个在故事里使人心惊肉跳的"英雄"，不过遗憾的是，我并没有如愿以偿。

当壁炉里的小木块即将燃尽，投射出最后的红光时，我们就该去睡觉了。因为我是家里最小的孩子，所以可以享受床垫的待遇，就是那种用燕麦壳填塞的口袋，而我的哥哥姐姐们只能睡在麦秸上。

亲爱的祖母，我对您充满了感激。在您的膝上，我第一次得到了温柔的安慰，让我的痛苦和忧伤得以缓解。您或许遗传给了我强壮的体质和热爱劳动的品格，不过您却完全不了解我对昆虫的浓厚兴趣。

同样，我对昆虫的兴趣我的父母也毫不了解。我的母亲没有受过教育，是个目不识丁的文盲。她所受的唯一教育就是饱受生活的折磨，苦涩的人生——这与我的爱好形成的条件根本背道而驰。所以，我可以肯定，应该去别处寻找我的天赋的根源。

这个根源会与我的父亲有关吗？答案同样是否定的。我的父亲是一个跟祖父一样勤劳的汉子，他小时候虽然进过学校，但仅是会胡乱拼写一些单词，会

读的也不过是那些简单的历史小故事。

在我的家族里，父亲是第一个走进城市的人，结果却倒了大霉。他没有什么财产，技能也有限，真的难以想象他是怎样维持生活的。为了生活，他整天忙得不可开交，根本没有时间顾及生活以外的事情。厄运的纠缠和生活的压迫，也让他不可能允许我投身到所谓的昆虫研究中去。有一次，当他看到我把一条虫子钉在软木上的时候，他狠狠地打了我几个耳光，这就是我从他那里得到的全部鼓励。当然，我不能说他这样做是错的。

到这里，结论已经明确了，那就是，在遗传中根本无法解释我对观察事物的兴趣。也许有人会说，我对家族史的追溯不够久远，只到了祖父母一代。对此，我只知道一点，即便超越了祖父母这一代，我找到的也只会是更加朴实的在地里干活的人：农夫、麦子播种者或放牧人。在那样的环境中，注定了他们在细致观察事物方面完全没有天赋可言。

尽管如此，从孩提时代开始，我就对事物产生了强烈的好奇心，并喜欢观察事物。每次回忆童年，我总会想起一件难忘的事情，现在想起来还觉得很有趣。那是在我五六岁的时候，我跟祖父母生活在一起。在孤独寂寞中，在鹅、牛和羊的陪伴下，我最初的智力开始显现出来。

有一天，我像往常一样穿着沾满污泥的长袍，光着脚丫子站在田地前面的荒地上。我记得当时我有一块用绳子系在皮带上的手帕——很惭愧，我那会儿常常会把手帕弄丢，然后只能用袖子代替它。为了防止手帕丢失，祖母只好让我把宝贵的手帕系在腰上。

喜欢沉思的我，背着手，把脸朝向太阳，那眩目的光辉使我心醉神迷。这种光辉对于我的吸引力甚至比光对于任何一只蛾子的吸引力还要大得多。当我这样直面阳光的时候，我的脑海里突然冒出一个问题：我究竟在用哪个器官来享受这灿烂的光辉呢？是嘴巴，还是眼睛？读者们，请千万不要见笑，这就是我最初产生的一种科学怀疑。

接着，我就开始实验了：我把嘴张得大大的，然后把眼睛闭起来，光辉消失了；我睁开眼睛，闭上嘴巴，光辉又出现了。我这样反复实验了几次，结果仍然一样。就这样，我成功解决了自己的疑问，我得出我欣赏太阳用的是眼睛的结论。后来我才知道这种解决问题的方法叫"演绎法"。这真是一个伟大的发现啊！回到家后，我兴奋地把这个发现告诉大家。对于我的幼稚和天真，除

了祖母慈祥地望着我微笑外，家里其他人都大笑不止。

另外，我还有一个新发现。一天晚上，在附近的树林里，传出一种清脆的撞击声，这引起了我极大的注意。在万籁俱寂的夜里，这种声音听起来分外柔和、动听。是谁发出的声音呢？是窝里的小鸟在叫吗？还是小虫子们在开演唱会？我必须看个究竟，尽快去看！

我曾听祖母说树林里有狼，尤其是晚上，它们会从树林里出来。但强烈的好奇心让我顾不得这些了，我必须要去看看。我一边安慰自己："不会有狼的，地方不远，就在金雀花树的后面。"一边快步朝声音的发源处走去。

我站在那里等了很久，却什么也没有发现。荆棘一摇动，发出些微的声响，那清脆的撞击声就消失了。我并不甘心，第二天，第三天，我继续守候，不发现真相誓不罢休。

我凭借着这种不屈不挠的精神，终于大获成功。嘿！我一伸手，这个音乐家就落入我的股掌之间了。它不是一只鸟儿，而是一只蝈蝈儿。我的伙伴曾告诉我它的后腿味道十分鲜美，这就是我守候了那么久所得到的微薄回报。不过，我所在意的，并非那两只像大虾一样鲜美的大腿，而是我又学到了一种知识，并且这知识是我自己通过努力得来的。如今，通过我的观察，我知道蝈蝈儿是会唱歌的。这一次，我没有把新发现告诉家人，因为我担心会像上次看太阳的事情那样遭到嘲笑。

看，我们屋子旁边的花长得多美啊！它们似乎在用彩色的大眼睛向我甜甜地微笑。就是在这个地方，我还看到了一串串又大又红的樱桃。我忍不住尝了尝，滋味并不太好，没有看上去那么诱人，而且还没有核，这究竟是些什么樱桃呢？

在夏天快要结束的时候，我看见祖父拿着铁锹把这块土地的泥土掀得天翻地覆，然后从地底下挖出一筐筐、一袋袋圆根似的东西。我认得这东西，家里有许许多多，我们常常把它们放在炉灶上煮着吃。那就是土豆，普通得不能再普通的土豆！我的探索到这里就结束了。不过，那紫色的花和红色的果子将永远留在我的记忆里。

我利用自己这双对于虫子和花草特别敏感的眼睛，独自观察着一切貌似平常，实际上隐藏着无数惊奇的事物。尽管那时候我只是一个六岁的小男孩，在别人看来什么也不懂。我研究花，研究虫子；我观察着，怀疑着。这一切并非受到了遗传的影响，而是源于好奇心的驱使和对大自然的热爱。

神秘的池塘

我总是喜欢不知疲倦地凝视着碧绿的池塘，因为那是一个许许多多小生命组成的神秘世界。在池塘边，成群的小蝌蚪在暖和的池水中嬉戏着、追逐着。有着红色肚皮的蝾螈也把它的宽尾巴摇摆着，在水中缓缓前进。芦苇丛中，一群群石蚕幼虫急急忙忙地将身体隐匿在一个枯枝做的小鞘中——这个小鞘是用来防御天敌和各种各样意想不到的灾难的。池塘深处，水甲虫们在不停地跳跃着；它们鞘翅的尖端有一个可以用来呼吸的大气泡，胸下有一片胸翼，在阳光下闪闪发光，好像威武的大将军胸前佩戴的闪着银光的胸甲。

在水面上，一群闪着亮光的豉虫在欢快地打着转儿！不远处的水中，一队池鳐正在迅速地向这边游来。还有水蝎，它们交叉着前肢，在水面上悠闲地做出一副仰泳的姿势。蜻蜓幼虫正在水中时不时地冲刺前进，每次冲刺前，它都以极快速度把身体后方漏斗里的水挤压出来，使身体借着水的反作用力，以同样的速度冲向前方。

在池塘水底，还躺着许多沉静又稳重的贝壳动物。有时候，小小的田螺们会沿着池底缓缓地爬到岸边，小心翼翼地张开沉沉的盖子，眨着眼睛，好奇地观察这个美丽的水中乐园，尽情地呼吸一些陆上的空气。水蛭们伏在它们的征服物上，不停地扭动着身躯，看起来得意扬扬。成千上万的孑孓①在水中有节奏地一伸一屈，好像在表演舞蹈，可是，用不了多长时间，它们就会变成让人厌烦的蚊子。

---

①孑孓：蚊子的幼虫。

其实，如果不仔细去观察，这个池塘只是宁静的一片水。可是，在阳光的孕育下，这个直径不超过几尺的池塘却犹如一个辽阔神秘而又丰富多彩的世界，它怎能不引起一个孩子强烈的好奇心呢？下面就让我来讲讲，在我记忆中的第一个池塘是怎样深深地吸引了我，激发我的好奇心的吧。

我小的时候，家里很穷。除了我母亲继承的一所房子和一块又小又荒芜的园子之外，几乎什么也没有。"我们将怎样生活下去呢？"这个严肃的问题常常挂在我父母的嘴边。"如果我们养一群小鸭，"母亲说，"一定可以换得不少钱。我们可以买些油脂回来，把它们喂得肥肥的。""这个主意不错！"父亲高兴地说道，"那我们就试一试吧。"

那天晚上，我做了一个美妙的梦。我和一群可爱的小鸭一起漫步在池畔，它们都穿着鲜黄色的衣裳，活泼地在水中打闹、洗澡。我在旁边微笑着看着它们洗澡，耐心地等它们洗痛快了，然后带着它们慢悠悠地走回家。半路上，我发现其中一只小鸭累了，就小心翼翼地把它捧起来，放在篮子里面，让它甜甜地睡觉。

没想到，就在两个月之后，我们家里真的孵出了二十四只毛茸茸的小鸭。因为鸭子自己不会孵蛋，所以就由母鸡来孵。可怜的老母鸡分不出孵的是自己的亲骨肉还是别人家的"野孩子"，只要见到圆溜溜的和鸡蛋外形差不多的蛋，它就很乐意去孵，并把孵出来的小生物当作自己的亲骨肉来对待。我们家的一只黑母鸡和从邻居家借的一只黑母鸡共同承担起了孵小鸭的重任。

我们家的那只黑母鸡，每天不厌其烦地和那些小鸭做着游戏。我把一只装着许多水的木桶放在院子里，让小鸭们尽情地在里面玩耍。这个木桶为小鸭们构造了一个水中乐园，每到阳光明媚的日子，小鸭们总是一边沐浴着温暖的阳光，一边在木桶里洗澡、嬉戏，它们是那么地快乐和幸福，这让旁边的黑母鸡羡慕得不得了。过了两个星期，那只小小的木桶渐渐地不能满足小鸭们的需求了，它们需要大量的水才能在里面任意地翻身跳跃。我们家附近虽然有一口井，可那是一口半枯的井，仅能供四五家邻居生活用水。在这么艰难的条件下，这些可怜的小鸭哪有自由戏水的福分呢？再加上小鸭们还需要吃许多小虾米、小螃蟹和小虫子之类的食物，而这些食物只有在互相缠绕的水草中才能找到。怎样才能让那些可爱的小鸭得到足够的水和食物呢？

我突然想起，在村外那座山附近有一块很大的草地和一个不小的池塘。那

是一个很荒凉很偏僻的地方，没有什么猫狗的打扰，倒是可以成为小鸭们的天然乐园。于是，我领着小鸭们赶往它们的乐园。但是，因为走了太多的路，我那赤裸裸的双脚渐渐地起泡了，而我又不能把箱子里那双鞋子拿出来穿——那双宝贵的鞋子只有在过节的时候才能穿。小鸭们的脚蹼还没有完全长成，还不够坚硬，所以它们似乎也受不了这样的折腾。走在崎岖的山路上，小鸭们不时地发出"呷呷"的叫声。我们走一阵儿歇一阵儿，终于到达了目的地。

那池塘的水浅浅的、温温的，水中露出的土丘仿佛一个个小小的岛屿。小鸭们飞奔到池塘边，忙碌地在岸上寻找食物。吃饱喝足后，它们便下水洗澡。洗澡的时候，它们常常会把上半身潜入水中，只露着尾巴直指蔚蓝的天空，就好像是在跳水中芭蕾。看着它们优雅而美妙的舞姿，我心里美滋滋的。很快，我把目光从小鸭们的身上移开，开始仔细观赏水中其他的景物。

在靠近池塘边的泥土上，我惊奇地发现了几段互相缠绕着的"绳子"，它们又粗又松，黑沉沉的，像是沾满了黑色烟灰的细绒线，又像是刚刚从袜子上拆下来的一样。我走了过去，本想把那"绳子"放在手心里，细细地观察一番，可是，这东西竟滑溜溜的，还有点儿黏，刚捏起来就从我的手指缝里溜了下去。我试了好几回，可都是白费力气。不料，有几段绳子的结突然散开了，从绳子里面跑出一颗颗小珠子，小珠子只有针尖那么大，后面还拖着一条扁平的尾巴。这回我认出它们了，原来就是我们很熟悉的小生物——蝌蚪。

在这个池塘里还有许多奇妙的生物，其中有一种生物，它那黑色的背部在阳光下闪闪发光，身体不停地在水面打着旋。我本想捉几个放到碗里仔细研究，可惜它们逃得特别快，我怎么都捉不到。

在池水深处，有一团浓绿的水草。我轻轻地拨开一束水草，立刻就有许多水珠争先恐后地浮到水面，然后聚成一个大大的水泡。我继续往水草下观望，看到许多像豆子一样扁平的贝壳，一些看上去像戴了羽毛的小虫，还有一些舞动着柔软的鳍片的小生物。看着这些游来游去的小生物，我不禁浮想联翩。

看累了池塘中的小生物，我又把目光转向池塘周围。池塘的水通过一条小小的渠道引进附近的田地，在田地里生长着几棵赤杨。我跑到赤杨旁边，发现了一只美丽的甲虫，它大概有核桃那么大，身上带着一些蓝色。我轻轻地捉起它，把它放进一个空蜗牛壳里，再用叶子塞好。我打算把它带回家中，细细欣赏一番。

　　接着，我又回到池塘边，继续观察那神秘的水中世界。清澈的泉水源源不断地从岩石上流下来，先流到一个小水潭里，然后汇成一条小溪，溪水再缓缓流入池塘。看着看着，我突发奇想，如果可以把顺流直下的小溪看作一个小小的瀑布，让它去推动一个磨，那不是很好玩吗？于是，我开始着手做一个小磨。我用稻草做成磨的轴，再用两个小石块作为它的支架，不一会儿，磨就完工了，而且做得很成功，只可惜当时没有小伙伴和我一起玩，只有小鸭们欣赏我的杰作。

　　此外，我还想筑一个小水坝。正好池塘边有许多乱石可以利用，我便耐心地挑选着石块。挑着挑着，我忽然发现了一个"奇迹"：当我翻开一块大石头时，发现石头上有一个小拳头般大小的窟窿。阳光穿过窟窿射到水面上，立即出现一团耀眼的光，就好像阳光下的钻石发出的光芒。这使我想起了神龙传奇的故事，这难道就是神龙守护的地下宝库吗？这些发光的砖石都是神龙赐给我的珍宝吗？接着，我看到潺潺的泉水底铺着许多金色的颗粒，它们都粘在一片细砂上。这些难道就是金子吗？我把砖石打碎，想看看里面还有什么珠宝，可是，只见一条小虫从碎片里爬了出来。它的身体呈螺旋形，上面好像遍布着一节一节的疤痕，而且有节疤的地方显得格外沧桑和健壮。我不知道它是怎样钻进这些砖石内部的，也不知道它为什么要钻进去。

　　为了纪念刚刚发现的这个"宝藏"，我把衣袋里都塞满了碎砖石。这时候，天快黑了，小鸭们也吃饱了，于是我把它们驱赶到一起，欢快地对它们说："走，咱们得回家了。"在回家的路上，我的脑海里充满了幻想，尽情地想着我的蓝衣甲虫，还有那些神龙所赐的宝物。可是，一踏进家门，父母就看到我的衣服快被撑破了，我那膨胀的衣袋里面尽是一些没有用处的砖石。

　　"我叫你看鸭子，你却只顾着玩耍，捡那么多砖石回来是不是还嫌我们家周围的石头不够多啊？赶紧把这些东西扔出去！"父亲冲我吼着。我只好把我的那些"珍宝""金粒"和天蓝色的甲虫统统抛到门外的废石堆里。母亲看着我，无奈地叹了口气，说道："孩子，你真让我为难。如果你带些青菜回来，我也不会责备你，那些东西至少可以喂喂兔子，可这种碎石只会把你的衣服撑破，这种毒虫也只会把你的手刺伤，它们能给你带来什么好处呢？是不是有什么东西把你给迷住了？"母亲说得不错，的确有一种东西把我迷住了——那就是大自然的魔力。

　　几年后，我知道了那个池塘边的"珍宝"其实是岩石的晶体，所谓的"金

粒"也不过是云母①碎粒而已，它们并不是神龙赐给我的什么宝物。尽管如此，那个池塘对于我始终保持着它的神秘，在我看来，池塘里的那些东西远比钻石和黄金更有魅力。

许多年以后，我拥有了一个室内池塘，它是由铁匠和木匠合作建造而成的。这个池塘的下面是由木头做的基座，上面是铁条做成的池架，池架周边镶有玻璃；池架上面盖着一块可以活动的木板，底部是铁做的，底面还有一个排水的小洞。这个池塘完工后，我先往池里放进一些滑腻腻的硬块——这个东西表面长着许多小孔，看上去很像珊瑚礁。硬块上面盖着许多绿绿的绒毛般的苔藓，这些苔藓能够使池水保持清洁。想知道这是为什么吗？那就让我们来仔细观察一下吧。

动物在水池里需要吸入新鲜的空气，同时排出废气——主要为二氧化碳。而植物刚好相反，它们吸入二氧化碳，经过一番转化后，释放出可以供动物呼吸的氧气。就这样，动物和植物在水中和睦共处，那些绿苔藓就起到了清新池中空气的作用。

如果在洒满阳光的玻璃池边站上一会儿，我们就能观察到这种变化：在长满水草的"珊瑚礁"上有点点闪烁的星光，好像清晨绿草遍地的草坪上泛着的露珠。这些露珠不断地消逝，又接连不断地出现，它们会倏然间在水面上飞散开来，好像水底下发生了小小的爆炸，冒出一串串的气泡。

原来，水草分解了水中的二氧化碳，得到碳元素。碳可以用来制造淀粉，而淀粉是生物细胞所不可缺少的物质。这样，水草通过分解二氧化碳获得了生存所需的营养物质，而它释放出来的却是新鲜的氧气。这些氧气一部分溶解在水中，供给水中的动物呼吸，一部分离开水面，跑到空气中——我们看到的那些气泡就是氧气。

我常常注视着池水中的气泡，展开无限的遐想：在很久很久以前，陆地刚刚脱离了海洋，那时候，草是第一棵植物，它吐出第一口氧气，供给动物呼吸。于是，各种各样的动物相继出现了，而且一代一代地繁衍下来，逐渐演变成今天这个多姿多彩的生物世界。

①云母：钾、铝、镁、铁、锂等层状结构铝硅酸盐的总称。云母通常呈菱形的板状、片状、柱状晶形，其颜色随化学成分的变化而有所不同，铁含量越高颜色越深。

喜爱昆虫的孩子

七岁的时候，我进学校学习了。然而，我并不觉得学校生活比我以前那种自由自在地沉浸在大自然中的生活更有意思。

我的教父就是老师，教室是一间难以形容的屋子，因为那屋子用处太多了，它既是学校，又是厨房；既是卧室，又是餐厅；既是鸡窝，又是猪圈。不过，这在当时来说已经不错了。

这间屋子里有一道很宽的梯子直通二楼。二楼是做什么的呢？我从来没有上去过，不过，我曾经看见老师从那里取下喂驴的干草，还有一些马铃薯，师母把马铃薯倒进锅里和猪饲料一起煮。由此我猜测二楼大概是储藏室，专门存放人和家畜的食物。整栋住宅就是由楼上楼下这两间屋子构成的，楼下的房间就是我们的学校。

我们教室有一扇朝南的窗户，这也是整栋住宅唯一的窗户。这扇窗户又矮又小，勉强够一个人钻过，只有当阳光通过这扇窗户照进屋里的时候，才会令人感觉到一丝愉悦。从这扇窗户往外看，你能看到大半个村子，而老师的桌子刚好摆放在这扇窗户旁边。

在窗户对面的墙上有一个壁龛^①，壁龛里面放着一把发亮的铜壶，铜壶中装满了水。如果谁渴了，就可以用铜壶旁边的水杯倒水喝。在壁龛上面有几块隔板，那上面放着几件闪闪发光的锡器：碗、盘子、平底杯，这些东西是不允许随便动的，只有举办盛会的时候才能取下来用。

①壁龛：墙上掏挖的洞，用于贮藏物品。

　　教室的墙上挂满了涂着彩色大斑点的油画，其中有一幅是正在饱受苦难的圣母，只见她将蓝色的外衣稍稍敞开着，露出那颗被七把利剑刺穿的心。

　　在窗户右侧的墙上，是永世流浪的犹大①的画。画里面的犹大带着一个三角帽，身穿白色皮革长袍，脚上穿着一双钉着钉子的鞋，手握一根结实的棍子。还有一个细节画家也没有忘记，就是犹大的胡子乱蓬蓬地披散在围裙上，一直垂到了膝盖上。在这幅画上还有一首悲歌，是这样写的："从来没有人见过胡子长成这样的人。"

　　在窗户左边墙上的是一幅布拉班特的女儿热纳微埃芙，在她的身边还跟着一头母鹿。凶残的戈洛隐藏在荆棘丛中，手握一把匕首。在这幅画上面是一幅关于克雷蒂先生之死的画，他是在刚跨出小酒店大门时被残忍的雇佣杀手刺杀的。在整个房间的墙壁上，到处都是这种题材五花八门的油画。

　　我很喜欢这个小小的展览馆，当然，它最吸引我目光的主要原因是丰富的色彩。尽管老师把这些收藏品摆出来完全与培养我们的思想和心智无关，当然，他肯定也没往这方面考虑过。这一切只是因为他是一个具有独特风格的艺术家，他只是按照自己的喜好和趣味来装饰自己的住处罢了。而他绝对想不到，这些装饰品对我们影响颇大。

　　由于这些画的存在，让一年四季都变得十分舒适了。不过，我更喜欢在寒风凌厉、大雪连绵的冬季待在这间屋子里。在这间屋子的一面墙上有个大壁炉，相对于整个房间的面积来说，它的大小简直可以称得上宏伟了。它的拱形墙饰的宽度和房间一样，巨大无比的壁槽可以用来做很多事情。

　　在壁炉的中央是炉床，炉床左右两边的上方各开着一个壁龛，一个是用木料建造的，一个是用石头建造的。现在，这座壁炉成了一个简易的卧室，每个壁龛就是一张床，上面铺着塞满糠的垫子，两块可以滑动的木板代替了遮板，在主人睡觉的时候，就可以用这两块木板把自己与外界隔离开来。这是老师夫妇俩的卧室，在里面睡觉相当舒服。在寒冷的冬夜，任外面狂风怒吼，大雪纷飞，只要关上木板，里面就显得非常安静、舒适。

　　除此之外，教室里还堆放着一些杂物，如三条腿的凳子、盛盐的盒子、沉

---

①犹大：耶稣的门徒。传说犹大因为背叛耶稣被罚永世流浪，直到世界末日。现多用来比喻常年在外奔波、居无定所的人。

重的铁铲，以及破旧的风箱等。这个风箱是靠两个腮帮子鼓胀吹动的，跟我祖父家的那个风箱一样。如果我们要想取暖或享用壁炉里的美味佳肴，就得自己带木柴来生火。

尽管我们进贡了木柴，但炉火并不完全是为了我们而烧，我们只是沾光而已，因为这个烧得旺旺的炉子的真正用途是给猪煮猪食。老师和他的妻子永远坐在最暖和的地方，我们之中除了两个寄宿生享有特权可以坐在凳子上外，其余人只能围着大锅而坐。锅里咕嘟咕嘟地煮着马铃薯，一股股热气不断从锅里冒出来。

有些大胆的孩子会趁老师不注意偷偷地用刀尖从锅里扎起一个熟透的马铃薯，然后夹在自己带来的面包里吃掉。在此我必须承认，别看学校教给我们的东西很少，我们吃的却很多。我们被允许随时随地吃东西，不管是写字的时候，还是听课的时候，不是剥栗子，就是啃面包，这对于其他学校的学生简直不可思议，但对于我们却是再平常不过的事情了。

当然，除了在学习的时候可以满嘴塞着东西外，我们还有其他乐趣。我们的教室有一扇门是与家禽饲养场直接相连的。在饲养场里，常常可以看到老母鸡被它的小鸡仔们簇拥着在拨弄粪堆，还有喜欢在石槽里玩水的小猪。

如果哪个孩子想溜出教室便会走这扇门，这些调皮的家伙每次打开门后，都不愿意把它关上。于是，满屋的面包、马铃薯的香味就传到了后院，淘气的小猪立刻一个接一个地被这些香味吸引过来，闯进教室。

当时我被安排在最低的一个年级，我们的位置恰好在铜壶底下，而我的位置又刚好在小猪进门后的过道上。只见那些小猪一边用碎步小跑着，一边发出"呼哧呼哧"的声音，机灵活泼的小眼睛又黑又亮，粉红色的小鼻子摸起来凉凉的，跑步时后面卷着的小尾巴甩来甩去的。它们一面轻轻地摩擦我们的腿，一面用粉嫩的小鼻子拱着我们的手心，似乎在向我们要吃的。它们像巡游似的，一会儿跑到这里，一会儿又跑到那里。不过，很快老师便过来用手帕把它们都赶了出去，然后把门狠狠地摔上。

不仅小猪对我们的教室很感兴趣，母鸡也常常来此参观，当然，小鸡仔经常跟着老母鸡一起前来。遇到这些可爱的参观者，我们总是喜欢把面包搓下很多碎屑撒在地上，把它们吸引到自己身边，然后趁着它们啄食的时候用手指抚摸小鸡背上柔软的绒毛。每当这个时候，我们都感觉有趣极了。

这就是我的学校。在这样的学校里，我们能学到些什么呢？就先说说像我这样年纪最小的孩子吧！我们每个人手里都有一本儿童识字课本。这本书的封面是灰色的，上面画着一只像鸽子的东西，第一页上画的是个十字架，接着就是字母系列，再然后就是那些可怕的单词——对于我们大部分人来说，这几乎可以比喻为航行中的暗礁①。不过，当我们越过这些可怕的单词后，就算过关了，之后可以与大孩子们一起学习。

我们这些小孩子的学习主要就是靠这本书，不过，我们要想入门，必须得有老师讲解才行。然而，教室里面高年级的学生需要解决的问题比较多，老师根本无暇顾及我们这些小孩子。学校之所以会给我们这样一本书，无非是想让我们看上去像个学生罢了。

于是，我们就自己在座位上翻看着这本书，偶尔还会向高年级的同学请教一下，不过他们的水平也不怎样，常常无法解答我们的问题。

我们的学习常常被一些无足轻重的小事打断，一会儿老师和师母去看锅里的马铃薯了，一会儿小猪的同伴们叫唤着进来，一会儿又是一群小鸡忙不迭地奔进来……就这样，我们常常忙里偷闲地看一会儿书，实在学不到什么知识。当时，我们最关心的事，就是何时老师允许我们出校门。

大孩子们需要写字，所以他们被安排坐在狭窄的窗户前，享受着房间里仅有的那点儿光线，同时占据着教室里唯一一张周围有板凳的桌子。不过，除此之外，学校什么都不会提供给他们，甚至连墨水都不给。学生们要想来这里上学，只能自己准备好全套用品。

那个时候的文具盒是一个两层的纸盒子，上面一层用来放羽毛笔，这些笔是用火鸡或鹅的羽毛削剪成的；下面一层放着装了一点儿墨水的小瓶子。当时的墨水是由烟灰和醋搅拌而成的。

对于老师来说，首先要做的就是削剪羽毛，将它制成笔。不要以为削剪羽毛很简单，如果你的手指不够灵活，那就会有一定的危险性。削剪完羽毛后，老师会根据学生的实际情况，在他们各自的练习本上画一条线，写一行字母或单词。

---

①暗礁：海洋（或江流）中经常隐藏在水面以下的岩石，是航行的障碍，常对水上航运造成危害和损失。

在这之后，我们就可以欣赏到老师的绝活——写花体字啦！写字前，老师要把笔尖修剪好，然后他会根据我们的要求在纸上写上非常好看的花体字。在写字的时候，他的手不停地抖动、旋转、飞跃，一个个花儿一样的字就这样从笔尖下流淌出来。

就是这样一支普通的羽毛笔，在老师手里竟然写出如此美妙的字，这在我们眼中简直就是一个奇迹，足以令我们所有人为之惊叹。当我们回到家时，总会炫耀地把老师的杰作给大家传来传去，说："看吧，我们老师多么了不起，他只用了一支笔就做出如此杰作！"

在我的学校里，当时学的最多的是法文。我们学习法文时，读的文章都是从《圣经》上摘录下来的段落。为了能更好地唱好赞美诗，我们还花了很长时间用于学习拉丁语。

至于历史、地理，我们当时没人知道这是些什么东西。对于我们来说，地球是方的还是圆的，根本无关紧要。人们遇到困难时，这些东西可以说帮不上任何忙。

有关语法，估计老师自己都搞不太明白，所以干脆把这门课给删除了。我们对此完全不在意，因为那些复杂的名词、动词以及虚拟语气等，令我们听了都头疼。我们当然不愿意被这些东西所束缚，谁愿意为了这些没有必要的东西而小心翼翼地说话呢？

对于我们所谓的"数学"，我更愿意把它称为"算术"。因为我们经常做的，只是写一些不太长的数字，用它们来做一些加减乘除法，这应该称不上是数学。

每周六的晚上，一周的学习就要结束了，而我们的最后一节课就是算术课。课上，老师会先让一个学习最好的学生把一些运算口诀背一遍，然后我们大家跟着一起再背一遍。其实，与其说是在背，不如说是在吼。估计是因为这是一周最后一节课的缘故，大家都异常兴奋，那洪亮的声音，足以把教室里的鸡和猪吓得迅速地跑出去。

在我们的学校教给我们的东西中，我觉得算术算得上是最好的，因为通过这种背诵方式，我们将它牢牢地记在了脑子里。但是，千万不要以为我们的计算都很厉害。事实上，即便是学习最好的孩子，他也很容易在乘法进位上犯迷糊。至于除法，能够弄明白的学生更是少之又少了。

法布尔昆虫记全集

有人说我们老师是一个出类拔萃而且很勤奋的人，学校管理得也不错。前者我表示赞同，但后者我就不敢苟同了。对于我们老师来说，要想把学校办好，最重要的是需要时间。他那些异常繁琐的职务占去了他太多的时间，使得他根本无暇把更多的时间花在我们身上。

现在说说我们老师都有哪些职务吧！首先，他要替一个外村的地主管理财产，这个地主极少露面；他要负责监护一座如今已经变成一个大鸽棚的古堡。另外，收获干草、苹果、栗子和燕麦等工作也都离不开他。

他真的很忙，以至于拿不出更多的时间来好好教我们。夏天的时候，他常常会让我们帮他干活。每当这个时候，学校里就差不多没有人了，因为我们上课的地点改在干草堆上了。尽管此时更多的上课内容是打扫鸽笼或清除雨后跑出来的蜗牛这些与学习完全无关的杂活儿，但我们却不会因此而不高兴，反而很乐意做这些事情。

我们老师那双灵巧的手不仅能够写出好看的花体字，还会剃头和打钟。我们当地的许多大人物，比如市长、公证人、牧师等，他们的头发都是我们老师剃的。

在打钟方面，老师也颇有造诣。村子里每当要举行婚礼、洗礼等活动时，老师都必须前往鸣响钟声，我们也因此会停课一天。暴风雨的威胁也会给我们带来休息的机会，因为暴风雨前他必须敲响大钟，提醒人们做好防预工作。

他还参加唱诗班，他那洪亮的声音常常响彻整个教堂。他还需要管理教堂顶上的钟，为它上发条、校准。他只要看一眼太阳就能知道是什么时间了，然后走进钟房，置身于一把大旋转铁叉的齿轮中间调整时间。这把大铁叉的秘密只有他一个人知道，因为除了他没有人会进钟房。

我就生活在这样的环境中，这样的学校、这样的老师对我刚刚萌生的热爱昆虫的兴趣不仅没有起到任何作用，反而使其受到了压抑。我不得不将昆虫暂时从我的脑子中抛除掉。

然而，对昆虫的热爱并没有因此而削减，因为它早已深入我的血液里、我身体的每一寸肌肤里，它具有很强的生命力，随时会被唤醒，甚至在我看到那本儿童识字课本的封面时，那只看似鸽子的东西都会让我联想到大自然，我对于它的兴趣远远大于书里面的ABC。

当我盯着那只圆眼睛看时，总觉得它似乎在对我笑。看着它的翅膀，我仿佛看到了它在美丽的云彩间飞翔的场景。它翅膀上的羽毛被我一根一根地数过无数遍。

正是这些羽毛带着我的思绪飞出了教室，飞向了蓝天，飞向了原野。每当学习累了，我便合上书盯着这只小鸽子看，它总是能帮我缓解压力，让我忘掉学习中的种种烦恼。因为有了它，我才能够乖乖地坐在凳子上，耐着性子等待着学习的结束，我真应该好好谢谢我的鸽子朋友。

露天学校还存在着更大的乐趣。当老师带着我们去消灭黄杨树下的蜗牛的时候，我却常常不忍心下手。当我捉了满手的蜗牛时，我的脚步便会迟缓起来。这些蜗牛有黄色的、白色的、褐色的，还有玫瑰红的，它们是多么美丽啊！于是，我偷偷地用袋子将这些颜色艳丽的蜗牛装了起来，以便有空的时候好好观赏一番。

后来，在帮老师晒干草的日子里，我又认识了青蛙。我用青蛙作诱饵，搁在小溪旁边，引诱着河边巢里的虾出来。在赤杨树上，我捉到了金龟子，它的美丽使蔚蓝的天空都大为逊色。

我采下水仙花，这种花的漏斗状的颈部有一圈美丽的红色，像挂了一串红项链。我常常把舌头伸进花冠底部吮吸着甜美的花汁，尽管我在享受这样的美味之后付出了头疼的代价，但这丝毫没有影响我对这种美丽花朵的喜爱。

在收集胡桃的时候，我在一块荒芜的草地上找到了蝗虫，它们的翅膀张得像一把扇子，红、蓝相间的颜色让人眼花缭乱。总之，无论在什么地方，我都能得到精神食粮，自得其乐，我对于动植物的爱好自然有增无减，日久弥深。

是的，因为在学校里我把大部分精力都放在了那只鸽子身上，使得我的学习成绩非常差。然而，这些爱好在我的学习中并非毫无益处，至少对我认识字母起到了很大的作用。当父亲把我从学校接回家里学习后，我才开始了真正意义上的读书。

此时我用的课本不再是学校里那样简单的小册子了，而是很正规的那种，上面印着大大的字。课本里用的是五颜六色的纸，上面画着各种各样的小动物，每个小动物的旁边都有名字，绝对是图文并茂。正是这本书帮助我学会了字母，比如：第一个动物画的是驴子，它的法语名字是Ane，由此我认识了A；第二个动物画的是牛，它的法语名字是Boeuf，于是我学会了B；还有，鸭子的法语名字是Canard，火鸡的法语名字是Dindon，通过这些我又认识了C和D。以此

法布尔昆虫记全集

类推，我又运用这种方法学会了其余的字母。

这种正确而且尤其适合我的学习方法，让我进步得很快。没过多久，我就能很轻松地读那本学校发的封面印着鸽子的书了。要知道，这本书此前对于我来说无异于天书啊！我如此神速的进步，让我的父母都感到诧异极了。

不过，他们绝对想不到这一切都要归功于那些小动物。正是书上的那些小动物让我认识了字母，懂得了语法，并对学习产生浓厚的兴趣。尽管动物们什么都没有做，但我仍然要感谢它们无形中给予了我这么多。当然，即使没有它们，通过其他途径相信我最终也会达到目的的，但绝对不会如此迅速，更不会让我感到如此的愉快。可爱的动物们万岁！

不久，好运再一次降临在我的头上。父亲为了让我学习语法，给我买了一本拉封丹①的《寓言诗》。尽管这本书很廉价，纸质也十分粗糙，不过里面有好多有趣的插图，这对于我来说比任何外在的东西都重要。虽然这些插图既小又不太准确，可是看起来真的很有趣。书里面的乌鸦、喜鹊、青蛙、兔子、驴子、猫和狗，都是我所熟悉的动物。在这本书里，动物都被赋予了人性，它们不仅会走路，会讲话，还有各种丰富的表情，因此大大激起了我的兴趣。于是，拉封丹也成了我的朋友。

我十岁那年，到了路德士书院上小学。当时，我在大学的小教堂里担任了侍童的职务，所以获得了路德士书院免费走读的待遇。小教堂里一共有四个侍童，我们大部分时间穿着袖子宽宽的白色长袍，头戴红色无边的圆帽，有的时候也会穿红色长袍。

在四个侍童中，我是年纪最小的，什么都不懂，就是个充数的。我完全弄不清楚什么时候该摇铃，什么时候要把祈祷书拿开。我们四个人常常分为两队，两个从这边走来，两个从那边走来，走到唱诗班的中间时，我们要跪在那里。在日课②结束前，大家都会唱颂歌，每当这个时候，我就会浑身发抖，心里想：这种胆怯的祈祷还是让别人做吧！

此时，我在班上备受青睐，因为我的成绩还不错，尤是作文和翻译很出色，经常会得很高的分数。这所学院的气氛属于那种古典派，很容易听到一些

---

①拉封丹：法国寓言诗人，《寓言诗》是他的代表作。
②日课：基督教徒在做礼拜时为训诫而选读《圣经》的内容。

神话传说。

这些故事我也很喜欢，但更令我着迷的是那些野外的事情。比如，莲花和水仙花有没有生长出来；榆树上的那个鸟巢中，有没有正在孵蛋的梅花雀；被风吹得摇摆不定的杨树上，是不是有一种花金龟在无畏地跳跃。我真正关心的是它们。

在这里，我开始接触到维吉尔的作品。书中的人物梅丽贝、科里冬、墨纳尔克，我都很喜欢。当然，书中除了讲述人物的故事外，还涉及许多更令我感兴趣的细节——关于山羊、蜜蜂、蝉、斑鸠、小嘴乌鸦、金花雀的描写。书中用美妙的诗句讲述了田野里的生灵，这绝对是一种美妙的享受。也因此，拉丁诗人在我的记忆里留下了极其深刻的印象。

天有不测风云，我在路德士书院的好日子没有长久，我们家突然陷入很艰难的困境，就连吃饭都成了问题，何况读书呢？我不得不与同学告别，离开了学校。

那段日子真的很难熬，感觉就像是突然掉进了黑暗无边的深渊。我没有太多的想法，只希望这种备受煎熬的日子快快结束。

按理说，在这样惶惶不可终日的日子里，我应该没有闲心再去观察昆虫了。然而，事实绝非如此，我的内心深处依然执著地挂念着那些小动物。对那只我第一次抓到的金龟子，直到现在我仍然记得：它全身都是褐色的，上面布满了白色的斑点。这些白色的斑点在苦难的日子里犹如穿过黑暗的一束阳光，照得我的心里暖洋洋的。

大概老天还是对我有所偏爱吧！不久之后我又得以进入学校学习了，它就是沃克吕兹初级师范学校。在那里，我的吃饭问题得到保证，尽管只是一些粥加干栗子和豌豆，但已经足够了。这所学校的校长是一个目光远大，并且非常开明的人，他给学生制定的规定是：只要能达到学校教学大纲的要求，其余时间可以自由支配。

相对于我的同学，我学过一些拉丁文和语法，所以成绩总是在前面，这也就意味着我比别人有更多的时间可以自由支配。那么，那些空余时间我都用来干什么了呢？

当然是做我最感兴趣的事——观察动植物。当别的同学都在忙于打开词典，检查听写练习的时候，我却在一旁观察金鱼草的种子、欧洲夹竹桃的果

实，还有一些昆虫如胡蜂的螫针、步甲的鞘翅^①等。

最初仅仅是在想象中我就已经体会到了自然科学的美好——尽管我为此付出了许多代价，当我离开学校后，终于有机会亲身接触到大自然的时候，我对于昆虫和花儿那种倾心的程度有增无减。

然而，残酷的现实却令我不得不狠下心来抛弃它们。我非要这样做不可，因为未来我需要谋生的手段，需要充实我的知识。我要怎么做才能升入更高一级的学校呢？

尽管我十分酷爱生物学，可在当时，一般的学者都看不起生物学，学校里面也根本不开设这门课程。学校方面所承认的必修课程是拉丁文、希腊文和高等数学。因为学习高等数学需要的工具相对简单：一块黑板、几支粉笔、几本书，所以我竭尽全力地去研究高等数学。这是一个艰难的奋斗过程，没有老师的指导，没有任何人的帮助，只有我自己单枪匹马，疑难问题往往好几天得不到解决，可我一直坚持学习，从未想过半途而废，最终才有所成就。当然，在与高等数学的激烈对战中，我一直很担心自己突然会受到某种新的植物或不了解的昆虫的诱惑。为了强迫自己全身心地投入到数学中，我将那些有关博物学的书籍统统藏到了箱子底下。

这种学习方法后来又被我拿到了学习物理学上面，我曾经自己动手制作了一些简单的实验仪器，结果也大获成功。正因如此，我一直没想过有一天自己会从事生物学研究。

毕业后，我被派到阿雅克肖^②中学教物理和化学。那个地方离大海不远，这对我的诱惑力实在太大了。那包容着无数新奇生物的海洋，那海滩上美丽的贝壳，还有番石榴树、杨梅树和其他一些树，这片美丽的天地以极大的优势打败了我曾经的坚持。

我投降了——我将自己的业余时间分为了两部分，当然，大部分时间仍然分给了数学。根据我的计划，数学将作为我升入大学后的基础，所以它的主要地位不容动摇。与此同时，我可以用一小部分时间采集植物标本，研究海洋里的动物。我一直在想，假如我没有受到X、Y的羁绊，而是全心全意地专注于我

---

①鞘翅：昆虫的翅膀类型之一。该翅十分坚硬，没有翅脉，其主要作用是保护翅膀和背部。
②阿雅克肖：法国科西嘉省省会。

的兴趣，如今将会变成什么样子呢？

其实，我们每个人都有点儿像那些风雨中的麦秸，尽管我们很想自主选择自己的目标，命运却总是无情地将我们推向另一边。青年时代的我，为了谋生不顾内心意愿选择关注的数学，如今几乎对我一点儿用处也没有；而我曾经极力压抑不去关注的虫子，如今却成了我最大的宽慰。

不过，尽管数学曾使我脸色苍白、形容枯槁，可过去很长一段时间以后，每当我在夜晚难以入睡的时候，甚至直至今日它仍然是我枕边的消遣。因此，我从不后悔曾经为它付出过。

就在我在阿雅克肖中学教书的时候，大名鼎鼎的阿维尼翁植物爱好者雷基安也来到了我们学校。他的胳膊间总是夹着一个装满纸张的纸板盒，他经常横穿科西嘉岛采集各种植物标本，然后大方地将这些标本送给朋友们。

由于拥有共同的爱好，我们很快熟识了。空闲的时候，我常常陪他一起四处奔波，研究植物。我相信，这位大师肯定从来没见过比我更加醉心于植物研究的弟子。

也许雷基安算不上一个学者，但绝对称得上是一个积极热心的植物收集者。在关于植物名称和地理分布的研究上，相信很少有人能与他相提并论。无论是无名的小草，还是一小层苔藓、一小块地衣，甚至藻类的一条细线，没有他不知道的。而且他还对许多植物做了十分系统的归类，这些宝贵的东西对于未来科学的命名是多么的重要啊！

在植物研究方面，我不得不承认雷基安给予了我无数帮助。假如他能再多活一些年，我相信我会亏欠他更多的情，因为他拥有一颗慷慨大度的、从不吝惜帮助新手的心。

之后的一年，在雷基安的引荐下，我又认识了莫干·唐东。我们曾写过几封信，交流植物学的研究经验。后来，这位杰出的教授从图卢兹来到我们地区，打算根据植物志撰写一本植物图集。当时，正赶上省议会召开，我们地区的旅馆全被预订光了。于是，我毫不犹豫地为他提供了食宿：一张临时搭起的床和几道简单的小菜。莫干·唐东对于我的热情招待十分感动，吃饭时，我们对于知道的东西畅所欲言，无所不谈。

随着在一起相处的时间长了，他知道了我的兴趣爱好，而我也发现他并不仅仅是一个拥有非凡记忆力的语言学家，还是一个思路开阔的植物学家，一个善于从细节上升到整体的哲学家，一个善于摒弃虚夸的外在挖掘真理的人文学者和诗人。他给予我的精神上的满足，是前所未有的。他鼓励我说："放弃数学那些枯燥的公式，放手研究这些虫子和植物吧！如果你真如你所表现的那般热爱它们，那么你终究会找到可以倾诉的人。"

我们曾一起在雷诺索山远足。在我的帮助下，莫干·唐东收集到了白霜不凋花，一种像银色的罩布一样并且让许多人梦寐以求的花儿，科西嘉人称这种花为"盘羊草"或"玛格丽特皇后"。

除此之外，他还收集到许多别的稀有植物品种，作为一个植物学家，收集到这些珍稀品种真是太令人兴奋了。然而，对于我来说，他的话以及对自己兴趣的那种执著与热情比白霜不凋花更打动我。当我们爬下寒冷的山峰时，我终于下定了决心：放弃数学！

临走时，莫干·唐东对我说："可以看得出来，你很喜欢蜗牛，这确实很难得。不过，你这样从外面看只能看到表面现象，这对于研究它还远远不够，你应该对这些动物的内部结构也有所了解。现在，我们就一起来看看它的内部构造，相信你对它的认识会更加深入的。"

接着，他把一只蜗牛放进盛着水的碗里，用剪刀和两根缝衣针将蜗牛解剖了。他在解剖的过程中，不时地告诉我各部分器官的名称，这是我人生中的第一堂生物课，也是记忆最深刻的一次，它让我懂得了观察动物的时候不能仅仅局限于外部。

从我的故事中可以看出，早在幼年时期，我就偏爱观察大自然，而且我的观察力天生就异常敏锐。我为什么会拥有这样的性格和爱好呢？是谁赋予的呢？至今我也弄不清楚。

其实，无论是人还是动物，都有一种特殊的天赋。比如有的孩子天生就拥有音乐天赋，有的孩子表现出对雕塑的异常喜爱，还有的孩子极其善于算数。昆虫也是这样，一种蜜蜂生来就会剪叶子，另一种蜜蜂会造泥屋，而蜘蛛则会织网。在人类中，我们称这种具有特殊才能的人为"天才"；在昆虫世界中，我们称昆虫所具有的这种本领为"本能"。有这种本能的动物，其实就是动物中的天才。

蝗虫的重要角色

吃饭的时候，我宣布了一个令全家人都很兴奋的决定："孩子们，明天在太阳还不太热之前，都做好准备，我们要去捉蝗虫。"睡梦中，我的助手们会梦见些什么呢？

长着蓝翅膀或红翅膀的蝗虫，突然张开它们扇子般的翅膀；在我们的手指间，带有锯齿的天蓝色或玫瑰红的长腿乱踢乱蹬着；粗壮的后腿使它们轻松地弹跳起来，样子很像藏在草地上的小弹射器弹射出来的东西。他们在睡梦中柔和的魔灯照射下看到的这些东西，在我的梦中也曾出现过。儿童和老年人的心被同样的天真无邪抚慰着。

若说存在着一种没有杀戮又没有什么危险且老少咸宜的狩猎，那一定就是捉蝗虫了。蝗虫带给我们一个多么有趣的上午啊！当我的助手们在灌木丛中抓到几只身体已经变成黑色的成熟幼虫时，那真是相当美妙的时刻！在被太阳晒得很硬的草坡上远行，绝对是一件令人难忘的事，这一切我将永远记得，这段捉蝗虫的回忆我的孩子们也将一直保留着。

小保尔的腿脚十分灵便，又眼疾手快。他搜查着四季常开的花簇时，看到长着圆锥形头的蚱蜢就在那儿沉思着。他接着搜索灌木丛，一只肥胖的灰蝗虫像受惊的雏鸟般突然从那儿飞跑了。

猎手十分失望，先是拼命地追，然后就停下来眼睁睁地看着蝗虫像云雀似的逃之夭夭。相信他下一次会幸运些，因为我们每次狩猎总会有几个漂亮的俘虏被带回来。

玛丽·波利娜年龄比保尔小一点儿，她耐心地寻找着长着黄翅膀、后腿呈胭脂红色的意大利蝗虫。不过，她最喜欢的并非这种，而是穿着最优雅服装的蝗虫。这种受女孩心仪的蝗虫脊背的根部有四条白色斜线，拼在一起绘出一个圣安德烈①十字架的形状；它的制服上有几个铜绿色的斑点，就像古钱币上的铜锈。

玛丽将手高高举起，随时准备按下去，同时悄悄地靠近，按下，啪！成功了。抓住的蝗虫很快被装进一个纸袋里，那蝗虫的头对着纸袋口，它纵身一跳，就掉进漏斗里去了。

就这样，纸袋被一只又一只蝗虫撑得鼓了起来。接着，盒子里也装满了蝗虫。在太阳开始发威之前，我们已经收获了各种各样的蝗虫。这些俘虏们将被带回去养在笼子里，只要我们善于询问，它们没准会告诉我们些什么。我们收工回家了。我们没怎么费力，就从蝗虫身上收获了许多乐趣。

对于捕捉来的蝗虫，我提出的第一个问题就是："在田野里，你们扮演的角色是什么？"我早就知道你们声名狼藉，书本上一致说你们是害虫，你们是否应该受到这种指责呢？我斗胆提出质疑，当然，这种质疑的对象不包括那些在东方和非洲制造毁灭性灾害的家伙们。

你们具有饕餮②之徒的恶名，然而，我却认为饕餮之徒的益处比害处要多。据我所知，这一带的农民对你们从来都没有抱怨过。他们有什么可指控你们的呢？绵羊啃不动而且不愿吃的植物上的芒刺，你们把它啃掉了。相对来说，你们更喜欢作物间丰盛的杂草，你们吃的都是其他动物拒绝食用的没有果实的东西，你们拥有强健的胃足以消化那些根本无法啃食的东西。

再说了，当你们出现在田野中时，原本最受你们喜欢的东西——麦子早已成熟，并且收割完毕了。即便你们为了觅食而进入菜园，干的也不会是什么罪恶滔天的大坏事，顶多是一些莴苣叶片被咬坏而已。

衡量事物的重要性时，仅以一块萝卜地为标准，这并非什么好方法，我们不能因为毫无意义的细节而忽略掉根本的东西。为了保存几只李子，目光短浅的人竟然要扰乱整个宇宙的秩序。假如让这种人去处理昆虫，他们只会用尽手段将其灭绝。

幸亏这些目光短浅的人没有如此的权力。试着想一想，假如蝗虫因为被指

---

①圣安德烈：耶稣的第一个弟子，十二使徒之一。圣安德烈十字架呈"X"状。
②饕餮（tāo tiè）：传说中的一种凶恶贪食的野兽。常用来比喻凶恶贪婪或贪吃的人。

控偷走了田野里的零星作物而灭绝了，那将会带给我们怎样的后果呢？

九、十月份，一个小孩子用两根竹竿将火鸡群赶到了麦茬地。火鸡一边发出"咕噜咕噜"的声音，一边在这里漫步。这里被太阳晒得既干旱又光秃，顶多还能剩下一簇矢车菊顶着最后几个绒球。在这犹如沙漠一样的地方，这些火鸡饿着肚子在干什么呢？

在这里，它们将把自己养得肥肥的，长出结实而美味的肉来，然后在圣诞节时被端到家庭餐桌上。那么请问，它们要靠什么来生存呢？靠蝗虫。人们在圣诞之夜所吃的那么多的美味烤火鸡中，很多都是靠这种不花分文而味道鲜美的天赐美食喂养出来的。

作为家禽的珠鸡，它们经常会在农场四周游逛。它们在寻找什么？毋庸置疑，当然是麦粒。然而，它们最喜欢的还是蝗虫，蝗虫能够使珠鸡的腋下长出一层脂肪，让它的肉味更加鲜美。

蝗虫也是母鸡喜爱的食物。母鸡十分清楚这种精美的食物能促进它的繁殖能力，能增加它的产蛋量。只要把母鸡从鸡窝里放出来，它就会带着小鸡来到麦茬地，假如可以随意游逛，蝗虫必然会成为它们营养价值很高的补充食物。

除家禽之外，吃蝗虫的更是大有人在。假如你是猎人，假如你热衷于法国南方丘陵的著名特产红胸斑山鹑的味道，你可以试着剖开刚捕获到的这种鸟的嗉囊，在那儿，你将找到这种备受污蔑的蝗虫作出贡献的证明。十只山鹑中有九只，嗉囊里会或多或少地装着蝗虫。

山鹑十分热衷于吃蝗虫，只要能捉到蝗虫，它宁愿不吃植物的种子。要是这种具有丰富营养、含有高热量的美味食物全年都可以找到，山鹑差不多会忘掉种子这种食物。

接下来，我们再看看被图塞内尔热情称颂的候鸟吧，普罗旺斯的白尾鸟——即鸟，是候鸟中首屈一指的。这种鸟到九月时已经长得相当肥壮了，将它们串起来烤着吃十分好吃。

我在猎鸟时，喜欢将即鸟嗉囊和胃里的东西记录下来，以便了解它们的饮食习惯。即鸟的菜单是这样的：首先是蝗虫，接着是各种各样的鞘翅目昆虫，如象虫、龟甲、叶甲、步甲，等等；然后是蜘蛛、赤马陆、潮虫，最后是小蜗牛。此外，也有少量的血红色的欧亚山茱萸和树莓浆果。

通过以上菜单可以看出，这种食虫鸟差不多什么野味都吃，不过，只有在

饿得实在没有更好的选择的时候才吃浆果。在我的记事本上记录的四十八个案例中，吃植物的只有三例，而最常吃并且吃得最多的食物就是蝗虫，这种鸟吃的都是它可以吞咽下去的最小的蝗虫。

别的一些小候鸟也大都如此。当秋天来临时，它们会在普罗旺斯停留一些日子，在尾部存储足够的脂肪，为即将进行的长途跋涉做好准备。

它们无一例外都爱吃蝗虫，蝗虫是它们绝顶的美食。小候鸟们的飞行需要储存足够的能量，所以，在荒地和休耕地上，它们争先恐后地啄食这种欢蹦乱跳的虫子。对于这些秋季旅行的鸟儿们来说，蝗虫无异于天赐的佳肴。

人类也将蝗虫列入菜谱。一位阿拉伯作家在其著作中写道：

"对于人和骆驼来说，蝗虫是一种不错的食物。无论是新鲜的，还是保存起来的，去掉它的头、翅膀和爪，和古斯古斯①混合在一起烤着或煮着吃。

"将蝗虫晒干，碾碎，以牛奶搅拌，或和上面粉，然后放入油脂或者牛油中加上盐来炸。

"骆驼十分喜欢吃蝗虫，可以把蝗虫放入两层炭之间的大洞里烤干或炒好后喂骆驼吃。"

可以肯定地说，人类也可以食用蝗虫。然而，我没有这位阿拉伯博物学家走得那样远，吃蝗虫是需要十分强健的胃的，而这样的胃并非每个人都有。因此我只能说，蝗虫是上天赐予许许多多鸟类的食物，这一点可以通过我所查看的那些嗉囊证明。

还有很多动物，特别是爬行动物，都对蝗虫青睐有加。普罗旺斯小女孩十分害怕的拉萨多，即总是躲在被骄阳晒得犹如烘烤箱似的乱石堆里的眼状斑蜥蜴，在它那大腹便便的肚子里也装满了蝗虫。

我还不止一次地看到墙上灰色小壁虎的小嘴里叼着一只蝗虫的残骸，那是经过很长时间的侦查才捕获到的战利品。

就连鱼也会因为幸运地吃到蝗虫而感到高兴。蝗虫的跳跃从来没有明确的方向，它盲目地跳跃不一定会落到什么地方。要是落到水里，鱼会马上将淹死的蝗虫吃掉。

---

①古斯古斯：北非一种用麦粉团加作料做成的菜。

不过，这种美食有时是致命的，因为垂钓者常用蝗虫作为诱人的钓饵。无需再举更多吃蝗虫的动物了，我已经很清楚地知道它的重要用途了。它通过迂回曲折的方式将没有营养的禾本植物转变成佳肴，最终转送给最奢侈的食客——人类享用。

尽管人们通过山鹑、小火鸡以及其他许多动物的形式间接地吃着蝗虫，却没有一个人对蝗虫表示称赞。

野蜜我吃过，别看是从石蜂的蜜罐里找来的，却完全可以食用。接下来就要说说沙漠里的蚱蜢类昆虫，也就是蝗虫了。

我小的时候，也曾跟其他小孩子一起，生嚼过蝗虫的大腿，当时觉得相当好吃，很有味道。

我将抓来的一些肥大的蝗虫用牛油和盐裹上，然后简单地煎了煎，晚餐时把这些东西分给全家人吃。大家对这种佳肴的评价还算不错，至少要比亚里士多德吹嘘的蝉好吃很多，而且确实有点儿虾的味道，也不乏烤螃蟹的香味。虽然能吃的肉相当少，却也不是硬得无法吃，我甚至要承认它的滋味鲜美，不过，我以后再也不想吃了。

就这样，受博物学家的引诱，我大胆地吃了两次古代的菜肴：蝉和蝗虫。遗憾的是，对于这两道菜，我都不喜欢。

尽管我们的胃显得有些娇嫩，可这一点儿也不会削弱蝗虫的优点。在制造食物的工厂里，草地上的这些小家伙扮演着十分重要的角色。它们成群结队，大量繁殖，啃食着贫瘠的旷野，将其他动物无法食用的东西变成食物，然后供给成千上万的消费者享用。最先受益的就是鸟，而鸟又常被人类所食。

肚子要填饱是正常的生理需要，所以，在生物世界里，任何事物都比不上获得食物更为重要。为了获得所需要的食物，每个动物都耗费了极大量的活动、技巧、辛劳、诡计，甚至争斗。而一个本该充满欢乐的普通宴会，对于许多动物来说，却是一种酷刑。

直到今日，人类仍然没有完全从饥饿中摆脱出来，甚至还经常面临饥饿的困境。人具有如此的创造力，能够彻底摆脱饥饿吗？科学告诉我们，会的！化学向我们承诺，在并不遥远的未来，食物短缺的问题将会得到解决。化学的姐妹——物理学已经为此铺好了道路。

现在，物理学正在考虑让太阳更有效地工作的方法。太阳这个大懒汉，它

以为只要让葡萄注满琼浆，使麦穗变得金黄，就什么也不欠我们了。物理学会把太阳的热量储存起来，将太阳的光线汇聚起来，然后我们想要何时用，就让它何时发挥作用。

我们生炉灶，转动齿轮，开动锻锤，捣碎果肉，碾磨粮食，都可以使用这些储存的能量。这样一来，受恶劣天气影响而耗资巨大的农业劳动将变成工厂化运作，无需耗费很多就可以保证产量。

接下来，轮到拥有许多奇妙反应的化学发挥作用了。它可以通过各种手段为我们制造食物材料，这些材料浓缩了最精华的养分，可以被完全吸收而几乎不会留下不干净的渣滓。面包将像一粒药丸那么大，牛排将变成一滴肉冻，野蛮时代犹如生活在地狱般的田间劳动将只作为一个划时代的回忆被历史学家们记录下来。

最后一只羊和最后一头牛将像从西伯利亚的冰原下面出土的猛犸象那样，作为奇珍异宝被用稻草包裹起来放进博物馆。

所有这些过时的东西，诸如牛羊、麦粒、水果、蔬菜，等等，总有一天会消失殆尽。据说，这就是人类所需要的进步。化学的蒸馏器就是这样断言的，它目空一切地认为没有任何事情是不可能的！

对于食物的这个所谓的黄金时代，我深表怀疑。假如想要获得某种最新的毒物，那么科学的创造性确实令人不敢小觑，这样的毒物存在于许许多多的实验室里；假如要发明一种蒸馏器，用苹果制造出许多烧酒来使我们变成头脑混沌的人，工业的行动手段也是无穷无尽的。

然而，要想用人工的方法获得一口十分简单却又具有丰富营养的食物，那就完全是另一回事了。蒸馏器无论怎样也变化不出像这样的产品，毋庸置疑，在这一点上，以后也不会有更好的结果。

唯一真正的食物只有有机物，它绝不能在实验室中化合出来，而能制造出真正的食物的永远只有生命。

所以，我们必须明智地将农业和牛羊保存下来。我们仍然要靠动植物耐心的工作来储备我们的粮食，我们无法信任野蛮的工厂作业，我们最信任的还是细腻的办法，特别信任蝗虫的大肚子——它们通过不懈努力制造出圣诞晚餐上的小火鸡。食谱就装在蝗虫的这个大肚子里，而心怀妒忌的蒸馏器无论怎样模仿永远也无法制造出如此美味的小火鸡来。

这种浑身富含营养成分，无私地向成千上万的土著居民提供食物的蝗虫，为了表达它的欢乐，会演奏一种音乐。现在，让我们来见识一下一只沐浴在阳光下，一边休息一边消化食物的蝗虫吧！

它突然发出了声音，反复了三四次，中间会稍作歇息，它的乐曲就这样奏响了。它的演奏是用粗壮的后腿在身体两侧弹拨出来的，一会儿用这条腿，一会儿用那条，一会儿又两条并用。

声音十分微弱，弱得我只能求助于小保尔的耳朵才能肯定的确有声响发出。这像针尖擦着纸页似的、几乎难以听出的声音，就是蝗虫全部的歌唱。对于蝗虫如此粗陋的乐器，我们不能奢望它奏出什么美妙的音乐来。蝗虫向我们展示的与蚱蜢完全不一样：没有带锯齿的琴弓，没有音簧似紧绷着的振动膜。

再让我们来看一下意大利蝗虫吧，它的发声器与其他蝗虫都不同。它的后腿上下均呈流线型，每一面都有粗壮竖立着的两根肋条。一系列呈人字形的细肋条像阶梯似的排列在这些主要的部件之间，无论是外面还是里面的，都一样凸出，并且清晰明显。

此外，最让我感到诧异的是：所有这些肋条都很光滑，而最后面鞘翅的下部边缘，也就是发挥着琴弓一样作用摩擦着大腿的那个边缘，并没有任何特别的地方。同鞘翅的其他部分一样，这个边缘也有一些粗壮的翅脉，不过没有锉板，也没有任何锯齿。

就凭这样简陋的发声器到底能发出怎样的声音呢？事实上，只能发出一种像轻轻擦着一块干皱的皮膜所发出的声音。然而，为了这微弱的声音，蝗虫不断抬高、放低它的腿，并剧烈地颤动着——对于自己的成绩它相当满意。它这样摩擦着身体的侧部，如同我们在高兴的时候不自觉地搓着双手一样，根本没打算发出声音来，而这恰恰就是蝗虫表达乐趣的独特方式。

当天空飘浮着一些乌云，太阳忽隐忽现时，我们不妨来观察一下蝗虫。当太阳露出来时，它的大腿会一上一下地动起来；随着阳光变得越来越强烈，动得也越来越厉害。

尽管歌唱的时间非常短，然而只要有阳光，它就会不停地唱着。太阳一旦被云遮住，歌唱当即停止；等到太阳重新出现时，歌声也跟着重新开始。这就是这些热爱阳光的昆虫最简单的一种表达喜悦的方式。

当然，并不是所有的蝗虫表达欢乐时都用摩擦这种方式。长鼻蝗虫的腿十

分长，可是，无论太阳如何温暖，它始终闷不作声，我从未看见它像琴弓一样运动着大腿。除了跳跃外，它的大长腿再也没有其他用途了。

同样，腿很长的灰蝗虫也不发声，它有自己独特的快乐方式。即便是隆冬时节，这个巨人也会经常来到我的花园里。在风和日丽的时候，我发现它站在迷迭香上张开翅膀以很快的速度拍打几分钟，好像要飞起来似的。不过，尽管这翅膀拍打得十分迅速，却很难听见它发出声音。

其他蝗虫在这方面就更差劲了，其中就包括生活在万杜山顶的阿尔卑斯距螽的伴侣步行蝗虫。在阿尔卑斯地区，银色的帕罗草原像给大地铺上了一块银色地毯似的，这种步行蝗虫就在这块地毯上溜达，散步。

此外，步行蝗虫还是地中海植物安德罗萨斯思花的客人，这些小花洁白得像周围的雪，玫瑰红的花芽在雪中微笑着，而步行蝗虫穿着各种颜色的紧身短上衣，穿梭于花圃之中。

步行蝗虫的鞘翅是两片彼此间隔开的东西，有些粗糙，样子像西服的后摆，长度没有超过腹部的第一个环节，而翅膀则更短，连腰部的上端都没有遮住。第一次见到它的人会把它当作幼虫，事实上完全不对，这是已经发育完全的蝗虫，甚至成熟得可以交配了——它们到死都穿着这样短的衣服。

撇下上衣短这点不说，单说它的发声器，它肯定是有琴弓的，即粗粗的后腿，不过，它没有鞘翅，也没有凸出的边缘。若说别的蝗虫发出的声音不够响亮，那么，这种蝗虫则一点儿声音也发不出来，即便耳朵再灵敏，听得再仔细也没用。这个沉默的昆虫必定有其他办法表达欢乐，至于是什么办法，我不清楚。

我也不明白步行蝗虫为什么没有飞行的器官，只能笨拙地在陆地行走，而同样生长在阿尔卑斯山草地上它的近亲，则拥有十分杰出的飞行天赋。在幼虫时期，步行蝗虫拥有鞘翅和处于萌芽状态的翅膀，然而，它没有将萌芽状态的翅膀发展起来并加以应用，它满足于步行，安心地做名副其实的步行蝗虫。

从一个山顶飞到另一个山顶，从一个青草贫瘠的牧场飞跃到另一个食物丰富的牧场，这些难道它不想吗？

当然不是。其他蝗虫，特别是那些和它一样居住在山顶的同胞们都拥有翅膀，并且很好地利用着翅膀。

它为什么不向人家学一学呢？对于它来说，将一直裹着的无用的翅膀从禁锢中解放出来是有极大好处的，可它为什么不这么做呢？有人告诉我："因为进化停顿了。"好吧，我们姑且认为它的生命工程进行到中途时停顿了下来。然而，另一个问题又出现了：为什么会出现停顿呢？

当幼虫生下来时，它被寄予了飞跃的希望，所以它的背上长着四个翼套，并且套里隐藏着各种宝贵的胚芽，这一切早已按正常的进化规律安排好了。然而，机体却没有兑现它的诺言：它让成年的蝗虫失去翅膀，穿着残缺的衣服。

能否将这一切归因于阿尔卑斯山艰苦的生活条件呢？绝对不能，因为同样居住在这片土地上的其他跳跃的昆虫，都成功地从幼虫时期长出了翅膀。

有人告诉我们，动物的某种器官是在需要的推动下，经过一再尝试不断进化而来的——在各种创造因素中，人们只承认动物的需要。比如蝗虫，特别是我在万杜山上看到的能够飞跃的那些蝗虫，就是它们的需要起到了作用。它们经过千百年默默的工作和努力，终于使得它们的鞘翅和翅膀从幼虫外套非常短的后摆中长出来了。

解释得太好了！那么，请声名显赫的大师们告诉我，步行蝗虫为什么甘心保持雏形状态的飞行器官，却不想超越呢？在千百年的进化中，它肯定会受到需要的刺激的：当它在岩石中跌跌撞撞地艰难行走时，它一定会感受到假如能够通过飞行摆脱地心吸力，将是一件再好不过的事情了。它的器官所做的一切尝试无非是想要得到一份好彩头，然而，所有这些努力都没能使处于萌芽状态的翅膀撑开来。

根据你们的说法，在需要、食物、气候、习惯等条件完全一致的情况下，有的进化成功，能够飞跃；有的却进化失败了，只能成为一个笨重的步行者。这种解释还有什么意义？岂不是荒谬至极？因此，我拒绝接受这种解释，我宁愿承认自己对此一无所知，也不愿意作任何预测。

我们姑且把这个落伍者放在一旁吧！与它的同类相比，真的不知道它为什么会落后这么多。在机体的发育中，有后退，有停止，也有飞跃，尽管我们充满好奇却无法解释。

这种现象的起源是个十分深奥的问题，面对这样的问题，除了谦卑地躬身引退，没有其他更好的办法了。

固定的隐居者

在人们所知道的为数不多却极负盛名的昆虫中，居住在草地上的蟋蟀差不多同蝉一样著名。它的声誉要归功于它的歌声和住所，假如不是善于让动物说话的寓言大师拉封丹令人遗憾的疏忽——只让它说了几句台词，它肯定会更加出名。

拉封丹在一篇寓言中告诉我们：野兔十分恐惧看到蟋蟀的耳朵的影子，因为那些爱嚼舌根的人将蟋蟀的耳朵说成了角。胆小的野兔将行装收拾好，搬走了。它说："再见吧，蟋蟀邻居！我要从这儿搬走，否则，最后我的耳朵也会变成角的。"蟋蟀反驳道："这怎么会是角？你当我是傻瓜不成？这是上帝创造的耳朵呀。"野兔固执地说："可别人都说那是角。"这就是拉封丹赋予蟋蟀所有的台词。他没有让蟋蟀多说几句，真的太可惜啦！不过，他仍然出色地勾勒出了蟋蟀的宽厚形象。是的，蟋蟀并非傻瓜，它有一个大大的脑袋，完全可以想出很多精彩的话来。无论如何，野兔选择尽快离开并没有错，面对别人的恶意中伤时，溜之大吉也许是最好的办法。

弗罗里安[1]从另一方面为蟋蟀写了一篇故事。在他的寓言《蟋蟀》里，有蔚蓝的天空和长满鲜花的草地，有多情的男士和淳朴的女士……总之，整个故事毫无生气，一味地追求华丽的辞藻，却缺乏作为寓言必不可少的作料：纯真和风趣。另外，故事中的蟋蟀对于它的生活很不满意，哀叹自己的命运，这看法真是稀奇古怪！常与蟋蟀打交道的人都知道，它对自己的才能和住所相当满意。

---

[1]弗罗里安：18世纪法国作家、寓言诗人。

  相对来说，我认为我的一个朋友的寓言诗更有力、更真实。从他的诗中，我见到了我熟悉的昆虫，我仿佛看到蟋蟀在洞口卷起触角，腹部朝着阴凉的土地，脊背对着太阳。它不但不妒忌蝴蝶，还有点儿同情蝴蝶；它那带着嘲弄意味的怜悯，如同在临街闹市拥有一间店铺的老板看到外表光鲜却无家可归的人走过店铺门口那样。它丝毫不抱怨，十分满意自己的住所和小提琴。它是名副其实的豁达之人，看透了虚荣；它喜欢远离尘世的喧嚣，独享陋室的好处。

  这个描写基本是正确的，不过还不够充分，没有将能够给人留下最深刻印象的特征写出来。自从拉封丹忽视了蟋蟀之后，它一直在等待，而且会用很长时间等待人们必要的只言片语，使得它的优点得到承认。

  作为博物学家，我觉得以上两篇寓言主要描写了蟋蟀的住所，这也是作为寓言寓意的基础。蟋蟀最先引起人们注意的，就是它的住所，这甚至都引起了不太关心实际情况的诗人的注意。

  在这方面，蟋蟀真的与众不同。它是昆虫中唯一在成年后拥有固定居所的，这是它心灵手巧的结果。在天气不好的秋冬季节，别的昆虫只能躲藏于临时的隐蔽住所——这种隐蔽住所很轻易就可以得到，抛弃时也不会觉得可惜。有些昆虫也有一些奇妙的创造，如用棉花做的袋子、树叶做的篮子等，用于生儿育女。一些依靠捕猎维生的昆虫，在长期埋伏地隐藏起来，等待野味上门。如虎甲，它先挖了一个直筒的井，然后用扁平的头将洞口盖住，猎物只要一踩上这危机四伏的"天桥"，翻板活门就会马上翻转，猎物瞬间掉进陷阱里消失了。蚁蛉将一个十分光滑的斜坡状漏斗做在了沙子上，蚂蚁一旦从斜坡上滑下去，在漏斗底部潜伏的猎人就会用颈部作投射器，投射出沙子击毙蚂蚁。不过，这些避难所、巢穴或捕猎的陷阱都只是临时的。

  经过辛勤劳动建造起住所之后，蟋蟀便安心地住在那里，无论是欢乐无边的春夏，还是严酷寒冷的冬季，都不会搬迁。这里是为了自己的安宁而建，而非捕猎和育儿的临时场所，只有蟋蟀才会拥有这样的住所。在某一个阳光普照的草坡上，那个隐蔽住所的主人就是蟋蟀。当别的昆虫四处流浪，为了躲避风雨只能随遇而安地卧在露天里，或躲在一块石头、一片枯叶、一张干裂的树皮下时，它却得天独厚，安心地住在固定的居所里。

  建造住房的确是个大问题，不过，蟋蟀、兔子，还有人，已经先后将这个问题解决了。我家附近的那些狐狸和獾的洞穴，大部分是在天然洼陷的岩石上

稍加修整而成的。就这一点而言，兔子要比它们聪明，假如没有天然的洞穴让它轻松地定居，它就在合适的地方挖洞居住。

蟋蟀比所有这些动物都更胜一筹。它对于随意碰到的隐蔽之地不屑一顾，它的住所一定要在地面干净、方向朝阳的地方。它一点儿也不会利用随便找到的粗陋的天然洞穴，它的住所从入口到最里面的卧室，全部都是它自己一点点挖出来的。在建造住宅的艺术上能够比蟋蟀高明的，相信只有人类了。然而，即使是人类，在懂得搅拌砂浆来黏合砾石、把黏土涂抹在由树枝搭起的茅草房上以前，所住的也不过是从野兽那里夺来的岩石下面的隐蔽住所或洞穴。

天赋的本能到底是怎样分配的呢？这样一种微不足道的昆虫竟然知道尽可能地完善自己的住所。它拥有固定的家，这是许多比它更高级的动物都不具备的长处；它拥有安静的隐居处，这是安逸生活的首要条件，而在它的周围，再没有别的动物能够定居下来。除了人类，没有谁能够与它相提并论。

蟋蟀是如何获得这样的天赋的呢？它有特殊的工具吗？没有。蟋蟀并非出色的挖掘手，它的工具甚至还相当软弱，这让人们不能不惊奇于它的成果。它建造住所是为了保护特别娇嫩的皮肤吗？不是。它的近亲中有的同样拥有相当敏感的皮肤，可它们完全不怕在露天生活。

那么，难道是它的身体结构自发形成的受机体内部推动而产生的一种天赋？不是。我家附近还有另外三种蟋蟀：双斑蟋蟀、独居蟋蟀、波尔多蟋蟀。从外形、颜色和结构上看，它们与田野蟋蟀十分相像，如果不仔细看，很容易将它们与田野蟋蟀混淆起来。第一种蟋蟀的身材与它一样大，甚至比它还大；第二种差不多只有它的一半；第三种要更小一些。然而，田野蟋蟀的这些同类，谁也不会挖掘住所。双斑蟋蟀居住在潮湿的烂草堆里；独居蟋蟀流浪于锄头翻起的干土块的裂缝中；而波尔多蟋蟀则胆大包天地闯进我们家里，从八月开始一直到九月，在阴凉透风的角落里低声鸣唱。

无需再继续探讨下去了，因为我们所提出的每个问题，最终的答案都是否定的。虽然结构十分相似，我们仍然无法用本能来解释其原因何在，因为有的地方本能得以体现，而有的地方却完全没有体现。挖洞能力并非由工具决定，甚至是解剖学的资料都无法予以解释。四种差不多相同的昆虫中，只有一种掌握挖洞的技术，进一步肯定了前面已经提供的证据，从而让我们很清楚地知道，对于本能的由来我们是相当无知的。

　　没有人不知道蟋蟀的家吧？没有谁在孩提时期在草地上嬉戏时，不曾在隐蔽的住所前停住脚步的。无论你的脚步有多轻，都能够被它听见，于是，它猛然一缩，躲进隐蔽的家中。当你赶到时，它早已不在门前了。

　　大家都知道如何把隐居者引出来。你在洞里放入一根稻草轻轻摆动着，它不知道上面到底发生了什么事，被逗得有些心痒痒，于是就爬出了隐蔽的房间。它在前厅停下来，有些犹豫不决，通过摆动灵敏的触角探听外面的情况。终于，它暴露在阳光下了。这时，想逮住它很容易，因为这件事情已把它那简单的头脑搅昏了。假如第一次被它侥幸逃脱了，它的疑心就会变重，不会再理睬稻草的挑逗，这时，只要往洞里倒一杯水就能将这个不肯就范的顽固分子逼出来。

　　天真的孩子在草径边捕捉蟋蟀，将它关进笼子里，喂它吃莴苣叶，那个时代是多么的美好啊！当我搜索洞穴，为我的钟形罩寻找研究对象时，我仿佛又回到了童年时代。小蟋蟀，赶快到我的锥形小纸包里来吧，你会得到非常好的照顾。不过，先让我们来看看你的家。

　　蟋蟀的家位于青草丛中一条朝阳的斜坡上，下雨时，雨水可以迅速从斜坡流掉。地道还没有一个手指头宽，或笔直，或曲折，随地势而变，最深不超过九寸。洞穴通常被一簇草掩盖着，蟋蟀出来吃草时，这一簇是绝对不会碰的，因为这簇草是居室的挡雨护檐，出口刚好被草的阴影隐蔽起来了。略微倾斜的洞口经过精心的打扫，多少向里延伸了一段距离。当四周一片宁静时，蟋蟀就坐在这个亭阁里拉响它的琴弓。

　　室内装修很简单，四壁都是泥土，不过并不粗糙——房间的主人有足够的闲暇时间改造过于粗糙的地方。卧室在地道的尽头，没有别的出口，相对于别处，这儿要宽敞些，墙面也更光滑。总之，宅子非常简朴且很干净，一点儿也不潮湿，满足了基本的卫生需要。对于蟋蟀简单的挖掘工具来说，这绝对是一项巨大的工程。假如我们想知道它是如何建造和什么时候开始建造这住所的，就必须从产卵那个时候开始观察。

　　如果想看蟋蟀的产卵，不需要做什么准备工作，只要有点儿耐心就可以了。有人认为耐心是一种天赋——我觉得没有那么厉害，可以把它称为观察家的优秀品德。在四月，最迟也就是五月，我在每个花盆里单独放进一对蟋蟀，花盆的底面铺一层压实的土，用莴苣叶当食物。为了防止蟋蟀逃跑，盆口用一块玻璃盖上。这种装置非常简单，如果需要还可以加上一个钟形网罩，用这样的设备就足以获得非常有趣的资料了。这种装置我们以后再说，现在我们要监视产卵，我们必须保持相当的警觉，以免错过有利的时机。

六月的第一个星期，我不懈的观察开始获得了令人满意的成果。我看到雌蟋蟀待在那里一动不动，很长时间内输卵管都垂直插在土中。它对于我这个冒失的访客不予理睬，在原地待了很长时间。最后，它将输卵管抽了出来，漫不经心地消除孔洞的痕迹。它休息了一会儿，接着就闲逛到由它支配的其他地方重新产卵了。它像蟊斯那样重复着这样的工作，只是速度要慢一点儿。四小时后，产卵看似已经结束了，可为了保险起见，我又等了两天。

接着，我将花盆里面的土翻起来。那些卵是草黄色的，呈圆柱形，两端浑圆，大约三毫米那么长。卵并排垂直立在土中，每次所排的卵数目不一，有的多，有的少，卵与卵之间相距很近。在整个花盆两厘米深左右的地方，我都找到了卵。尽管困难重重，我仍通过放大镜估计出这堆土中大概有五六百枚卵。

蟋蟀的卵像一种奇妙的小机械，孵化后，卵壳像个白色不透明的白筒子，顶端有一个相当规整的圆孔，圆孔边上有一顶像圆帽一样的盖子。这盖子并非由新生儿往前钻破，也不是剪子剪破的，而是沿着一条事先准备好的阻力最小的线条自行裂开的。让我们来看看这种有趣的孵化吧。

大约在卵产下来两个星期之后，两个大而圆的黄黑点出现在前端，这是眼睛的雏形。离眼睛不远处，在圆筒子顶端出现了一条细微的环形凸起，将来卵壳就是从这条线上开始裂开的。很快，卵变得半透明了，我们得以看到小家伙细微的孵化状况。此时，必须更加注意，频繁观察，特别是早晨。

运气对具有耐心的人格外垂青，我的坚持不懈终于得到了回报。那条环形凸起经过极其微妙的变化后，成为阻力最小的线。里面的幼虫的头部顺着这条线将卵的顶端推开，像掀起小香水瓶的盖子那样，顶端落到一旁。小蟋蟀从开口处钻了出来，如同小魔鬼从魔盒里钻出来一样。小蟋蟀解放后，卵壳继续膨胀着，光滑、完整，呈纯白色，开口处挂着盖帽。鸟卵是由雏鸟嘴专门长着的小硬瘤撞破的，而蟋蟀的卵最为精妙，仿佛象牙筒似的自动张开，只要新生儿的头一顶，就能推开壳盖。

蟋蟀孵化的速度几乎能与食粪虫媲美，若赶上一年中最炎热的日子就更迅速了，所以对观察者的耐心并不构成严峻的考验。还未到夏至，我的花盆里十

对夫妇都已经儿女满堂了。因此，卵的形态也就保存了十来天。

关于我前面所说的小蟋蟀从带盖的象牙筒里出来的说法，其实并不十分确切，出现在筒口的其实是裹着褓褓、还无法看出模样的小家伙。我估计新生儿之所以要裹着这个褓褓，理由应该与蝼斯告诉我的一样。

蟋蟀在地下出生，同蝼斯一样，它的触角和腿都相当长。这些附属器官很是妨碍它的出世，所以出土时必须要穿上一件紧身衣。这是我最初的想法，在原则上尽管很正确，却只对了一半。初生的蟋蟀的确穿着一件临时的紧身外套，但并非用来出土，因为它在卵壳口时就脱掉了这件衣服。

为什么会出现这种例外呢？大概是这种情况：蟋蟀的卵在孵化前只在土里待了很短的时间，除了极少的特例，卵的孵化都是在干旱的季节，出壳后只需从一层薄薄的粉状干土中穿过；而蝼斯刚好相反，卵在土里待的时间长达八个月之久，孵化后，因秋冬的雨水较多，土地被压得很硬实，钻出来非常困难。而且，蟋蟀比蝼斯粗壮，腿也没有它翘得高，这大概就是造成两种昆虫出土方式不同的原因。蝼斯出生在压得较实的深土层里，所以需要外衣保护；而蟋蟀身上没有那么多累赘，而且相对离地面较近，只需穿过粉末状的土层就可以了，所以不一定非要这件外套。

蟋蟀一出卵壳就会扔掉的褓褓到底有什么用呢？我决定用另一个问题来回答这一问题。蟋蟀的鞘翅下面有两片发育不全的白色残肢，它们就是未来翅膀的雏形，将来会成为巨大的发声器官。这两个残肢到底有什么用途呢？它们完全没有一点儿价值，而且如此脆弱，对蟋蟀一点儿用处也没有，如同狗不会使用它爪子后面的那个趾头一样。

出于对称的目的，有时人们会在住所的墙上画个假窗户，以便与真正的窗户匹配。为了有序而要求事物对称，这是构成美的至高无上的条件。同样，生命也有对称物，即重复一个普遍的原型。当一个器官因失去用处而被取消时，生命会留下这器官的残迹以维持基本的配置。狗的趾头尽管退化了却仍表明它的爪子有五个趾头，这是高等动物的特征；而蟋蟀的翅膀残余却表明它曾经是可以飞行的。蟋蟀的褓褓是为了对称而保留下来的无用的东西，是已经过时却还未废除的残存规律。

小蟋蟀浑身是灰白色的，它扔掉外套后，就要与盖在身上的泥土搏斗。它用大颚使劲儿拱松软的土，用后腿扫开粉末状的障碍物，并踢到身后。终于，它钻出了地面，迎接它的既有欢快的阳光，也有弱肉强食的危险。而它的身体还相当瘦弱，甚至还没有跳蚤大。大约在二十四小时后，它变成了好看的"小黑人"，那乌黑的颜色几乎能与发育完全的蟋蟀相提并论。刚出生时的灰白色如今只剩下一条白带围在胸前，让人想到学走路的小孩绕在身上的背带。

小蟋蟀相当敏捷，用颤动的长触角探测着四周。它不停地奔跑、跳跃着，等发胖了就再也跳不起来了。此时，它的胃还很娇嫩，要喂它吃些什么呢？我无从知晓。我喂它吃莴苣叶，可它不屑一顾。

仅仅几天内，十个蟋蟀家庭就成了我沉重的负担。这群小家伙的确很漂亮，可我不知道怎样照顾它们，这五六千只小蟋蟀我该怎么处置呢？哦，可爱的小家伙，我决定给你们自由，交给大自然这个无与伦比的教育者吧！

我把它们分开来几个几个地分别放到了园子里最好的角落。到明年，假如所有的蟋蟀都平安无事，相信我的门前肯定会出现动听的音乐会！然而，也很可能不会出现音乐会——尽管雌蟋蟀生下了许多孩子，它们却面临着凶残的杀戮，可以想象得出，在大屠杀中可能只有几对蟋蟀得以幸存。

跟螳螂的遭遇相同，首先跑来的是小灰蜥蜴和蚂蚁，它们疯狂地对这些天赐美食实施劫掠。在花园里，可恶的强盗蚂蚁很可能连一只蟋蟀都不留给我，它将这些可怜的小东西抓住，咬破它们的肚皮，将它们嚼碎。

啊，这万恶的蚂蚁！亏我们还把它们当作第一流的昆虫呢！人们写书为它歌功颂德，对它赞不绝口；博物学家对它崇敬有加，使它声誉日渐提高。和人类一样，动物也有各种办法让别人为自己树碑立传，而最有效的办法就是做坏事。食粪虫和埋葬虫投身于有益的清洁工作，却没有人理会它们；黄蜂带毒刺而且暴躁好斗，蚂蚁专门干坏事，结果却声名远扬。在南方的村庄里，房屋的椽子被蚂蚁一点点蛀空，岌岌可危，那种疯狂劲儿仿佛在吃无花果一般。不需要我多说，在人类的档案馆里，任何人都能够找到类似的例子：做好事的默默无闻，做尽坏事的却备受歌颂。

我的花园里的蟋蟀最开始还很多，后来被蚂蚁和别的杀戮者消灭得差不多了，让我没有办法继续研究下去了，只好将视线转移到园子外面。

八月，在落叶中，或三伏天烤焦的草地上残存的小块绿洲中，我看到了已经比较大了的小蟋蟀，它浑身黑色，一点儿也没有初生下来时的白色痕迹。这时的它还没有固定的住所，一片枯叶或一块扁石头都可能成为它的栖身之所。

事实上，所有的流浪者都不会很在意在哪儿休息。

这种流浪生活会一直持续到仲秋时节。这时，这些逃脱蚂蚁虎口的幸存者又遭受到了黄足飞蝗泥蜂的追捕，许多蟋蟀被储藏在地下。假如蟋蟀能将建造固定住所的时间比平常提前几个星期的话，完全可以免遭掠夺者的屠杀。然而，遇难者完全没有意识到这一点，千百年的严酷经历没有让它们得到教训。此时，它们已经强壮到足以挖掘一个保护自己的住所了，却严格遵守着古老的习俗，即便飞蝗泥蜂将家族中的最后一个成员蜇死，它们依旧会四处流浪。

直到十月末，寒气已经逼人了，蟋蟀才开始工作。根据我对花盆里的蟋蟀的观察，建窝工作相当简单。蟋蟀肯定不会在园子里裸露的地方挖洞，而把地址选在吃剩的莴苣叶遮挡着的地方，以此作为隐蔽所不可或缺的门帘。

这个矿工是用前腿挖掘的，如钳般的大颚用于拔掉粗石砾，而它那带有两排锯齿的强壮后腿则用来将挖出来的土扫到身面，堆成斜面，至此，它造房的全部手艺都展示出来了。开始时，工程进展得相当快，花盆里的土都很软，矿工大约在土里挖了两小时就消失了。它时不时地回到洞口，倒退着将土扫出来。若是干累了，它就在未竣工的洞口休息一下，头露在外面，触角无力地摆动着，接着又返回洞里继续工作。

最紧迫的工作已经完成了。这居所深约两寸，目前已经够用了，剩下的工作要花的时间较长，可以利用空闲时间每天做一点儿。随着天气的变化和蟋蟀身体的长大，住所会不断加深、加宽。即使在冬天，假如天气稍暖和些，当太阳晒到门口时，偶尔还能看见蟋蟀将土运出来，表明它还在挖掘和打理房间。而到温暖的春天时，房间的维护和改善工作依旧在进行，直到主人死去为止。

四月底，蟋蟀的歌声响起了，最初还是零零星星羞涩的独唱，不久就会出现大规模的合唱。演唱者存在于每块泥土下，我很乐意将蟋蟀列于万象复苏时的歌手之首。在灌木丛中，当百里香和熏衣草盛开时，百灵鸟一飞冲天，放开喉咙高歌，优美的歌声从云端一直传到地上，而蟋蟀则遥相呼应。尽管蟋蟀的歌声很单调，没有美感可言，然而，这种单纯的声音与淳朴的欢乐是多么协调啊！这是对大自然复苏的赞歌，是唱给萌芽的种子和初生的叶片的歌。在这二重唱中，应该把胜利的棕榈叶给谁呢？我更愿意将这棕榈叶给予蟋蟀。百灵鸟终究会停止歌唱，野地里海蓝色的熏衣草在阳光下迎风摇摆，它们只听到蟋蟀发出庄严的庆祝歌声。

矿工的苦役

有些人对于蝉的歌声好像还是不太熟悉，因为蝉总是生活在长有洋橄榄树的地方，然而，凡是读过拉封丹的寓言的人，大概都记得蝉曾经受过蚂蚁嘲笑的故事吧？

故事中说：整个夏天，蝉一点儿事情也不做，只知道从早到晚地唱歌，而蚂蚁则忙于储藏食物。冬天来临了，蝉不能忍受饥饿，只好跑到邻居蚂蚁那里去借一些粮食，结果使它很难堪。

蚂蚁骄傲地看着蝉，问道："你夏天为什么不收集一点儿食物呢？"蝉回答："夏天我唱歌太忙了。""你夏天要唱歌，"蚂蚁嘲笑道，"好啊，那么你现在可以跳舞了。"

这个寓言里的昆虫并不一定就是蝉，很可能是螽斯，因为英文里常常把螽斯译为蝉。蝉虽然需要邻居们的许多照应，但它并不是乞丐。不过，蝉确实很喜欢唱歌。每到夏天，它们就成群结队地来到我家门口唱歌，在两棵高大筱悬木的绿荫中，从日出到日落，嘹亮的歌唱一刻也不停息。

有时候，蝉和蚂蚁确实会打交道，但真实情况恰恰与前面寓言中所说的完全相反。蝉并不依靠别人生活，它从不到蚂蚁门前乞食，倒是蚂蚁不能忍受饥饿而常常厚着脸皮去抢蝉的食物。我曾经亲眼见过这种事。

七月，当其他昆虫都在为口渴苦恼，失望地在已经枯萎的花上想找点儿喝的东西的时候，蝉却舒服地坐在树枝上唱歌。当蝉唱到口干的时候，就会伸出它那好像锥子一样的嘴巴，刺入柔滑的树皮，吸食里面的汁液。这个时候，偷偷躲在一旁的蚂蚁就会跑出来，想要趁机舔吸，而蝉则会很大方地抬起身子，让它享用。

但没想到，蚂蚁得寸进尺，咬住蝉的腿尖，拖住蝉的翅膀，爬上它的后背，甚至抓住它的吸管，想把吸管拔掉。最后，这位歌唱家没有办法，不得已抛弃自己凿好的井，悄无声息地离开了。于是，蚂蚁的目的达到了，它霸占了蝉的井，喝光里面的汁液。

怎么样？真正的事实其实与那个寓言相反吧？事实上，蚂蚁是厚颜无耻的乞丐，蝉才是辛勤的劳动者！

蝉是我的邻居，每到七月，蝉就成了我花园的主人，甚至还会驻扎到我家的门口。于是，我的居所一下子就有了两个主人，屋内是我，屋外是蝉。作为屋外的主人，蝉的气焰十分嚣张，整天不停地歌唱，搅得我难以专心做事。不过，我也正好有许多时间来研究它的习性。

快到夏至的时候，蝉来到我屋子前面的那棵大树上。在一些阳光直射、人来人往、地面被踩得很结实的地方，你会发现许多手指般粗细的圆孔，这正是地洞的出口。蝉的幼虫就是从这些圆孔中爬出来，在地面上完成蜕变，最终变成蝉的。这些圆孔随处可见，只有庄稼地除外。

当然，它们最常见于又热又干的地方，尤其是路边。蝉的幼虫拥有十分锋利的工具，能够随心所欲地穿透泥沙和干土，正因为如此，它们非常喜欢挑战那些泥土坚硬的地方，从那里钻出地面。

在我的花园里有一条小路，刚好符合蝉挖地洞的条件。我在考察蝉的地下洞穴时，发现了一个很特别的现象：在通往地下洞穴的圆孔口的四周，竟然没有一点垃圾和泥土。大多数掘地虫，例如粪蜣螂，它的洞穴外面总有一座土堆。我分析后认为，这是由于它们工作方法不同造成的。

粪蜣螂的挖掘工作是从洞口开始的，所以它可以沿着挖掘的路线返回洞口，把挖出来的泥土都堆积在外面；而蝉幼虫的挖掘工作是从地下开始的，开始并没有洞口，最后的工作才是开辟洞口，所以它不可能在洞口堆积泥土。

蝉的地洞大约有四十厘米深，大致呈圆形，里面通行无阻，下面的部分较宽，但底端却是完全封闭起来的。如果你试图寻找蝉的幼虫在挖掘过程中产生的泥土，那肯定是徒劳的，因为无论在哪儿你都找不到一个土堆。根据地洞的深度和宽度，我们可以估计出大概需要挖出两百立方厘米的土。那么，蝉在挖地洞时，把泥土搬到哪里去了呢？

不仅如此，我还发现一个问题：地洞和圆孔都是从那些干燥易碎的泥土中挖出来的，假如在施工的过程中仅仅打洞而不做其他准备的话，洞穴极其容易坍塌。然而，事实完全不是这样，我惊讶地发现：洞穴的墙壁竟然被一层黏稠的泥浆涂抹过！尽管这样的洞壁仍然不够光滑，但至少不再显得那么粗糙，最重要的是，它对原本极易坍塌的泥土起到了加固的作用。

许多人认为，蝉爬上爬下地挖洞会造成坍塌，塞住自己的房子。其实，蝉的做法简直和矿工或是铁路工程师一样。矿工用支柱支撑隧道，铁路工程师利用砖墙加固地道。蝉和他们一样聪明，为了使隧道坚固，它便在隧道的洞壁上涂上"水泥"。这种"水泥"是蝉用自己分泌的黏液和收集到的泥土制成的。洞穴常常建筑在含有汁液的植物根须上，蝉可以从这些根须中获取汁液。

蝉一连工作几个星期，甚至一个月，才能做成一个坚固的隧道。为了能随时了解外面的天气情况，蝉在隧道的顶端留了手指厚的一层土，只要觉得今天是个好天气，它就会爬上来，利用顶上的那层土来探知外界的气候状况。

如果天气不太好，或蝉感觉外面有雨或风暴，它就会小心谨慎地溜到隧道底下。但是，如果天气看来很温暖，有很好的阳光，它就用爪子击碎"天花板"，爬到地面上来晒太阳。

由此我们可以知道，蝉的地洞相当于一个休息室兼气象站，幼虫既可以随时爬到地面观察外面的天气，又可以长期在里面居住。而洞壁上之所以涂上那层泥浆，就是为了防止幼虫的频繁活动造成洞穴坍塌。

直到这里，我们内心仍然有着深深的疑问：蝉从地洞里挖出来的土到底去了哪里？在如此干燥的地洞里，幼虫又是从哪里弄来的泥浆涂抹洞壁的呢？这两个问题要从刚刚钻出地洞的幼虫研究起。

通过观察我们会发现，幼虫的身上总是或多或少地沾着一些泥浆，有的泥浆干一点儿，有的泥浆湿一点儿。那一对挖掘机一样的前爪上也沾满了小泥球。当然，其他爪子和背上也不例外，满是泥土。

总之，它就像刚刚搅完泥浆一样。然而，最令人不解的是，它明明是从十分干燥的土里钻出来的，怎么会浑身沾满泥浆呢？按照我们的设想，它应该是满身尘土才对，谁知却是满身污泥！

其实，只要抓住这条线索，我们就可以找出答案了。当地面上找不到什么能帮助我解决问题的东西时，我就把一只正在挖掘地洞的幼虫挖了出来。这个"幸运儿"刚刚开始它的挖掘工作：大概一拇指深的地洞里，除了一个休息

室，什么也没有。此时，我们不妨来看看这位"挖掘工"！

这只幼虫的体色要比我看到的出洞后的幼虫白很多，它的眼睛又大又白，浑浊不清，还有点儿斜视，看起来是"盲"的。的确，在漆黑的地下，视力能有什么用呢！不过，来到地面上就不一样了。出洞后的幼虫的眼睛乌黑发亮，视力相当不错。

这是非常必要的，因为幼虫在爬出地面后，必须要爬到一根树枝上去，完成蜕变。而这根树枝并不会刚巧就在洞外，有时甚至会很远，所以视力对于此时的幼虫来说非常重要。通过了解幼虫在准备蜕变前这种视力方面的成熟过程，我们可以知道，那个向地面延伸的地洞绝非幼虫仓促之间的即兴之作，而是经过了很长时间的准备。

我们再回过头看看这只十分苍白而又盲眼的幼虫，它的身体比成熟时要大，这是因为它的身体里充满了液体，就像得了水肿病似的。只要用手一抓它，一种透明的液体就会立刻从它的尾部渗出来，全身都会被浸湿。这种液体是由肠子排泄出来的，它难道是幼虫的尿液？抑或是胃在消化树汁后残余的汁液？我无法确定，为了方便起见，姑且称它为尿液吧！

事实上，这尿液就是我们要找的谜底。蝉的幼虫在挖掘的过程中，会一边前进一边把尿液洒在粉状的泥土上，使它变成泥浆，随即幼虫会用肚子将泥浆用力涂抹在洞壁上，为原本干燥的洞壁加上一层保护黏土。这些泥浆一部分渗入干燥地面的裂缝，一部分被压实填入多余的空间，所以，当一条畅通无阻的通道挖成后，看不见一点儿土渣，因为那些挖出来的土已经被转化成泥浆利用掉了。

这就是蝉的幼虫从干燥的地洞出来时，浑身挂满泥浆的原因了。事实上，即便蝉的成虫完成了这种矿工般的苦役后，也不会将剩余的尿排泄掉，余下的尿液将成为它们的防御武器。

如果有些不知趣的人在观察蝉时离得太近，它就会将一泡尿射向那个大胆的观察者，而自己则趁机逃之夭夭。别看蝉非常喜欢干燥的地方，可不管是幼虫还是成虫，都称得上是灌溉高手。

可是，要想使整个地洞挖出来的土全部变成泥浆，即便幼虫的身体里没有其他东西全是水也无法做到。整个地洞的完成，必须要不断补充水分才行。那么，它们又是怎样补充水分的呢？就让我来告诉你吧！

法布尔昆虫记全集

　　我小心翼翼地将几个地洞从上到下打开，结果发现在幼虫的休息室的洞壁上伸出一些活树根，有的像铅笔那么粗，有的像麦秆那么细。伸出来的树根很短，大约有几毫米那么长，其余部分全都深深地扎在土里。这个巨大的"水库"是幼虫赶巧碰到的，还是它事先寻找好的呢？两者比较，我更赞同后一种猜想，因为这样的树根在几个地洞中都有出现，并非偶然。

　　事实证明的确如此！挖洞的幼虫在建造通往地面的通道前，会特意选择在有新鲜树根的地方开始施工。它还尽量只让树根露出一小部分，其余部分恰当地嵌在洞壁上，避免有太多凸出，从而妨碍地洞的通畅。而这些树根正是幼虫补充尿液的来源。

　　随着干土变成泥浆，"矿工"的"蓄水池"也会渐渐变空，于是，"矿工"就会返回洞底的休息室，将吸管插入树根，在巨大的"水库"中大喝一顿。当"蓄水池"又一次被充满，它就会爬上去，继续施工。如此反复，直至一条畅通无阻的通道完工为止，情况大概就是这样。

　　当然，这并非是我亲眼所见。事实上，这根本无法直接观察到，完全可以通过逻辑推理和实际情况来证明这一点。

生命的蜕变

蝉的幼虫一钻出地面，那个精心挖掘的地洞就废弃了，洞口变得很大，就像被粗大的电钻钻出的孔一般。幼虫刚爬到地面上时，一般会在洞口附近徘徊一会儿，以寻求合适的落脚点，比如一棵小矮树、一丛百里香、一片野草叶，或者一根灌木枝。找到后，它就立刻用前足的爪紧紧地抓住这些植物的枝条，头朝上，决不松手。之后，它会先休息一会儿，以便让其余悬着的爪臂舒展开，成为固定的支点。

它开始进行蜕皮工作了。首先是幼虫背部的外壳沿着中线裂开，随着裂缝越来越大，露出昆虫淡绿色的身体。而前胸差不多在同一时间也开裂了，裂缝向上延伸到头部，向下到达后胸。接着是头罩开裂，红色的眼睛从中露出来。从开裂时刻开始，露出的那部分淡绿色身体渐渐地膨胀起来，在中胸的部位甚至出现一个凸起物。那个凸起物慢慢地抖动着，并随着血液的流动忽而膨胀，忽而紧缩。起初，我们完全无法了解这个凸起物的作用，不过，现在我们就会发现它相当于一个楔子①，帮助幼虫的胸甲沿着阻力相对最小的两条十字线裂开。

幼虫脱壳的速度相当快，蝉的头部首先露出来，接着是吸管和前腿。此时，蝉的身体倒立着悬挂在树枝上，腹部朝上。随后，后腿和翅膀相继从旧壳中脱离出来。蝉翼湿漉漉的，而且很皱巴，身子蜷成弓状，就像是发育不全的残肢一般。这就是蝉蜕变的第一阶段，全过程只需要十分钟。

---

①楔子：插在木器缝隙里的木片，可以使接榫处固定。

接下来，蝉就要进入蜕变的第二阶段，这个时间相对要久些。到目前为止，除了尾部最后的尖端仍留在壳内，蝉的其余部分已经完全蜕出了。这时候，那个已基本被蜕下的壳仍然以原先的姿势牢牢地挂在树枝上，即便在干燥的环境中，那层旧壳已经变硬了，姿势却自始至终保持不变。事实上，它正是下一个蜕变阶段的支撑点。

因为尾部并未完全蜕出，所以蝉只能继续穿着那件淡绿色略带点儿黄色的衣服。接下来，蝉会表演一种奇怪的体操。它以固定的旧壳为支点，垂直翻转，让头部倒悬，直到原本贴在一起、皱皱巴巴的蝉翼向外伸直并随着血液的流动完全张开。随后，它又用一种几乎不可能看清的动作，尽力将身体翻上来，用前爪钩住空壳。这一系列运动可以把尾部最后的尖端从旧壳中蜕出，整个过程差不多需要半个小时。

现在，蝉已经完全摆脱了旧壳，不久之后它的样子将发生天翻地覆的变化。不过，此时我们看到的是，蝉的翅膀很沉重而且湿漉漉的，其透明度不亚于玻璃，而且上面清晰地呈现着嫩绿色的脉络。它的前胸和中胸隐约带着一点儿棕色，而其他部分则是淡绿色的，个别部位还有些发白。

在短时间内，这个刚得到自由的蝉还不是很强壮，它那柔弱的身体在还没具有足够的力气和漂亮的颜色以前，必须在日光和空气中好好地沐浴。两个小时后，它看起来并没有什么明显变化，只是用前爪把身体悬挂在已脱下的旧壳上，在微风中摇摆。它的身体依然很脆弱，依然是绿色的，直到棕色的外壳出现，它才会变得像平常我们见到的蝉一样。我从上午九点看到这只蝉悬挂在树枝上，一直到中午十二点半才飞走。

而那个被蝉蜕下的空壳呢？它仍按照原先的姿势留在树枝上，除了一条裂缝外，其余部分完好无损。它挂得很牢，即便是刮风下雨也不能将这个空壳从树枝上打落。所以，在此后的几个月里，甚至到了冬天，我也经常可以在一些树枝上看到这样的蝉壳——自始至终保持着初时的模样。它让我想到了干羊皮，可以作为纪念品长时间保存下来。

我们再回过头来看看蝉蜕壳时所做的体操。全过程一共有两个支撑点，首先是保留在旧壳中的尾部，然后是前爪尖。还有两个重要动作：一个是垂直向下翻跟头，使头部朝下；另一个是直起身子，用力使头部朝上，恢复正常姿势。要想完成这样一连串动作，幼虫需要固定在一根树枝上，头部朝上，下方要留出足够的运动空间。那么，假如我故意破坏这些条件，会出现什么样的情况呢？下面就让我们来看看吧！

我用一根线系住准备蜕变的蝉的一条后腿，然后把它倒挂在没有气流的试管里。这不是一根普通的线，而是重垂线，它的垂直状态没有什么东西可以改变。蝉在蜕变的时候头部必须要向上，可现在它被强制保持头部朝下的状态。可怜的小虫竭尽全力地翻动身体，试图使身子翻转过来，然后用前爪抓住那条被系住的后腿或垂线。在我做实验的蝉中，只有几只蝉成功了，尽管它们很难保持平衡，但总算让身子竖了起来，随后它们便以垂线为支点，毫不费力地完成了蜕变。

多数的幼虫则没有这么幸运了，它们最终没有抓住那条线，没能转过身子来，也就无法进行蜕变了。尽管有几只幼虫背上的壳已经裂开，中胸也出现了凸起物，但蜕壳就进行不下去了，所以它们很快死掉了。然而，这也是少数，大多数幼虫甚至连壳都没有裂开就死去了。

接着我又开展了另一项实验。我把即将蜕变的幼虫放进一个瓶子里，为了让幼虫可以爬行，我在瓶底铺了薄薄的一层沙子。因为瓶子的玻璃瓶壁太滑了，所以它们只能爬行，而无法依靠瓶壁直立起来，在这样的环境中，幼虫只有死路一条。然而，这其中也不乏例外：有些幼虫凭借着难以想象的平衡性，在沙地上直立起来，从而成功完成蜕变。不过，就绝大多数幼虫而言，假如无法实现正常或接近正常的姿势，蜕变就无法完成，幼虫就会死掉。

通过实验的结果，我们差不多可以得知，对于影响蜕变的外力，蝉有能力做出一些反应。外壳裂开的时间，幼虫是可以控制的，直到外部条件合适为止；外部条件若是不合适，幼虫甚至会放弃蜕变。尽管体内的激素一再向幼虫发出蜕变的信号，可如果幼虫感觉到外部条件不合适，它们宁死也不会选择裂开。

当然，除了这些死于我强烈的好奇心下的幼虫外，我从没有见过它们这样死去，因为它们总是能够在地洞附近找到适合蜕变的树枝。从洞里爬出来的幼虫爬到树枝上后，仅仅几分钟内背上的壳就会裂开，这样短暂的破壳过程使得我的研究变得麻烦起来。

于是，我逮住了一只刚刚爬上树枝的幼虫。我把幼虫连同那根树枝一起装进了纸袋里，然后匆匆往家赶。尽管我只用了一刻钟的时间就回到了家，可仍

然白费了力气，因为淡绿色的蝉已经破壳而出。我只好放弃这种观察方法，开始寄希望于能够侥幸在离家不远的地方有所发现。

古希腊伟大的哲学家亚里士多德曾说，蝉是希腊人极其推崇的一道佳肴。尽管我没有拜读过这位伟大哲人的著作，可我却从马蒂约①的一本权威著作上证实了这一观点，他进一步明确了亚里士多德所说的"美味的蝉"指的是挣脱外壳之前的幼虫。

根据亚里士多德的说法，如果我们想要得到这份美味，只能在夏天，即幼虫出洞的时刻进行捕捉。这个时候，只要认真寻找，很容易在地面上发现一只接着一只蝉的幼虫，这是在幼虫开裂之前抓住它及时烹饪的唯一时机。只要稍晚几分钟，幼虫的壳就裂开了。

一个阳光明媚的夏日早晨，为了体验传说中的美味，我们全家五口开始行动了。我们把院子搜了个遍，只要逮到幼虫，我立刻将它浸到水里，因为幼虫窒息后就不会蜕变了。经过两个小时的地毯式搜索，我们一共找到四只幼虫，它们统统被我浸到水里，不是死了，就是奄奄一息。为了保证传说中的美味，我们做得非常简单：一点儿油、一点儿盐和一点儿洋葱，别无其他。晚饭的时候，大家都品尝了这道油炸幼虫，并一致认为，这道菜确实可以吃。然而，从味道上来讲，它有点儿虾的味道，但远没有烤蚱蜢那么浓厚，而且它有点儿过硬，汁水也少得可怜，吃起来不亚于啃干羊皮。

不可否认，亚里士多德是伟大的动物历史学家，他的消息通常是准确可靠的。他有一个学生是国王，为他从印度运来了足以令当时的马其顿人啧啧称奇的珍禽异兽：老虎、豹子、大象、孔雀、犀牛，亚里士多德对这些动物做了十分详细的描述。然而，对于蝉，即便是在马其顿当地，他也只是从农民口中了解到的。那些辛勤劳作的农民在犁地的季节看到过蝉的外壳，而且他们是最早知道蝉就是从这外壳里出来的。亚里士多德在繁忙的工作之余，做了一些普林尼②后来所做的事。不过，他有些过于天真，他轻信了那些乡间的传言，并把它们当作真实的资料记载下来。

相比较而言，希腊农民的脾气要更加古怪。他们告诉城里人：蝉的幼虫是

---

①马蒂约：16世纪中期意大利的一位医生，也是一位植物学家。
②普林尼：古罗马著名的博物学家，著作有《自然史》。

无与伦比的美食，是神的佳肴，无比美味。为了使他们无限夸张的说法令人信服，他们又加上了一个前提条件：这样的美味只能在幼虫破壳之前收集到。

通过我的烹饪结果，我敢断定，亚里士多德本人肯定没有吃过油炸蝉幼虫，亚里士多德肯定没想到他出于善意向人们推广的美味，原来只是那些农民不经意的一个玩笑。事实上，如果我听信身边的那些农民的话，肯定早就收集到很多蝉的故事了。下面我就讲一个农民告诉我的蝉的故事吧！就讲这一个。

你有肾衰，或因为水肿而走路不稳吗？你是否需要一贴很好的净化药？相信你会在所有的民间药典里发现一味无与伦比的药，就是蝉！人们会在夏天把蝉的幼虫收集起来，穿成串儿在太阳下晒干，然后小心翼翼地储藏在衣橱里。

你要是突然感觉到轻微的肾炎，或是尿路不畅，那赶快把储存的蝉熬成汤喝下去，据说没有任何药物会比它更有效了。在我还不知情的情况下，曾经有一位好心人给我服用了这样一剂汤药，说是可以治疗身体的不舒服。不过，最令我意外的是，阿那扎巴的老医师们竟然也十分推崇这个药方。事实上，自药材鼻祖迪约斯科里德生活的时期开始，普罗旺斯的农民就坚信蝉拥有神奇的疗效。当然，这也要感谢希腊人将蝉介绍给他们。随着时间的推移，这其中也不乏变化：迪约斯科里德的建议是把蝉烤着吃，而现代人多把蝉熬成汤喝。

我们都知道，蝉会对那些过于靠近它的人撒上一泡尿，然后趁机逃走，从这一点足以证明蝉的排泄功能的强大，这种排泄功能说不定可以传给吃他的人。估计迪约斯科里德与他同时代的人就是根据这一点才认为蝉具有利尿的功能，而至今普罗旺斯的农民仍对此深信不疑。

哦，可爱的人们！假如你们知道蝉的幼虫是用尿液搅拌泥土，从而使自己的气象站和休息室变得更加结实牢固的话，你有何感想呢？你们是否会和拉伯雷①一样夸张呢？在拉伯雷的笔下，巨人高康大坐在巴黎圣母院的钟楼上，洪水般的尿液从他那巨大的膀胱里喷射出来，将无数闲逛的巴黎人淹没。

---

①拉伯雷：文艺复兴时期的文学家，最为后人称道的作品是长篇巨作《巨人传》，《巨人传》开创了法国长篇小说的先河。

"祈祷之虫"

再来看一种南方的昆虫，它和蝉一样有趣，但因为它从不发出一点儿声音，所以名声远不如蝉。假如上天也能赋予它一副音钹，使它具备了深入人心的首要条件，那么再加上它独特的体形和习性，它必定让蝉这位著名的歌手相形见绌。这一带称这种昆虫为"祈祷之虫"，而它的学名叫"螳螂"。

科学术语和农民朴素的词汇在这一点上出奇的一致，它们将这奇特的生命视为发布神谕①的女预言家或潜心修行的修女②。早在古希腊时期，螳螂就被人们称为"占卜师""先知"。乡间的农民也很容易如此类比，他们通过对外表的形象描述大大弥补了对概念的模糊。

在太阳炙烤的草地上，他们看到这种仪表堂堂的昆虫庄严地半立在那里，它那犹如亚麻长裙般宽大绿色的薄翼拖在地上，它的前肢始终朝前举起着，就像人举着手臂做祷告一样。这样的情景已经足够了，其余的事情就让人们尽情发挥想象吧！于是，自古以来，荆棘丛中就住着这样一位发布神谕的先知和潜心修行的修女。

哦，幼稚无知的人们，你们可知自己犯了怎样的错误啊！在螳螂虔诚的神情下，隐藏着相当残酷的习性，它那祈祷的双臂并非用来拨动念珠，而恰恰是最可怕的掠夺凶器——无情地屠杀每一个从它身旁经过的猎物。

螳螂是直翅目昆虫中唯一以活的猎物为食的。在相对和平的昆虫世界里，它无异于一头猛虎、一个巨妖。要是它的力气足够大，再加上它嗜肉的胃口和

---

①神谕：在希腊神话中，神谕被认为是神所下达的律令。

②修女：指天主教、正教中离家入修女会的女教徒，一般从事祈祷或传教等工作。

近乎完美的可怕凶器，那么它肯定会成为田野里的霸王！

当然，抛开致命的凶器不说，螳螂倒真的没有什么可让人们害怕的。它看起来甚至还有些高雅：体态轻盈，衣着雅致，体色淡绿，长翼犹如纱罗。它没有很多昆虫像剪刀一样张开的大颚，只有看起来仅能啄食的尖尖的小嘴；它的脖子很灵活，挺立于前胸之上，头可以上下左右自由旋转。螳螂是所有昆虫中唯一能调整视线随意打量、观察的，它甚至还有面部表情。

从外形来看，螳螂从上到下都透着安静和祥和的气质，这与它那被称为"残忍利器"的前肢，反差真的太大了。螳螂的前胸长而有力，有利于它将捕捉足主动向猎物抛出去，而不是守株待兔。在捕捉足里面的一侧、前胸的根部，装饰着一个漂亮的黑色圆点，圆点的中心有白色斑块，几行美丽的小珍珠点缀其中。这些小装饰，使螳螂看起来更加漂亮了。

螳螂的大腿比前胸更长，样子像扁平的纺锤，两排尖锐的锯齿隐藏在前半部分的内侧；里面的一排有十二个长短不一的锯齿，长的呈黑色，短的呈绿色。如此长短交错的锯齿，有着很强的咬合力，作为武器绝对有杀伤力。外面一排相对简单一些，只有四个锯齿。另外，在两排锯齿的末端还长着三根刺，它们是所有锯齿中最长的。总之，螳螂的大腿就好似一把有两排平行锯齿的钢锯，小腿折叠时可以放在两排锯齿之间的空槽内。

小腿与大腿非常灵活地连接起来，它也是一把拥有双排锯齿的钢锯，略比大腿上的小，却拥有更多更密集的锯齿。在小腿尖端长着一个强有力的弯钩，钩尖的锋利程度可以与最好的钢针相媲美；在弯钩的下面是一道细槽，槽上有两把酷似修枝剪的刀片。

这弯钩绝对是一件完美的刺割工具，曾给我留下难以磨灭的印象。不知有多少次，捕捉螳螂时，我的双手被这刚抓到手的家伙紧紧钩住，挣脱不开，只好求助于别人。假如你没有把刺到肉里的弯钩拔出来就强行挣脱，肯定会被划得深一道浅一道的，就像被玫瑰的刺划了似的。任何昆虫都没有螳螂这么难对付，你要是想活捉它，抓它的时候手指不能太用力，要不然那虫子就会被掐死；而你要是不用力，它就会拼命地用修枝剪一样的爪子抓你，用弯钩刺你，用钳子夹你，这一套组合动作简直让你难以招架。

休息的时候，螳螂的捕捉足弯曲着举在胸前，看上去一副平和的样子。这时，它就是十足的"祈祷之虫"了。然而，只要有猎物经过，祈祷的姿势立刻消失。捕捉足原本折叠的部分转眼之间全部张开，抛出去的弯钩一把将猎物钩住，然后迅速收回，将猎物带到两排锯齿之间。接着，小腿弯向大腿，像老虎钳一样合拢在一起。这时，无论是蝗虫、蚱蜢，甚至是更强壮的昆虫，一旦被那四排锯齿夹住，便只能束手就擒了，任猎物怎样挣扎都无法从这可怕的凶器中逃脱。

研究螳螂的习性绝不可能通过野外跟踪完成，只能把它养在家里观察。这项工作其实很简单，对于螳螂来说，只要有食物，它完全不在意自己是否被囚禁在钟形罩下。我每天都会给它提供不同的美食，渐渐地，这家伙就开始有些乐不思蜀了。

我把我的俘虏们放进了一个个装满沙土的瓦罐里，上面都罩着宽大的钟形金属纱网罩。我在瓦罐里放了一丛干枯的百里香，还有一块扁平的石块——在螳螂产卵时可以用得上。这些小居室被成排摆放在我工作室的大桌子上，在这里可以享受充足的阳光。抓来的螳螂都被我安置在其中了，有的居室只住一只螳螂，有的则住着一群螳螂。

八月下旬，我在干枯的草地里、荆棘丛中，甚至是小路边，经常可以看到大腹便便的雌螳螂，却很少见到它们纤小的伴侣。因为我圈养的小个子雄螳螂经常被吞食，而外面又很少见到，所以有时我要费好大的劲儿才能为我的那些雌螳螂配对。至于这件发生在钟形罩里的惨剧，我打算稍后再说，现在先来说说雌螳螂。

雌螳螂非常能吃，而且至少要喂养几个月之久，所以喂养多少有些难度。我差不多每天都要给它们提供新的食物，然而，它们中的大多数却对此并不领情，总是简单地吃一点儿就浪费了。我觉得，螳螂在它们出生的荆棘丛中肯定是很节俭的，因为那里的猎物很是缺少，所以它们顾不上许多，总会把抓住的食物吃个精光。而在我的钟形罩中，情况就大不一样了，只有那些肥美的嫩肉它们才会咬上几口，剩余的就丢在一旁，谁也不会去动了。我想，它们大概是靠这种方式排遣被囚禁的烦闷吧！

要满足它们如此奢侈的浪费，只靠我一个人是不行的。于是，我用几片面包和西瓜请来两三个闲着没事的邻居的孩子，让他们帮忙用芦苇秸编成的小笼子在附近的草地上捕捉活蹦乱跳的蝗虫和蚱蜢。而我自己也没闲着，每天都手持网兜在花园里寻找着，希望能弄些上好的野味给我的俘虏们。

我准备用这些上好的野味检验螳螂的胆识和力量，这些野味中有灰蝗虫、白额螽斯、蚱蜢、葡萄藤距螽。除了这群不好惹的野味拼盘，我还弄到了两个可怕的恶魔，就是我们这里体型最大的两种蜘蛛：圆网蛛和冠蛛。

当看到我的俘虏们勇敢地向眼前的昆虫发起进攻时，我确信，它在野外遇到这样的对手时肯定也敢于攻击。蝗虫、蝴蝶、蜻蜓、大苍蝇、蜜蜂……各种各样的昆虫都成了螳螂利爪之下的美味。在我的钟形罩里，面对任何对手，勇敢的猎手都决不退缩。无论是灰蝗虫、螽斯，还是圆网蛛、蚱蜢，谁都逃不脱它的锯齿，最终都会被它津津有味地吃掉，这样精彩的捕猎过程我必须要认真地讲一讲。

当肥大的灰蝗虫在钟形罩里冒冒失失地朝螳螂靠近时，螳螂先是痉挛般地惊跳起来，随即便会摆出骇人的架势。螳螂的转变之迅速，架势之骇人，若是碰到一个没有什么经验的观察者，肯定会犹豫着将手缩回，唯恐会有危险。即便是我这样拥有很多经验的观察者，如果心不在焉时碰到这样的情况，也会大吃一惊。这种感觉就像在毫无预警的情况下，从你面前的盒子里突然蹦出一个可怕的东西一样。

只见螳螂张开鞘翅，向两边斜着甩过去；翅膀全部展开，高高竖起，就像平行的两片船帆；它的腹部末端呈卷曲状，先抬高，再放下，剧烈地抖动着，与此同时还伴随着"扑、扑"的喘气声。这情景让人不禁想到火鸡开屏时的声音，又有点儿像受惊的游蛇在吐气。

它的身体被四条后腿支撑着，长长的前胸差不多完全直立；平时折叠在胸前的锋利前爪此时完全张开，呈十字交叉，前胸根部的那串珍珠和装饰着白斑的黑圆点显露了出来。这黑圆点平时都被小心地收藏着，只有在战斗中才会为了威慑对方、炫耀自己而呈现出来。

螳螂就这样保持着这个怪异的姿势，而目光则一直追随着灰蝗虫的动作。螳螂摆出这副架势的目的显而易见：它要把眼前强大的猎物威慑住，吓得它不敢动弹。假如对手的锐气没有被挫败，螳螂自己就会面临危险了。

螳螂如愿了吗？在螽斯、蝗虫这些毫无表情的面具后面，我们看不到一点儿焦躁不安的迹象，但有一点是能够肯定的，那就是受到威胁的虫子已经感觉到了危险——它发现一个高举着弯钩的幽灵，随时准备朝自己扑来；它觉得死神就在眼前，尽管它完全来得及逃跑，擅长跳跃的它可以很轻松地跳到远离螳螂钩爪的地方，可它却没有这么做，甚至还一点点地向对手靠近。

据说，小鸟看到张着嘴巴的蛇，就会被蛇的目光迷惑，完全忘记飞走，只能束手就擒。大部分时候，蝗虫也是如此。就像现在，它已经被慑其心魄者控制了。螳螂的两只弯钩猛地挥下来，一下子将它抓住，随即两把锯子一收，任可怜的灰蝗虫怎样挣扎都无济于事。只见螳螂收起如战旗般的翅膀，恢复到平常的姿势，正式开始用餐了。

而在对付蚱蜢、距螽这样没有灰蝗虫和螽斯危险的昆虫时，螳螂就没必要摆出如此吓人的幽灵般的姿势了，对峙的时间也相对较短，它只要将弯钩抛出就行了。而对付蜘蛛时，螳螂为了避免被毒针刺到，会把它们横过来抓起。无论是在钟形罩里还是野外，那些普通的蝗虫，对于螳螂来说都是家常菜，螳螂基本不对它们使用威慑手段，只要在蝗虫们走进其控制范围内时将它们抓住就行了。

在螳螂幽灵般的威慑姿势中，翅膀起到十分重要的作用。螳螂的翅膀又宽又大，外侧边缘是绿色的，其他部分则是无色透明的；翅膀上布满了呈扇形辐射开来的横纵向交叉的脉络，组成许多网格。当螳螂摆出幽灵般的威慑姿势时，就会张开翅膀，平行竖起，差不多相互碰到；腹部蜷在两翼之间，腹尾剧烈地抖动着，同时摩擦着翅膀上的脉络网，发出类似游蛇吐气的喘气声——这种声音我们只要用指尖快速擦过螳螂张开的翅膀正面就能模仿出来。

对于雄螳螂来说，翅膀是必不可少的。矮小瘦弱的它为了交配必须在荆棘丛中不断流浪，它的翅膀发达到足以飞翔的程度，飞翔的距离差不多有四五步远。这个瘦弱的家伙吃得相当少。在我的钟形罩里，我几乎看不到雄螳螂正在吃某只蝗虫，这可是最弱、最没有杀伤力的猎物了。也就是说，雄螳螂摆不出那幽灵般威慑的姿势，事实上，这姿势对于没有野心的雄螳螂毫无用处。

而翅膀对于怀揣成熟的卵并且相当肥胖的雌螳螂来说，有什么作用呢？翅膀既不能帮助肥胖的雌螳螂飞翔，而且翅膀本身也不够漂亮，它为什么还留着翅膀呢？原因是，它们有时会在潜伏的地方等候一只庞大且难以驯服的猎物，如果直接进攻弄不好可能会断送了性命，它只能采用心理战术，把对手吓得不敢抵抗。为了达到这个目的，它便猛地张开如幽灵般裹尸布一样可怕的翅膀。由此可见，宽大的翅膀尽管不能辅助飞翔，却是很好的捕猎工具。对于不能飞翔的雌螳螂来说，翅膀的大小取决于捕猎时埋伏的难度。一般来说，雌螳螂都很强悍，它张开翅膀犹如威风凛凛的战旗；而雌性灰螳螂作为微不足道的猎虫

者，它的翅膀则像一件小小的燕尾服。

　　一只雌螳螂在处于极度饥饿的状态时，可以吃掉个头儿和自己相当，甚至远大于自己的灰蝗虫，除了过于干硬的翅膀外全部吃干净，而整个过程只需两个小时。这样的情景我曾看到过一两次。我不禁会想：贪吃的螳螂哪里有这么大的肚子装下如此多的东西呢？我不得不赞叹螳螂的胃的高超特性：食物只要进入胃里，马上就会被消化掉，消失了。

　　我给我的俘虏们提供的日常食物是各种各样的蝗虫。螳螂的嘴巴又小又尖，不太适合大吃大喝，但它却能把整个猎物除了翅膀全都吃得干干净净。螳螂吃食的时候，是从猎物的颈部下口的。它用一只锋利的前爪拦腰抓住猎物，另一只前爪按住猎物的头，使颈部露出来。它用小嘴一口一口地咬着这块没有护甲的地方，随着颈部裂开一个大口子，猎物变成了一具没有知觉的尸体，这时，猎食者就可以随心所欲地吃任何地方了。首先咬猎物的颈部，这种做法十分普遍，其中必定存在某种原因，我们先来探讨一下。

　　六月的时候，我在围墙内的熏衣草上常常能看到两种蟹蛛。一种是金钱蟹蛛，它身体的颜色像白缎子一般，腿上带着一圈圈绿色和粉红色的环；还有一种是圆蟹蛛，它的身体乌黑发亮，腹部带有红圈，红圈中间是叶形斑点。

　　这两种优雅的蜘蛛像螃蟹一样横着走路，它们不会像普通蜘蛛那样织网打猎，它们仅有的那点儿蛛丝被用于做茧袋和存放卵。它们常常埋伏在花朵上，猛然袭击那些蜜蜂。我看见过很多次，蟹蛛捕获战利品时，不是咬住脖子，就是咬住其他随便什么部位。但这都不是最重要的，让我深思的是插入蜜蜂颈部的毒钩，这与螳螂捕捉蝗虫的方式极其相似。我忍不住要问：蜜蜂的个头儿比蟹蛛大，身手又比它敏捷，甚至还有致命的毒针做武器，弱小的蟹蛛是怎样抓住像蜜蜂这样的猎物的呢？

　　无论是在体形上，还是在攻击武器上，猎者和被猎者都有很大的差距，假如猎者无法用蛛网和丝线将这可怕的对手缠住，那么这场搏斗是无法取得胜利的。如此大的反差，相当于绵羊冲向狼口。然而，即便这样，勇敢的进攻还是发生了，而且最终胜利属于弱者，无数的死蜜蜂已经证明了这一点。在好几个小时里，我看见蟹蛛就那样一直吮吸着蜜蜂的血。相对弱小的一方总是能够通过自己的独门绝技来弥补不足。我想，蟹蛛必定拥有某种秘技，使它得以战胜看似无法战胜的对手。

法布尔昆虫记全集

假如站在熏衣草旁等待，估计会很长时间都没有任何收获，所以我决定主动为这样的决斗做些准备工作。我在钟形罩里放进一只蟹蛛和一束熏衣草花，并洒了几滴蜜在熏衣草花上，然后再将三四只活蜜蜂放了进去。

这些蜜蜂完全没有把可怕的邻居放在眼里，它们无拘无束地在钟形罩内飞着，偶尔会到花上吸两口蜜，有时它们中的某一只会落在距离蟹蛛不到半厘米的地方。它们好像一点儿也没有意识到危险的存在，多年的经验并没有让它们学会警惕这个可怕的杀手。而蟹蛛呢，它静静地待在原地，四只长长的前爪张开着，稍稍抬高，随时准备出击。

一只蜜蜂落在蟹蛛旁边的花朵上开始采蜜。蟹蛛见时机来了，猛地扑过去，用毒钩将这个冒失鬼的翅尖勾住，同时用长长的爪子将其勒住。几秒钟后，蜜蜂拼命反抗，然而攻击者在它的背上，它的毒针根本刺不到。不能让这样的肉搏持续很久，要不然蜜蜂就会挣脱，于是，蟹蛛将蜜蜂的翅膀松开，迅猛而准确地将它的颈部咬住，只要毒钩刺入，搏斗就结束了。蜜蜂仿佛被雷电突然击中一般，原本还在猛烈地扑腾的它，如今只有跗节还在微微颤抖着，这是最后的抽搐，很快它就不再动了。

蟹蛛依旧紧紧地咬住猎物的颈部，它要进行一次大餐了，并非吃猎物完好无损的尸体，而是将猎物的鲜血慢慢吸干。当颈部的血被吸干后，它就会换一个地方继续吮吸，也许是腹部，也许是前胸。到这里，就可以解释我在野外看到蟹蛛时，为什么有的时候是咬着猎物的脖子，而有的时候却咬着其他的部位。咬脖子的时候，通常是猎物刚被俘获，凶手仍旧停留在最初的姿势；而其他情况的出现，是因为猎物已经死掉了，蟹蛛放弃了已经没有血可吸的颈部，转而去咬其他任何一个多汁的部位了。

随着猎物的鲜血越来越少，这嗜血的家伙不停地移动着它的毒钩，忽而移到这里，忽而移到那里，慢悠悠地享受着美味所带来的快感。我曾见过这样的晚餐持续长达七个小时，而且还是受了我的惊扰，蟹蛛才放弃猎物的。对蟹蛛来说，被抛弃的尸体已经完全没有食用价值，但从猎物的外表来看，依然完好如初——一点儿被咬过的痕迹都没有，也没有明显的伤痕，只是血被吸干了而已。

我的猎狗朋友布尔活着时，也喜欢咬住对手脖子上的皮，只有这样才能以最快的速度控制对手的獠牙。这种捕猎方法在狗类中十分常见。它张开大嘴不停地叫着，嘴里吐着白沫，随时准备进攻，而要想将对手制伏，最谨慎的办法就是将它的颈部咬住，使它无法动弹。在与蜜蜂的搏斗中，蟹蛛的目的明显和布尔不一样。对它而言，猎物最可怕的是什么呢？当然是螫针，假如不小心被这可怕的短剑刺到，就会十分痛苦。

然而，蟹蛛一点儿也不害怕，只要猎物还活着，它只需要进攻猎物的颈背——它仅专注于攻击这一点，完全不去管其他部位。当然，它不会采用猎狗的战术，使对手的头无法动弹，尽管这种战术相对危险性较小。蟹蛛有更为高远的抱负，这一点我们可以从蜜蜂闪电般的死亡中得到证明。猎物的颈部一旦被咬，很快就会死去。毒液一旦破坏中枢神经，生命之火也会随之熄灭，这样，战斗自然就停止了。对于进攻者来说，战斗拖得越久就越不利，尽管蜜蜂有刺刀和蛮力，可弱小的蟹蛛却深谙速杀的技巧。

现在，我们再回过头来说螳螂。对于蟹蛛熟练地制伏蜜蜂并以最快的速度置敌于死地的技巧，螳螂也颇有心得。它将一只强壮的蝗虫抓住，有时很可能是一只体格更为强壮的蚱蜢。对于它来说，最好是能顺顺利利地品尝这些食物，而不用去担心这些到嘴边的猎物会突然惊跳挣扎。美餐一旦受到惊扰，乐趣就会大减。后腿是这些昆虫反抗的主要武器，它们的后腿强壮而有力，踢蹬起来丝毫不比棍棒差，再加上那上面还长着锯齿，螳螂那硕大的肚子要是一不小心让它擦到了，很可能会被开膛破肚。其他的反抗尽管相对危险会小些，但虫子们在绝望之际的挣扎不管怎样绝不是一件容易对付的事，怎样才能让这些反抗统统失效呢？在紧要关头，将猎物一块一块地肢解不失为一个可行的办法。不过，这方法太费时间，而且还很危险。螳螂拥有更好的办法，它对颈部的生理构造十分了解。于是，它选择从猎物裸露的后颈发起进攻，撕咬颈部的淋巴结，从源头上彻底消灭肌肉的活力，这样一来猎物就没有任何反抗的力气了。但猎物并不会因此马上瘫痪，因为蝗虫并非像蜜蜂那般纤弱。不过，螳螂最初几口的撕咬已足以使它瘫痪了。很快，踢腿和挣扎就会慢慢平息下来，所有反抗都宣告终止，即便是再大的野味，螳螂也可以舒舒服服地享用了。

这以前，我习惯把狩猎的昆虫分为两类：麻醉猎物和杀害猎物的昆虫，这两种昆虫都对解剖学原理十分了解，让对手心生恐惧。现在，我还要在杀害猎物的昆虫里再加上两位：一位是蟹蛛，它可以说是攻击对手颈部的专家；另一位就是螳螂，为了能安安静静地将强大的猎物吞食，它会先撕咬猎物颈部的淋巴结，使其无法动弹。

最残忍的爱情

我们刚刚对螳螂的习性有了些许了解，这与它的俗称——"祈祷之虫"给人的联想完全不符。一想到"祈祷之虫"这个美称，人们总会误以为它是一种平和安详、虔诚静修的昆虫，然而，现实展现给我们的却是一个食肉的恶魔、一个可怕的幽灵，残忍地啃食着被它吓坏了的猎物的头颅。不过，这还不是它最可怕的地方，螳螂极端残忍的习性在同类身上也暴露无遗。这方面，即使是声名狼藉的蜘蛛也难以与其相比。

为了在保留足够供实验用的虫子的前提下，又能使我的大桌子腾出一点儿地方，我在同一个钟形罩下一下子放了好多只雌螳螂，最多时达十二只。即使这样，这些公共居所的空间也还算宽敞，仍然有多余的地方供雌螳螂们生长发育。最重要的是，这些大腹便便的雌螳螂都不太爱走动，它们经常趴在钟形罩的穹顶上，不是在一动不动地消化食物，就是等候着猎物经过它的身边。事实上，即使在野外的草丛中，它们也是如此。

同居是有一定危险性的。据我所知，如果草架上没了干草，即便如驴子一样性情温顺的动物也会互相踢打。我的那些女俘房们可没有驴子那么温顺，只要食物不够，它们肯定会变得十分暴躁，相互攻击。所以，我相当留心，使钟形罩里始终有充足的蝗虫作食物，一天还要换两次，这样一来，即使真有内战爆发，也肯定与饥荒无关。

最初，情况还不错，钟形罩里的居民们相处和睦，每只螳螂都在自己控制的范围内捕食猎物，而不会去打搅邻居。然而，好景不长，随着雌螳螂的肚子一天天大起来，卵巢内的卵串渐渐成熟，交配和产卵的时节越来越临近。尽管钟形罩里没有雄螳螂可以让它们争风吃醋，但雌螳螂之间仍然产生了很强的嫉妒心理，而卵巢的作用更是让它们疯狂地撕杀在一起。于是，威胁、肉搏和食肉者的盛宴，幽灵般的姿势，摩擦翅膀的声音，以及张开弯钩、举向空中的可怕动作，一一出现在钟形罩里——即使面对灰蝗虫或白额螽斯，雌螳螂们也没摆出过如此吓人的姿势。

两只相邻的雌螳螂不知为了什么突然直起身子来，摆出战斗的姿势。它们的脑袋左右转动，肚子摩擦着翅膀边缘，发出"扑、扑"的声音，仿佛正在吹响进攻的号角。这场决斗如果只是简单的较量，没有什么严重后果的话，那么，双方原本折叠着的锋利前爪就会如同书页一般张开，放到身体两侧，保护胸部。这是一个相当好看的姿势，完全不如决一死战时的架势那般吓人。

突然，螳螂的一只弯钩猛地伸直，一把抓住对手，然后迅速地后撤，重新摆出防守的架势。对手也做出相应的反击。这场比试颇有点儿两只小猫打架的感觉，一旦一方柔软的肚子上出了点儿血，有时甚至并没有受伤，它就认输了；而得胜的一方也会收起战旗，到别的地方伏击蝗虫什么的了。从表面上看，它们已经恢复平静，事实上却随时为重新开战做着准备。

大部分时间，战斗的结局会相当惨烈。这时，螳螂从头到脚都摆出一副决斗的架势，锋利的前爪向半空中张开着。战败者被老虎钳夹住，马上就要被吃掉了，当然，肯定是从颈部下口。这令人心惊肉跳的宴席很平静地进行着，螳螂就像吃一只蝈蝈儿那样淡定。

啊，好残忍的虫子啊！即便是看似凶残的狼也绝不会吃同类的，而螳螂即使拥有许多它爱吃的猎物——蝗虫，也同样会把同类当作美餐。螳螂吃同类就如同有些人有吃人肉的可怕怪癖一样。

这种虫子在怀孕期间的反常行为和古怪想法，有时甚至会令人无比反感。下面，我们来看看它们是如何交配的吧！为了避免群体的成员过多而引发混乱，我给每一对螳螂都单独安排了住所，它们的婚礼不会被任何人打搅。为了不让螳螂以饥饿为借口，我没有忘记给它们提供充足的食物。

转眼到了八月底，瘦弱的求爱者雄螳螂开始向高大的女伴频频示爱：把头朝向对方，脖子弯着，胸膛挺直，尖尖的小脸似乎充满了激情。雄螳螂就这样一动不动地保持着同一个姿势，目光久久地凝视着它的心上人，雌螳螂却始终显得无动于衷。然而，在我完全不清楚的情况下，求爱者获悉了许可的信号。突然，它张开痉挛般不停颤动的翅膀，慢慢地朝对方靠近。然后，瘦弱的它猛

地扑到肥妞的背上，努力抓紧、站稳。大部分时候，婚礼的序曲会持续很长时间，最后才真正开始交尾，这也需要很长时间，有时甚至长达五六个小时。

这期间并没有什么值得注意的。它们终于分开了，但很快又会更加亲密地黏在一起。这可怜虫之所以能够得到美人的垂怜，是因为它的精子能够激活卵巢中的卵，而且它将是对方上好的食物。就在交配的当天，最晚也就是第二天，雄螳螂就会被爱侣抓住，同样，撕咬从颈部开始，接着是有条不紊、一口一口地享用，最后只剩下一对翅膀。这已完全不同于闺房内的嫉妒了，而是一种相当残忍的嗜好。

出于好奇，我还想了解一只刚受过精的雌螳螂，将会怎样对待另一只雄螳螂。实验的结果令我相当震惊。大部分时候，雌螳螂总是不断地渴望异性的拥抱和婚后的美餐。当它休息了或长或短的一段时间后，即便已经产过卵，雌螳螂对另一只雄螳螂的求爱仍然会接受，然后像对待前夫那般将对方吃掉。接下来是第三只、第四只雄螳螂，它们在完成使命后相继消失在雌螳螂的口中。两个星期之内，我看到同一只雌螳螂一连吃掉了七只雄螳螂。它答应了每一只雄螳螂的求爱，然后让它们以生命为代价体验新婚的快乐。

我不断地为螳螂配偶之间的这种残忍行为找借口：雌螳螂在野外的时候不会这样做，因为雄螳螂在完成使命之后，完全有时间可以逃跑，远离这可怕的悍妇，因为即便在我的钟形罩内，雄螳螂通常也会有一段死缓期，这段时间有时甚至会持续到第二天。

我并不完全清楚在野外荆棘丛里真正发生的事情，仅凭偶然的观察所见作为信息来源，并不能对生活在野外的螳螂的爱情生活真正有所了解。我唯一能看到的就是在钟形罩里发生的情景。在那里，俘虏们悠闲地晒着太阳，过着饮食丰足的生活，住得也很宽敞，一点儿也看不出它们有丝毫思乡的情绪。所以我猜测，它们在野外的行为应该与钟形罩里的所作所为差不多。

结果，我关于雄螳螂如果有足够时间就可以逃跑的借口被钟形罩里发生的情况彻底否定了。无意间，我发现了一对相当恐怖的螳螂夫妇，它们被安排在一个单独的钟形罩里。雄螳螂为了履行它生命的职责留在了雌螳螂身边，它将妻子紧紧抱住。然而，这可怜的家伙的头已经没有了，脖子甚至连胸部都没有了。雌螳螂则把头对准了雄螳螂的肩膀，若无其事地继续啃食着爱人残存的肢体。而雄螳螂仅剩下的一段身体，居然仍紧抓着妻子，继续完成它的使命！

　　著名诗人裴多菲曾有一句至理名言：生命诚可贵，爱情价更高。如果单从字面上来看，眼前的情景最好地证明了这句格言。一具没有头、胸膛也被吃掉了一半的尸体，竟然仍然执著地创造着生命，直到雌螳螂开始吃它的生殖器官所在的腹部时，这项工作才会停止。

　　在婚后将情郎吃掉，将精疲力竭、已经一无是处的侏儒作为美食，这样的习俗如果说在这种完全不顾及感情的昆虫身上，多少还可以勉强理解的话，那么，在交配过程中就将丈夫吃掉，即便是一个凶残的人也完全不敢想象。然而，这样的情景却被我亲眼所见，直到现在我仍然无法从震惊中缓过神来。

　　在交配的过程中，雄螳螂被突然抓住，它还有可能逃掉吗？当然不可能。由此我们可以得出结论：同蜘蛛的爱情一样，螳螂的爱情也注定是一场悲剧，甚至有过之而无不及。我必须承认，钟形罩里狭小的空间为对雄螳螂的屠杀提供了更为便利的条件，但这绝不是屠杀的原因。

　　这种习性，也许是从某一个地质时期残留下来的。在石炭纪，昆虫的雏形就是通过野蛮的交配展现出来的。包括螳螂在内的直翅目昆虫，就是最早出现的昆虫之一。它们野蛮，发育不全，游荡于乔木和蕨类之间，发展得相当旺盛。而当时，像蝴蝶、金龟子、苍蝇、蜜蜂这些发育精良的昆虫还没有出现。在那个为了创造而不惜毁灭的激情时代，昆虫的习性完全没有温柔可言，很有可能螳螂因为对那种古代的生存方式保留着模糊的记忆，从而一直延续着这一爱情传统吧。

　　吃掉雄性这种习惯在螳螂家族的其他成员中也有，我十分乐意将它看作螳螂的共性。别看灰螳螂是那么娇小玲珑，而且宁静安详，尽管在居民众多的钟形罩里，它从不找邻居的麻烦，可对于它的配偶，它也会和普通螳螂一样，将其抓住，然后残忍地吃掉。

　　我不想再为给我饲养的雌螳螂填补必不可少的配偶而继续奔走了，因为当我刚刚将费尽心思找到的一只翅膀完整、轻盈敏捷的雄螳螂放进钟形罩，它很快就会被一只不再需要帮忙的雌螳螂抓住，进而吃掉。当交配的欲望一旦得到满足，雌螳螂就会对雄螳螂产生厌恶心理，也可以说，仅把雄螳螂当成一个美味的猎物。

夜间狂热的猎手

现在正值七月中旬，从气象学角度来说，刚刚开始酷热。然而事实上，真正的炎热要比日历翻得快——天气已经连续几个星期处于高温状态了。

今晚，村里要欢度国庆。当大家都在篝火旁欢快地蹦蹦跳跳时，趁着晚上天气相对凉爽，我独自一人在黑暗的角落倾听着田野节庆的音乐会。这庆祝收获的音乐会要比此刻正在村庄广场上用烟花、篝火、纸灯笼，特别是劣质烧酒进行庆祝的节日更为出色。

夜幕降临后，蝉已停止了鸣叫，已经在阳光和炎热中唱了一整个白天的它也该休息了。然而，它的好梦常常被打断。突然，从梧桐树浓密的树枝里发出哀鸣似的尖锐而短促的叫声，这是正在休息的蝉遭到夜间狂热的猎手——绿蝈蝈儿的偷袭时发出的绝望哀号。绿蝈蝈儿扑向它，将它拦腰抓住，开膛破肚——伴随着音乐盛宴而来的是杀戮。

尽管我从未见过，甚至以后也没有机会看到国庆的最高形式——隆香军事阅兵，然而，我并不觉得遗憾，我可以在报纸上看到阅兵场地的草图。

在那上面，我能看到残渣碎铁中到处插着红十字旗，上面写着："军用救护车""民用救护车"。这意味着，受伤是意料之中的事。甚至在我们这平常非常宁静的村庄里，我敢说，假如没有发生斗殴事件作为节庆日子必备的佐料，节日就不会结束，好像只有加上痛苦这个佐料，才能更好地领略快乐似的。

当被开膛的蝉仍在垂死挣扎时，梧桐树上的音乐会仍在继续，只是合唱队换了人，现在轮到夜晚的音乐家上场了。敏锐的耳朵能听到在杀戮现场四周的绿叶丛中，绿蝈蝈儿正在窃窃私语。在这暗哑而持续的低音中，经常发出一声

十分急促、类似金属碰撞般的清脆响声，这便是绿蝈蝈儿的歌声和朗诵，乐段之间穿插着静默的停顿，剩下的则是伴唱。

虽然加强了合唱的低音，这个音乐会依旧不怎么起眼。尽管有十来个绿蝈蝈儿在我耳边演唱着，可它们的声音很弱，我耳朵的老鼓膜很难总能捕捉到这微弱的声音。不过，当四野处于沉寂时，我所能听到的零星歌声显得异常柔和，与苍茫夜色中的静谧气氛非常协调。亲爱的绿蝈蝈儿，假如你的歌声再响亮一些，你肯定会成为比嘶哑的蝉更棒的歌手。不过，你怎么也比不上你的邻居——敲铃铛的蟾蜍①。你在树上鸣唱，它则在梧桐树下发出丁零零的声音。在我家的两栖类居民中，蟾蜍是最小的成员，也是最擅长远行冒险的。

在这个举国欢庆的夜晚，在我周围差不多有十来只铃蟾，一个比一个唱得高兴。所有的花盆一个接一个地排成行，在我的房子前面构建成一个前庭，大多数铃蟾蜷缩在花盆中间。每一只都在唱着，曲调并没有变化，只是有的低沉些，有的尖锐些，不过都十分短促、清晰，声声入耳，音质清纯。

铃蟾的歌声节奏缓慢，抑扬顿挫，它们似乎在反复吟唱同样的歌曲。这个叫一声"克鲁克"，那个用尖细的嗓音回答道"克里克"，第三个是乐队中的男高音，叫上一声"克洛克"。于是，它们像节假日村里教堂钟楼的排钟那样，不断地重复着："克鲁克—克里克—克洛克"。

铃蟾的合唱团让我突然想起了一种琴，那是我六岁的时候，对于奇妙的声音我的耳朵开始变得敏感，这种琴便成为我十分渴望得到的东西。这种琴只要把一组长短不一的玻璃片固定在两条紧绷着的布带上就行了，敲击棒是用一根铁丝尖插入软木塞制成的。你可以想象一个没有经验的新手，随意地敲打琴键，胡乱地演奏着，完全不懂什么八音度、什么不和谐音，也不懂什么反和弦，通过这种想象，对于铃蟾的歌曲你就会有一个清晰的概念了。

从歌曲的角度来看，铃蟾的歌是没头没尾的；然而，从音质的角度看，却相当悦耳。自然界的所有音乐会都是如此，我们的耳朵总能在这样的音乐会中听到最美妙的声音，随即耳朵会变得更敏锐了，进而获得现实的声音之外的韵律感，这是产生美的第一要素。

---

①敲铃铛的蟾蜍：即铃蟾。

　　然而，这种从一个角落向另一个角落发出的柔和的声响，其实是求爱的清唱，是雄铃蟾在召唤雌铃蟾。即使没有别的提示，我们也能猜出音乐会之后会发生什么。不过，我们猜不到的是，婚礼奇特的结尾。有一天，铃蟾父亲的样子会变得面目全非，它最终要从它的隐居地离开了。

　　铃蟾父亲将它的子女裹在后腿四周，带着一串像胡椒籽般大小的卵搬家了。它的腿肚子被这鼓鼓囊囊的"包袱"包裹着，背上像压了一个褡裢似的，模样完全变了。它背着如此重的负担，无法跳起来，步履艰难。它要去哪儿呢？它怀着满腔柔情，要带着孩子去母亲不愿去的地方——附近的泥沼。那儿的水很暖，是蝌蚪孵化和成活必需的条件。生性喜欢阴暗和干燥的它，如今却要迎接潮湿的阳光。它一点一点地朝前挪动着脚步，肺都累得充血了。尽管泥沼也许还很远，不过不要紧，意志坚定的旅行者一定会到达目的地的。

　　最终，它来到了沼泽边。尽管它讨厌洗澡，却马上投入水中，而那串卵随着腿的相互摩擦散开了。现在，卵处于适合孵化的环境之中了，剩下的事将会自然而然地发展下去。父亲完成了潜水任务，便立刻回家了，回到干燥的环境中去。它刚转身，孩子们——黑色的小蝌蚪就活蹦乱跳地孵化出来了，它们一直在等着与水接触的这一刻，好挣破卵壳呢！

　　这些在七月的夜幕下歌唱的歌手中，若说有一种能与铃蟾和谐的铃声相媲美的，那么肯定是一种叫角鸮的夜间猛禽，也可以叫它"小公爵"。这个小家伙长着一对金黄的眼睛，样子很优雅，额头上竖着两根羽毛触角——这使它在这一带又被冠上了"带角猫头鹰"之称。它的歌声相当的单调，却极其响亮。在万籁俱寂的夜里，仅是它的歌声便足以充斥整个夜空了。一连几个钟头里，这种鸟会对着月亮，以一成不变的节拍唱着"去欧—去欧"的乐曲。

　　此时此刻，人们高兴地大喊大叫，将广场的梧桐树上的一只角鸮吓跑了，它跑到我这里来请求接待。它站在柏树梢歌唱着，用均匀划一的乐章打断了绿蝈蝈儿和铃蟾杂乱无章的合唱——所有的抒情曲都被它的歌声压倒了。

　　时不时一个有点儿像猫叫的声音会从另一个地方传出来，与这柔和的乐声形成鲜明对比，这是普通的猫头鹰——传说中帕拉斯①的爱鸟的求偶声。整个白

①帕拉斯：希腊女神，主管艺术、科学。在一次玩耍中，她被雅典娜不小心杀死，雅典娜为了纪念她，以她的名字作为自己的绰号。

天，它都在橄榄树干的洞里蜷缩着，当夜幕降临时它就会开始长途旅行。它像荡秋千似的忽上忽下地飞着，一直来到我家园子里的老松树上。在那儿，它那类似猫叫的不协音融入到田野音乐会中，只是相距较远，叫声显得弱了些。

在一片喧嚣中，绿蝈蝈儿的声音因为太细而无法听清，只有在四周稍微安静点儿的时候我才得以听到一丝细微的声音。它只有一个小小的带刮板的扬琴似的发音器官，而那些得天独厚者拥有的却是风箱、肺，能够发出震动的气流，这是无法相比的。我们还是继续探讨昆虫吧。

有一种昆虫，尽管身材很小，却装备着羊皮鼓，在演唱抒情夜曲方面，它远胜于绿蝈蝈儿。它就是苍白纤弱的意大利蟋蟀。它是如此纤弱，以致人们都不忍心抓它，唯恐将它捏扁了。当萤火虫点燃蓝色的小灯笼增添音乐会的气氛时，这种意大利蟋蟀就会从四面八方聚集到迷迭香上加入合唱队伍。

细薄的大翅膀是这个演奏家纤弱的身子的主要部分，大翅膀像云母片般单薄而闪亮。在这大翅膀的帮助下，意大利蟋蟀的声音可以将铃蟾单调忧郁的歌声盖住。这声音听起来像是普通的黑色蟋蟀发出的，只是更加响亮，颤音更丰富。事实上，普通蟋蟀只会在春天里唱歌，在这炎热的季节是不会出现的。不知道的人很容易将普通蟋蟀与意大利蟋蟀混淆起来，这并不奇怪。

假如我们只谈论那些出类拔萃的歌手，那么，以上这些就是这个音乐晚会的主要合唱队员了：唱忧伤的爱情歌曲的角鸮，奏鸣曲的敲钟者铃蟾，意大利蟋蟀拉着小提琴，绿蝈蝈儿敲着的仿佛是一块小三角铁。

今天，我们用吵吵嚷嚷的方式而非充满信念的方式，庆祝这个在政治上以攻陷巴士底狱的日子为标志的新时代。然而，对于人类的事情，无论多么重大，昆虫们完全是一副漠不关心的态度，它们只为太阳的节日庆祝，为生命的欢愉歌唱，为酷暑的骄阳如火而欢呼。

人类和人类反复无常的喜好，跟它们又有什么关系呢？为了谁，又出于什么目的、什么想法，我们让爆竹发出噼噼啪啪的声音？要是谁能回答出来，那真的相当厉害啦！世道在变化，并为我们带来意外的惊喜；踌躇满志的烟火在空中盛开出一束束火花，是为了昨日被人憎恶的人今天成为了偶像，而明天它又会为另一个人燃烧起来。

除了博学者，在一个世纪或两个世纪之后，谁还会谈起攻陷巴士底狱的事情呢？这很令人怀疑。我们将会有其他的欢乐，也会有其他的烦恼。

让我们继续展望未来吧。一切迹象似乎都说明，随着社会日益进步，人类终有一天会灭亡，会毁灭于过度的所谓文明。人热衷于追求无所不能的结果，却无法拥有动物那般恬静平和的长寿。当人类消失后，铃蟾在绿蝈蝈儿、角鸮和别的昆虫的陪伴下会继续唱着它的老歌——在人类进化之前，它们就在地球上唱着歌；当人类消失后，它们会一如既往地继续唱着歌：欢庆事物的亘古不变，歌唱太阳炽热的光辉。

我们不要把更多的注意力放在这节日上了，还是做一个博物学家，从昆虫的私生活中多学些知识吧！在我家附近，好像不大容易见到绿蝈蝈儿。去年，当我准备研究这种蚱蜢类昆虫时，一直捕获不到它。无奈之下，我只得向一个热情的护林人求助，他送给我一对从拉嘉德高原上弄到的绿蝈蝈儿。那个高原上十分寒冷，那儿的山毛榉已经长满万杜山了。

命运似乎很爱与坚持不懈者开玩笑，去年还很难找到的绿蝈蝈儿，今年我都不用走出狭小的花园，差不多要多少就有多少。在草丛中，到处可以听到它们的鸣叫声。抓住这个好机会吧，没准错过就不会再有了！

六月刚到，我就抓了许多成对的绿蝈蝈儿，安置在我的钟形罩里，我特意在瓦钵里铺上了一层细沙。这种昆虫十分漂亮，全身呈嫩绿色，身侧装饰着两条淡白色的丝带；它的身材既苗条又优美，大大的双翼轻盈如纱，它可以说是蚱蜢类昆虫中最漂亮的。我非常喜欢我的这些小俘虏们，它们会告诉我些什么呢？让我们等等看吧！现在最重要的是饲养它们。

在喂食绿蝈蝈儿时，我遇到了同喂养螽斯时一样的困扰。根据直翅目昆虫在草地上嚼食的习惯，我为这些俘虏提供的食物是莴苣叶。它们虽然吃，却吃得极少，明显不喜欢。这让我很快意识到：跟我打交道的并非纯粹的素食者。我只能换别的食物，应该要鲜肉吧！可到底是什么呢？一个偶然的机会让我知道了答案。

清晨，我正在门前徘徊，有什么东西忽然从一旁的梧桐树上落了下来，同时伴随着刺耳的吱吱声。我跑过去一看，原来是一只绿蝈蝈儿正在吞食一只处于绝境的蝉。任蝉怎样喊叫挣扎，绿蝈蝈儿始终咬着不放，将头伸进蝉的肚子中，一小口一小口地吞食着。

我明白了，这场战斗是在树上发生的，发生在清晨时分蝉还在休息的时候。不幸的蝉被死死地咬住，它挣扎着猛地一跳，便与进攻者一起从树上掉了

下来。此后，我又多次看到这样的杀戮。

我甚至还亲眼目睹过绿蝈蝈儿十分勇敢地追捕蝉的情景，而蝉被吓得惊慌失措，四处飞窜，这情形如同鹰在空中追捕云雀。只是这种以劫掠为生的鸟儿远不及绿蝈蝈儿，它只会进攻比自己弱小的东西，而绿蝈蝈儿刚好相反，它勇敢地向比自己大得多，并且强壮有力的庞然大物发起进攻。然而，这场力量悬殊的肉搏结果却是毫无疑问的。几乎没有什么俘虏不能被绿蝈蝈儿那有力的大颚、锐利的钳子开膛破肚的，而蝉什么武器也没有，只能绝望地踢蹬。

对于绿蝈蝈儿来说，捕猎的关键在于将蝉牢牢抓住，而要做到这一点，最佳的时机就是夜间蝉半睡不醒的时候。无论是哪只蝉，只要被夜间巡逻的绿蝈蝈儿遇到，都只有死路一条。这就是为什么在寂静的深夜昆虫们早已停止歌唱时，有时会突然听到树上传来悲鸣声的缘故，那是因为沉浸在美梦中的蝉被穿着淡绿色服装的强盗逮住了。

就这样，我为钟形罩里的俘虏们找到食物了——蝉被列入菜单。它们对这道菜非常满意，以至于仅仅两三个星期，钟形罩里到处都是吃剩下的蝉的头骨和胸骨，还有羽翼和断肢残腿，肚子部分则一点儿也没有剩下。看来，蝉肚子是最好的部位，尽管肉不多，味道却似乎很鲜美。事实上，蝉从嫩树枝里吮收的糖浆甜汁全部被储存在肚子中。那么，是否因为甜食使得蝉的肚子比别的部位更受欢迎呢？很可能是这样的。

为了丰富一下菜谱，我还用很甜的水果喂食绿蝈蝈儿：一片片梨、一粒粒葡萄、一块块西瓜，这些都颇受它们喜爱。绿蝈蝈儿就像英国人一样，非常喜欢吃涂着果酱的带血牛排，这大概就是它一抓到蝉就吃肚子的原因吧——因为肚子就相当于一块涂着甜酱的肉。

然而，并非在所有地方都有这种带着甜味儿的蝉肉的。在北方有很多绿蝈蝈儿，它们在那儿无法找到喜欢吃的菜，所以它们肯定还吃其他东西。

为了验证我的想法，我又把鳃角金龟提供给绿蝈蝈儿。对于这种鞘翅目昆虫，绿蝈蝈儿毫不犹豫地都接受，最后只剩下鞘翅、头和爪。我又用漂亮而多肉的松树鳃角金龟喂食它们，结果也一样。第二天，我看到这肥美的食物已经被我的俘虏们吃得肚子朝天了。

通过这些例子，我们可以知道，绿蝈蝈儿十分爱吃昆虫，特别是那些没有十分坚硬的盔甲保护的昆虫；它非常爱吃肉，不过不像修女螳螂那般只吃肉。

这些屠夫们在吃完肉喝完血之后，还会吃些水果的甜浆。在没有美味的情况下，它们也会吃一点儿草。

然而，绿蝈蝈儿之间也存在着同类相食的现象。尽管我从未在我的钟形罩里看到绿蝈蝈儿像修女螳螂那样做出捕杀姐妹、吞食丈夫的残暴行为，不过，假如某个绿蝈蝈儿死了，活着的肯定不会放过吞食它的身体的机会，就如同吃普通的猎物那样。它们吃死去的同伴，绝不是因为食物的匮乏。事实上，几乎所有携刀者都会不同程度地表现出这种习性，即拿受伤的同伴果腹。

除了这种情况，在我的钟形罩里，绿蝈蝈儿的生活还是相当平静的，它们之间从未发生过严重的纷争，顶多是在争夺食物时有些敌对罢了。当我将一片梨扔进罩里时，一只蝈蝈儿会马上趴在上面，为了独享这份美味，它会用腿将任何想要靠近的同伴踢走。自私心真的是无处不在！它吃饱后才会将食物让给另一只蝈蝈儿，而那另一只也不会大度。就这样一只接着一只，最终每一只蝈蝈儿都能吃到一口美味。肚子装满后，它会用颚尖抓抓脚底心，接着用脚沾着唾液擦擦额头和眼睛，然后就抓着网纱，或干脆躺在沙上，摆出一副沉思的架势，悠闲地消化食物。一天中的大部分时间，它们都在休息，最炎热时更是如此。

傍晚，当太阳落山后，它们会变得兴奋起来，大约九点时，这种兴奋达到高潮。它们猛地纵身一跳，跳到顶部的网纱上，又匆忙下来，接着再跳上去。它们就这样闹哄哄地跳来跳去，在钟形罩里不停地跑啊，跳啊，遇到好吃的就吃，不过不会因此停下来。雄蝈蝈儿趴在不同的地方，在一旁鸣叫着，不时用触角挑逗路过的雌蝈蝈儿。未来的母亲将尖刀半举在空中，神态端庄地散着步。只要是内行，一眼就可以看得出来：对于这些焦躁而狂热的雄蝈蝈儿来说，眼下最重要的事就是交配了。

而对于我来说，这也是观察中非常重要的课题。我把绿蝈蝈儿装进钟形罩里，主要的目的就是想知道白面螽斯向我们展示的那种奇特的婚配习俗究竟有多普遍。我的愿望得到了满足，不过还不够完全，因为时间太晚了，我没有办法看到婚礼的最后一幕——交配是在深夜或大清早时进行的，我所看到的仅是持续了相当长时间的婚礼前奏：热恋中的蝈蝈儿以正面相对，头差不多碰到了一起，长时间地用柔软的触角互相触摸、探询，那样子就像两个剑手将花式剑交叉来交叉去，只是没有打起来。雄性不时地叫几声，拨弄几下琴弓，之后就默不作声了，大概是激动得难以自持了。到了十一点时，这爱情的表白仍旧没有结束，而我已经困得不行了，只好遗憾地放弃观看交配。

第二天上午，我看见雌蝈蝈儿的产卵管下面垂着一个奇怪的东西，在观察白面螽斯的时候，这玩意儿曾令我惊诧不已。这是个像豌豆一般大的乳白色卵泡，依稀分成数量不多的蛋形囊。当雌蝈蝈儿行走时，白色卵泡会轻轻地擦着地，于是会有几粒沙子沾在上面。

接着，我又看到了白面螽斯母亲那种十分令人恶心的最后盛宴。两个小时后，当卵泡里面空了的时候，绿蝈蝈儿就开始一块一块地将它吃掉，它反复咀嚼那黏糊糊的东西，直至完全吞入肚子。不到半天的时间，这乳白色的卵泡全都不见了，被绿蝈蝈儿母亲津津有味地吃了个精光。

这种难以想象的习俗简直可以说是来自于另一个星球，因为这跟地球上的习俗差得太远了。然而，继白面螽斯之后，这种现象又发生在绿蝈蝈儿的身上，而且毫无变化。作为陆地上最古老的动物之一，蚱蜢类昆虫的世界竟然会如此奇怪！这种怪异的行为是否存在于整个蚱蜢类昆虫呢？我们再来研究一下另一种佩带尖刀的昆虫吧。

我把距螽选为了研究对象，饲养这种昆虫只需要用几片梨和一些莴苣叶就行。大约七八月的时候，雄距螽待在一旁鸣叫着。它充满激情并且节奏鲜明地弹奏着琴弓，以至于整个身子都颤动起来。接着，它不吱声了。呼唤者与被呼唤者以缓慢的步伐移动着，样子有点儿拘谨，一点点地靠拢在一起。它们面对面一动不动地待着，也不发出声音，触角轻柔地摇摆着，不时笨拙地抬起前腿，好像在握手似的。就这样，一连几个小时，双方都处于默默地窃窃私语的状态。它们在说什么呢？是在立什么海誓山盟吗？它们为什么要互抛媚眼？

然而，事情并没有那么顺利。它们突然分开了，开始吵架，然后各奔东西。不过，吵嘴的时间很短，很快，它们又聚到一起，重新开始温馨的爱情表白，可惜仍没有结果。一直到了第三天，这序幕才宣告结束。按照蟋蟀家族的风俗习惯，雄距螽小心翼翼地倒退着钻到雌距螽的身下，在后面伸直身子，仰面朝天地躺着，紧紧抱住伴侣的产卵管作为支撑。就这样，交配完成了。

之后，雌距螽排出一个像装满籽粒的乳白色覆盆子一样的巨大精子袋。从颜色和形状上来看，很像一袋蜗牛卵。观察白面螽斯时，我也看过一次这个东西，只是没有这么明显，当然，绿蝈蝈儿母亲排出的也是这样的玩意儿。在卵

袋的中间有一条浅沟，使整个卵袋被分成了对称的两部分，每部分有七八个小球；产卵管底部左右两侧的两个结节比别的地方都更透明，里面有一个鲜橘红色的核；一根由又宽又透明的材料黏结而成的肉茎将整个卵袋固定起来。

卵袋一旦就位，已经瘦得又干又瘪的雄距螽就会跑到一片梨那儿——此时为了完成使命而精疲力竭的它迫切需要恢复体力。雌距螽则将那个差不多有它身体一半大、样子像覆盆子的重负微微提起，在钟形罩的网纱上无精打采地小步溜达着。就这样，两三个小时过去了。然后，雌距螽将身子蜷成环形，用大颚尖将覆盆子状的卵袋咬下一块，当然，它不会将它咬破，以免里面的东西流出来。它只是浅浅地将卵袋的皮扯下，咬成许多小块，反复咀嚼着，然后吞进肚子。整个下午，雌距螽都在一小块一小块地咀嚼着卵袋。等到第二天时，那覆盆子似的袋子消失了——已经在夜间全被吃掉了。

当然，有时候交配没有这么快，尤其不像这样令人恶心。我曾看见过一只雌距螽一边拖着卵袋走，一边不时地向卵袋咬上一口。地面凹凸不平，覆盆子似的卵袋上因为沾着沙砾、土块，使负担的重量大大增加了，然而，雌距螽完全不在意。

有时这种运输会十分辛苦，卵袋因为黏在一块土上而无法拖动了。无论雌距螽怎样拼命地想把卵袋从身上拔出来，可卵袋始终与它在产卵管下面的支撑点紧紧连在一起。整个晚上，雌距螽都显得心不在焉，漫无目的地流浪着，时而在钟形罩的网纱上，时而在地上。最为常见的情形是，它停住脚步，待在原地一动不动。尽管卵袋瘪了一点儿，可体积并没有怎么缩小。雌距螽再也没有像开始那样大口大口地啃食卵袋了，仅是从表层咬下一点点儿。

第二天，事情并无进展。第三天也差不多如此，只是卵袋变得更瘪了，不过，那个红核差不多仍然那么鲜艳。四十八小时之后，卵袋自己脱落下来了。此时的卵袋里已经空了，干瘪得不成样子，被扔在路上，迟早会成为蚂蚁的美食。通常，我见到的距螽都非常爱吃卵袋，为什么今天竟然将它扔掉了呢？大概是因为这盘菜肴上沾着太多的沙砾，吃起来不舒服吧。

就研究到这儿吧。白面螽斯、距螽、绿蝈蝈儿、镰刀树螽这几种外形差异较大的昆虫所提供的例子告诉我们，与蜈蚣和章鱼一样，蚱蜢类昆虫也是古代习俗残存的代表，它们保留下来的远古时期奇特的繁殖行为，为我们提供了珍贵标本。

发光的虫子

萤火虫是大家都很熟悉的一种昆虫，即使你没有亲眼见过，也至少听说过它的名字。萤火虫的肚子顶端会发出微弱的光亮，就好像是挂了一盏小灯。在宁静的夏夜，经常会看到它们在草丛中游荡。

萤火虫长着三对短短的腿，它们利用这三对小短腿迈着碎步跑动。雄萤火虫到了成虫时期会长出鞘翅，就像其他的甲虫一样；而雌萤火虫则永远都保持着幼虫阶段的形态，无法享受飞翔的快乐。

在法语里，萤火虫被译为"发光的蠕虫"，其实，萤火虫根本就算不上是蠕虫，因为，它并不像蠕虫那样一丝不挂。萤火虫有着色彩斑斓的外衣，它的身体呈棕栗色，胸部是柔和的粉红色，其圆形服饰的边缘点缀着一些鲜艳的棕红色小斑点。

萤火虫有两个最有意思的特点：第一是它获取食物的方法，第二是它尾巴上有灯。

别看萤火虫体格弱小、艳丽动人，它却是个地地道道的肉食动物，而且它的捕食方法也很独特，甚至有时显得有点儿恶毒。具体情况是这样的：在开始捉食猎物之前，它总是先给对方打一针麻醉药，使这个小猎物失去知觉，失去防卫抵抗的能力，以便它捕捉并食用。

这就好比我们人类在动手术之前，在病床上先接受麻醉，从而渐渐失去知觉而不感到疼痛一样。一般情况下，萤火虫所猎取的食物都是一些很小很小的蜗牛。

在天气非常炎热的时候，路旁边的枯草或者是麦秆上，会聚集着大群的蜗牛，如集体纳凉一般。也许是酷热难耐的原因，这些蜗牛一动也不动地伏在那

些地方，好像生怕动一动就会觉得暑气逼人似的。它们就是这样静止着，懒洋洋地度过炎热的夏天的。

在这些地方，我常常会看到一些萤火虫在咀嚼它们那已经失去知觉的俘虏——萤火虫就是在这些摇摆不定的物体上把蜗牛麻醉了的。

为了更好地观察萤火虫捕食蜗牛的情景，我在实验室里的广口玻璃瓶中放进一些草、几只萤火虫和一些蜗牛。我取的蜗牛，大小比较适中，完全适合萤火虫的胃口。

这一切准备工作就绪之后，我们所需要继续进行的工作，就是等待，而且必须要耐心地等待。最为重要的一点是，必须十分留心，时刻关注着玻璃瓶中发生的一切动静，哪怕是最微小的动作也不能轻易放过。因为整个事情的发生是在非常不经意的时候，几乎就是一瞬间，所以必须目不转睛地紧紧盯住瓶中的这些生灵。

终于，萤火虫开始靠近它的猎物，在蜗牛的身上打探着。蜗牛只把自己外套膜①的一点儿赘肉露在壳的外面。此时，萤火虫亮出了它的麻醉工具。这个工具非常微小，不借助放大镜是看不到的。麻醉工具由两片锋利的大颚组成，就像是两个弯曲的獠牙，獠牙上还有一条细钩。萤火虫就用这个简单的工具在蜗牛的外套膜上屡次轻轻敲击。

此时的萤火虫依然是温和的神态，丝毫没有凶恶的表情，看上去并不像是在俘获猎物，倒像是在亲吻它的小伙伴。萤火虫每刺一下都要停一小会儿，它总是不慌不忙，很沉得住气。其实，这样刺上五六下蜗牛就已经动弹不了了，但萤火虫并不肯就此罢休，仍要再继续刺上几下。

我曾经做过一个实验，当萤火虫在一只蜗牛的外套膜上刺了五六下之后，我把那只蜗牛拿了出来，并用一根针去刺它微露出的那部分，那部分肌肉被刺后没有出现一点儿颤动的迹象。我断定它确实是没有一点儿活气了。

还有一次，我非常偶然地看到一只可怜的蜗牛遭受到萤火虫的攻击。当时，这只蜗牛正在向前自由自在地爬行。它的足慢慢地蠕动着，触角也伸得很长。忽然，由于一阵刺激和兴奋，这只蜗牛的身体乱动了几下，之后这一切马

---

①外套膜：软体动物、腕足动物以及尾索动物覆盖体外的膜状物。

上就静止了下来——它的足不再向前慢爬了，整个身体的前部也全然失去了刚才那种温文尔雅的曲线；它那长长的触角也变软了，不再向上伸展，而是耷拉下来。从种种迹象来看，这只蜗牛已经死掉了，已经到另一个世界去了。

然而，实际上这只蜗牛并没有真正悲惨地死去。我把它隔离出来，并坚持给它洗淋浴，这样坚持了两三天，它竟然从昏迷不醒中慢慢苏醒过来，又恢复了知觉。

这时，我再用细针来刺它，它立刻就有了反应。这只蜗牛又可以爬行了，它晃动着触角，好像把前几天发生过的事情已经忘得一干二净了。

在人类懂得如何在外科手术中使用麻醉剂之前，昆虫界的一些小生物们就已经懂得了怎样去麻醉猎物。这些小昆虫往往都具有十分高超的麻醉招数，捕猎者会用自己的麻醉工具去击刺猎物的身体，从而麻痹猎物的中枢神经，当猎物失去知觉以后，再把它们慢慢收入腹中。其实，昆虫们的麻醉技术要比人类高明得多。

萤火虫为什么一定要先让蜗牛全身麻醉以后再去猎食呢？这可是有一定原因的。如果蜗牛总是在地面上爬行，此时无论它是否把柔弱的身体缩在壳里，萤火虫都可以轻而易举地对其进行攻击。因为蜗牛的身体前部是完全暴露在外面的，所以萤火虫可以毫不费力地击刺它的肉体。

不过，蜗牛并不只是在地上爬行，它还经常待在高处，喜欢吸附在高高的树枝或者植物的茎秆上，光滑的石面上也经常会看到它们的身影。这些地方真可谓是天险，蜗牛只要紧紧地吸附在这些物体上，就可以让那些不怀好意的侵害者无计可施。

不过，小蜗牛要是稍一松懈，使它的壳的圆形开口与吸附物之间有了一点点缝隙，萤火虫便有机可乘了。无论缝隙有多小，萤火虫都会抓住时机，用它的麻醉工具迅速地刺进蜗牛的身体。这时，萤火虫便乘胜追击，接连再刺上几针，直到蜗牛一动不动为止。

萤火虫在击刺蜗牛的时候是小心翼翼的，它先是轻轻地刺一下，生怕蜗牛被惊动了，从而脱离了吸附物，从高处落到杂草丛生的地面上去。这样的话，萤火虫可就没有那么高的热情去草丛中苦苦搜寻掉落的蜗牛了。

结果要是那样，就代表萤火虫的麻醉计划已经失败了。所以，萤火虫在进攻时，尽量不去破坏蜗牛的平衡，让它在不知不觉中被麻醉，从而在睡梦中就

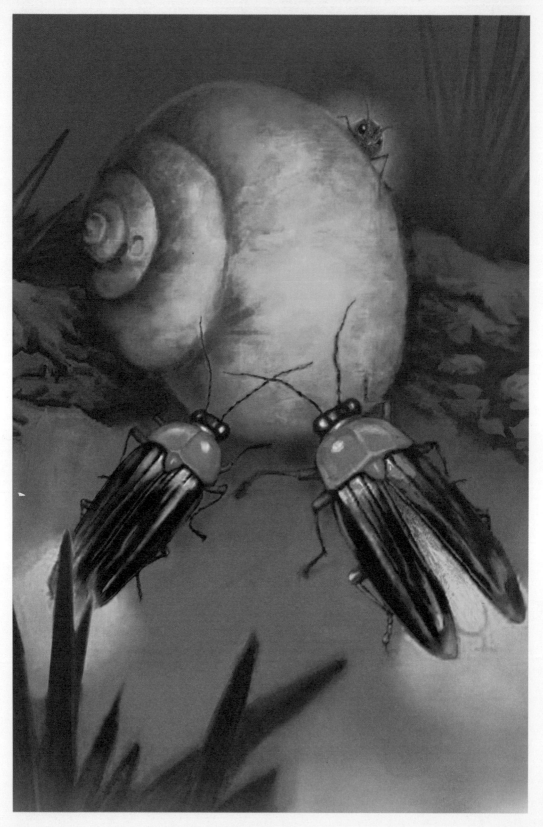

成了自己的美餐。

　　萤火虫是怎样享用蜗牛的呢？它并不是通过咀嚼器官来磨碎食物的，而是将猎物转化成稀薄的流质，然后吸食。不管是多大的蜗牛，都是由一只萤火虫来完成对它的麻醉工作，然后，萤火虫的客人们陆续赶来，它们用自己嘴里的两个弯钩向蜗牛体内注射一种液汁，这种液汁可以将蜗牛肉变成液体。萤火虫们经过几次轻轻的刺咬，蜗牛的肉就会变成肉粥了，然后萤火虫们便用那弯钩来吮吸蜗牛壳里的液体。

　　更为具体的情形和做法是这样的：一只萤火虫先使蜗牛失去知觉，无论蜗牛的身体大小如何；然后客人们三三两两地跑过来了，它们和主人毫无争吵，全部聚集到一起，准备和主人一起分享食物。

　　过了两三天以后，如果把蜗牛的身体翻转过来，把它的面孔朝下放置，它体内盛的东西就会像锅里的汤羹一样流出来。这个时候，萤火虫的膳食也就基本结束了。

　　萤火虫享用完猎物，还会清扫自己的头部、身体。难道它们身上有刷子吗？这就要看一看它独特的身体结构了。

　　萤火虫不仅仅在草木的枝干或者光滑的石面上将蜗牛麻醉，还要在那种危险的地方把猎物吸食干净，这对于萤火虫来说，应该是个高难度的动作。要是没有特殊的身体构造，萤火虫怎么能这样轻易地捕获和吸食猎物呢？

　　通过观察玻璃瓶中的萤火虫，我看到它总是小心翼翼地在玻璃壁上待着。玻璃瓶中的蜗牛经常会爬到瓶口处，而瓶口是由一片玻璃封着的，蜗牛就用一种有点儿黏性的液体吸附在玻璃瓶口处。然而，只要有人稍微一触动玻璃瓶，蜗牛就会脱离玻璃的表面，坠落到瓶底。

　　萤火虫也常常会爬到瓶口处，但是，要完成这个攀爬的任务，仅靠它腿部的力量是不够的。不过，萤火虫有一种特殊的爬行器，那足以弥补它腿部力量的不足。

　　我们先来看萤火虫的猎捕过程。萤火虫在玻璃瓶口盯着蜗牛，蜗牛一旦与玻璃之间稍微有一点点缝隙，萤火虫便不失时机地刺向它，然后把它化成流质。等萤火虫吃饱喝足以后，剩下的蜗牛壳也就完全空了。但是，这个空壳依然会黏在玻璃片上，并没有脱落，而且壳的位置也一点儿都没有改变。蜗牛就这样没有一丝反抗、不知不觉地被宰割了。

这一切向我们表明了一个事实：萤火虫这种麻醉式的猎食，其技巧是何等的神妙，其功效又是何等的明显啊！

萤火虫必须要有一种有利的器官，让它不至于在还未触及猎物时自己便从高空坠落。很显然，它那有些笨拙的腿脚是不够用的，那肯定就需要一种辅助的器官了。

我用放大镜去观察一只萤火虫，发现在萤火虫身上确实长着一种特别的器官。就在萤火虫身体的下面、接近它尾巴的地方，有一些短小的细管，这些细管拢合在一起形成一束，就好像是一朵蔷薇花[①]。

正是这些小细管帮助萤火虫牢牢地吸附在光滑的表面上，它们在萤火虫爬行的过程中也起到了很大的作用。当萤火虫停留在光滑的表面上时，它就会散开那些小细管，利用它们的黏力牢牢地附着在那些它想停留的支撑物上；当萤火虫想在光滑表面爬行时，便让那些小细管相互交错地一胀一缩。

那些构成蔷薇花形的小细管并没有分成一节一节的，但是，它们每一个都可以向各个不同的方向随意地转动。那些小细管的作用除了黏附光滑的表面，以及在危险处爬行外，还具有第三种功能，那就是能当海绵刷子使用。萤火虫饱饱地吸食了一顿大餐，准备休息的时候，便会利用这种自动的小刷子在头上、身上到处进行扫刷和清洁工作，既方便，又卫生。萤火虫之所以能够如此自如地利用身体的这一器官，主要是因为那些小细管有着很好的柔韧性，使用起来相当便利。

萤火虫用刷子一点一点地从身体的这一端刷到另外一端，刷得非常仔细、认真，几乎每个部位都不会被遗漏掉。从这一点可以说，萤火虫是一种非常爱清洁、注意文明修身的小动物。从它那副神采奕奕、得意扬扬、异常舒服的表情来判断，这个小动物对清理个人卫生这项工作还是非常重视的，也是非常有兴趣去做的。

萤火虫最显著的特征除了它的取食方式，另一个就是它尾部后方挂着的那盏小灯了。

如果说萤火虫的猎食让我们看到了一幅凶恶的场面，那么在夏日的夜色

---

①蔷薇花：蔷薇科蔷薇属的落叶或半常绿的匍匐状灌木。花期为五月至九月，次第开放，有半年之久，品种较多。

里，看到萤火虫的点点光芒便会让人觉得有些温馨了。我们来仔细看一下雌萤火虫的发光器官。

雌萤火虫的发光器长在它身体的后三节。其中，较前面的两节上的发光器是带状的，最后一节上的发光器则是两个新月形状的小点。带状的发光器和点状的发光器可以发出微微发蓝的、很明亮的光芒。

其中，带状发光器是成年的雌萤火虫所独有的，也是发光的亮度最强的一部分。而雄萤火虫只有后面的点状发光器，因此，它们发出的亮光要比雌性的昏暗得多。

雌萤火虫从刚出生到成熟的这一段时期内，它的发光器也只有尾部的那个点状地带。而当它要婚配生子时，就要点起带状的大灯了，这盏灯被点亮就意味着雌萤火虫蜕变及发育时期的结束。而对于其他很多昆虫来说，它们成熟的标志却是长出翅膀，可以在空中飞行了。

雌萤火虫并不会长出翅膀，也不能飞行，它亮起带状灯光是它交配期临近的信号。而雄萤火虫在完全发育后，外形就会发生变化，它会长出翅膀和翼鞘。雄萤火虫刚孵化出来，也会亮起它尾部昏暗的灯光。

在萤火虫的家族中，尾部的光亮是伴随它们的一生的，也是雌雄虫都具有的，这点光可以透过萤火虫的身体，在它们的背部和腹部都可以看得到。而亮度较强的光只有雌性成虫才能发出，这种光只能在腹部看到。

我曾经在显微镜下，观察过这两条发光的带子。在萤火虫的皮上，有一种白颜色的涂料形成了很细很细的粒状物质，光就发源于这个地方。在这些物质的附近，还分布着一种非常奇特的器官，它们都有短短的干，上面生长着很多细枝。这种枝干散布在发光物体的上面，有时还深入其中。

萤火虫能够发光，是氧化作用①的一个很好的例证与说明。萤火虫的发光就是氧化的结果，那种形如白色涂料的物质，就是发生氧化作用后的剩余物。氧化作用所需要的空气是由连接着萤火虫呼吸器官的细细的小管提供的。至于那种发光的物质的性质，目前还没有人确切地知道。

那么，萤火虫可不可以控制自己的发光呢？比如，它能否随心所欲地点亮

---

①氧化作用：生物体内或生物体外，将物质分解并释放出能量的一种过程。

或熄灭、增强或减弱所发出的光呢？如果可以的话，它又是怎样做到的呢？

事实上，一些外界刺激会影响气管的运作，从而对发光产生影响。这还要考虑到两种情况：一个是成年雌虫才有大光带，另一个是所有萤火虫都拥有光点。萤火虫身后最后一节的两个小光点，只要受到外界的一点点刺激，就会突然完全熄灭。

我在夜间捕捉小萤火虫时，本来可以清楚地看到那个在草秆上发光的小灯笼，可是，只要不经意地弄出一点儿动静，那个小灯笼就会立刻熄灭，我只得放弃这个捕捉对象。不过，成年雌虫的光带即使受到了强烈的刺激，也不会有什么变化，或者只有轻微的变化。

我捉了一些雌萤火虫，把它们关在一个较大的钟形罩里。我在钟形罩旁边放了一枪，那强烈的声音竟然对萤火虫毫无影响。它似乎什么也没有听到，或是听到了，仍置之不理。它的光亮依然如故，没有丝毫的变化。

于是，我又换了一种方法试探。我把冷水洒到雌萤火虫的身上，但是，这种方法也失败了。各种刺激居然都不奏效，没有一盏灯会熄灭，顶多是把光亮稍微停一下。

然后，我又拿了一个烟斗，往钟形罩里吹进一阵烟。这一吹，那光亮停止的时间长久了一些，还有一些竟然熄灭了。但是，那些小灯立刻又点着了。等到烟雾全部散去以后，那光亮便又像平常一样明亮了。

假如把萤火虫拿在手掌上，然后轻轻地捏它们一下，只要你捏得不是特别的重，那么，它们的光亮并不会减弱得太多。

从各个方面来看，毫无疑问，萤火虫确实能够控制并且调节它自己的发光器官，随意地使它更明亮或更微弱，甚至是熄灭。

到现在，我们还没有什么办法能让萤火虫们全体熄灭光亮。不过，在某种环境之下，萤火虫可能会失去这种自我调节发光的能力。例如，从萤火虫发光的地方割下一小块皮来，它照样会发光；如果把这块皮放在有氧气的水中，光亮也不会减弱；但如果把这块皮放在那种已经煮沸的水里，由于那里已经没有了空气，所以，光亮会渐渐地消失。这正好证实了，萤火虫发出的光是氧化作用的结果。

雌萤火虫发光是用于吸引雄萤火虫的。每当夜晚来临，雌萤火虫便躲到高处的枝条上，而且待在顶梢最显眼的地方。然后，它会扭动着自己的尾部，跳着激烈的体操，这样一来，那些正好从此路过的雄萤火虫便会很轻易地发现这盏不断闪烁的小灯。

雄萤火虫也有一种器官，可以让它那微弱的光传到远处。它的护甲可以胀大成盾形，并伸到头部前面去，就像灯罩一样，可以把光芒聚集起来，使其亮度增强。雌雄萤火虫在交配的时候，彼此的光亮都会减弱，甚至是熄灭。交配过后，雌萤火虫就会产卵。

但是，萤火虫丝毫没有家庭观念，更不要说母爱了。雌萤火虫随意把卵产在什么地方，例如地面上、草叶上等。而且，它产完卵后，就弃之不顾了，任它们自生自灭。

萤火虫的卵也是会发光的，它们还在母亲的腹部两侧待着的时候，就已经会发光了。谁要是去捏一下那大腹便便的待产雌萤火虫，他的手上就会留下一些发光的痕迹，那种光其实就是从卵巢里挤出来的卵串所发出的。不久，卵就孵化成幼虫了。萤火虫的幼虫，无论是雌虫还是雄虫，它们身体的最末一节上都有小灯。

在寒冷的季节，这些幼虫会钻进细腻松散的泥土中，即使在很浅的泥土里，它们也还是亮着微弱的灯光。大约到四月的时候，它们就会爬出地面，继续生长发育，直到成熟。成年的雌萤火虫会亮起它那盏明亮的灯，吸引着自己的伴侣，它们的灯光舞会往往会隆重地举行。

萤火虫发出的光，虽然十分灿烂，但同时又是很微弱的。那种平静而柔和的光一点儿也不会刺激人的眼睛，看过这种光之后，你便会很自然地联想到，这些小虫简直就像从月亮上掉落下来的一朵朵可爱的小花，它们还带着月亮的光辉，它们使整个夏夜充满了诗情画意的温馨！

法布尔昆虫记全集

昆虫界的屠夫

在动笔写这章时，我突然想到了芝加哥的屠宰场，那是十分可怕的肉类加工厂，在那里，一年有一百零八万头牛、一百七十五万头猪被宰杀。牛和猪在还活着的时候直接被送入机器，从另一头出来时已变成了肉罐头、猪油、香肠、火腿卷等食品。我之所以会突然想到这个，是因为金步甲即将告诉我们的就是它怎样像机器一样快速地实施屠宰。

金步甲喜欢吃害虫，因此被称为保护菜园、花圃的乡野卫士。那么，金步甲会吃哪些害虫呢？它又是如何享用那些美食的呢？我在大玻璃瓶里养的二十五只金步甲曾为我研究这些问题提供了莫大的帮助。

这些金步甲待在大玻璃瓶里，阳光把它们的身子照得暖暖的，它们把肚子埋在沙土里，不停地磨蹭着，就好像是在摩拳擦掌，准备大吃一顿。我也很乐意在给它们的食物上不停地变换花样，以观察它们爱吃哪些东西。

有一次，我意外地获得了一大串松毛虫。它们刚刚从树上下来，为了在地下作茧，正在寻找一个合适的藏身处。让金步甲去屠宰这群松毛虫，那是再合适不过的。

我把许多松毛虫一起放入大玻璃瓶，那些松毛虫排成一串，扭动着身子在玻璃瓶的壁上向下爬着，此时在瓶底打着盹儿的金步甲们，好像嗅到了猎物的气味，立即清醒过来。有一只金步甲率先朝着松毛虫冲了过来，接着又有两三只金步甲紧随其后，后来所有的金步甲都活跃起来了，有的甚至从沙土里猛地钻了出来。这支浩浩荡荡的金步甲队伍向松毛虫展开了进攻。柔弱的松毛虫哪里抵挡得住，眨眼间就被金步甲撕成了碎块。

如果这场杀戮不是在无声的世界中完成的，我们这会儿肯定能听到像芝加哥屠宰场里被宰杀的牛和猪发出的那种恐怖的嚎叫声。而眼下，我们只能凭借想象去"倾听"这些被屠宰者凄惨的嚎叫声。我拥有这种假想的听觉，也因此为自己制造的这起惨案而觉得愧疚。

金步甲们有的咬住松毛虫的头，有的咬住背部，有的咬开肚子……松毛虫体内鲜绿的汁液流淌了出来。松毛虫们奋力地挣扎着，可是它们已无路可逃；有少数聪明点儿的钻进沙土里，暂时保住了性命，可它一旦想钻出来透透气，就会难逃厄运，被金步甲们置于死地。

金步甲们撕扯着松毛虫，拽下一块肉便马上跑到一旁，避开其他的同伴，独自去享用。一块肉吃完了，它又会马上回去再撕一块。就在一只金步甲用嘴叼着一大块肉想溜到一旁慢慢吃的时候，不巧正碰上几个回去取食的同伴，它们毫不客气地去咬那块肉，拉拉扯扯地争抢着。

抢食者与被抢者各不相让，最后，那块肉又被撕成几小块，几只金步甲便各自吞吃起来。几分钟的时间，那些松毛虫就被消灭殆尽了，战场上只剩下更加威武的金步甲和松毛虫的碎渣。

原来松毛虫共有一百五十条，刽子手有二十五只，平均一只金步甲屠宰了六条毛虫。假如金步甲像肉类加工厂的工人那样一刻不停地屠宰牲口，假如有一百名这样的屠夫——当然，与做火腿卷的工人数相比，这个数字算是很少了，那么在一天六小时的工作时间里，应该会有三万六千名受害者——芝加哥的屠宰厂可从未达到过如此高的产量呢。

假如考虑到攻击的难度，如此迅捷的杀戮速度更是令人震惊。屠夫在屠宰牲口时会把猪腿用铁钩钩住，将猪提起来通过滑轮送到屠夫的刀下，而待宰的牛需要用活动板送到屠夫的棒槌下。金步甲根本没有这些工具，它只能追击松毛虫，并将松毛虫制伏，还得小心地避开松毛虫的利爪和齿钩。它需要一边屠杀，一边就地吃掉松毛虫。试想，若是金步甲只是杀死松毛虫而不吃的话，那么，在这场屠杀中将会有多少松毛虫惨遭它的毒手啊！

想必能引起荨麻疹的松毛虫是一道相当刺激的菜肴，之前在研究松毛虫时，我的皮肤曾被荨麻疹侵害得很厉害。如今，松毛虫却成了我的金步甲的佳肴，无论有多少串松毛虫，它们都能吃掉，这道菜相当受欢迎。不过，据我所知，在松毛虫蛾的丝囊中，谁也没见过金步甲和它的幼虫，我非常不希望自己有一天在那儿碰上金步甲。事实上，只有在冬天松毛虫蛾的丝囊里才有居民，

而那时金步甲对食物已经不感兴趣了，它们变得十分麻木并在地下蛰伏①。然而，到了四月份，当松毛虫结队行进寻找一个适于埋起来变态②的地方时，若是金步甲有幸遇上它们，那绝对是一个意外的收获。

毛虫中既有松毛虫那样身上不长刺的，也有全身长着刺的，比如刺毛虫。金步甲对松毛虫有着如此强烈的食欲，那么，对刺毛虫的反应又会如何呢？刺毛虫全身的毛刺很密，那些毛刺是黑红色的，看起来非常坚硬。

我把刺毛虫放进了金步甲居住的大玻璃瓶内。最初，金步甲和刺毛虫相安无事，金步甲对这些满身带刺的家伙们并不感兴趣。过了几天，有几只金步甲试着去打探这些"新朋友"的底细，看看它们的毛刺到底有多硬。它们围绕着刺毛虫转了几圈，慢慢地靠近，但是，刺毛虫一旦用那又厚又长的毛刺抵挡这种进攻，金步甲就不得不退了回去。

自从把刺毛虫放进大玻璃瓶里，我再也没有给金步甲们放入任何其他的食物。金步甲们好几天都没有进食了，应该已经饿得发慌了。这时，金步甲们只能再壮起胆子向那些刺毛虫发起攻击。先有四只金步甲把一条刺毛虫围了起来，刺毛虫不知道该先去抵挡哪一只金步甲，就在它犹豫不决的时候，金步甲们已经开始互相配合着从它的前面和后面发起了攻击。最后，刺毛虫还是被制伏了，那些长刺并没有最终保住它的性命。

金步甲喜欢吃各类毛虫，只要那毛虫的体形不是太大，也不是太小。太大了金步甲难以对付，太小了它们又不屑于去猎食。另外，像粉蝶毛虫那样不喜欢在地上爬行而是待在高处的毛虫，金步甲总是望尘莫及。因为金步甲既不善于爬高，也不怎么喜欢攀援，所以那些居住在树上或者高秆植物上的毛虫就不会受到金步甲的威胁了。

我从未见过金步甲爬上树冠捕食，即便是最小的灌木也没有过。对于那些待在一拃高的百里香树枝上美味无比的猎物，它完全不去注意，这真的太令人遗憾了！假如金步甲能爬高，可以离开地面去远足，每三四只金步甲为一个小分队，那么，将会以怎样迅猛的速度将卷心菜上的害虫——菜青虫消灭呢？无论是多么好的东西都会存在着这样或那样的不足。

---

①蛰伏：动物冬眠，潜伏起来不食不动。
②变态：某些动物在个体发育过程中形态发生变化，如蚕变蛹，蛹变蛾。

　　鼻涕虫是一种常常出没于夜间，喜欢偷吃嫩菜叶的小虫。这种害虫也是金步甲喜欢吃的。尤其是那种长得肥肥胖胖的灰鼻涕虫，要是碰到三四只金步甲，便会很快被它们分解并吞吃掉。鼻涕虫背部的一个部位有一层内壳保护着，那个部位的肉最为鲜美，是金步甲们最喜欢吃的。

　　同样，金步甲在吃蜗牛时，最喜欢吃的地方也是那层带钙质的斑纹外套，因为那里好下手而且味道鲜美。经常在夜里爬行、偷吃嫩生菜的鼻涕虫，估计会是金步甲经常吃的一种食物。还有毛虫，对于金步甲来说，它应该算得上家常便饭了。

　　看来，金步甲确实是捕食毛虫的能手，这一点无可辩驳。除此之外，金步甲还有没有其他钟情的美食呢？我又捉来几条蚯蚓放在玻璃瓶里，金步甲们一见到猎物便围堵过来。

　　粗壮的蚯蚓不停地扭动着身体，它试图用这种办法甩掉进攻的金步甲，可事实上这些都是徒劳的。在金步甲们的轮番攻击下，蚯蚓身体上那层坚硬的皮还是被金步甲们给撕裂了，身体也被扯成了几段。此时，所有的金步甲都围了过来，一起享用这胜利的果实。

　　这时，我将金步甲的盛宴终止了，唯恐这些狼吞虎咽的家伙吃得撑坏了，导致长时间拒绝我想做的实验。从它们那副贪吃的样子可以看出，假如我不进行干预的话，它们肯定会把那根"大肥肠"消灭干净。

　　不过，作为补偿，我将一条小蚯蚓扔给了它们。那条蚯蚓全身上下多处被切开，并被扯来扯去，最终撕成了好几段，在场的金步甲各咬住一段，然后跑到一旁吃去了。在那块肉还没被分解开来之前，那些共餐的金步甲会十分和平地一起分食那块肉。它们额头对额头，同时将大颚伸进一个伤口里。然而，一旦得到了一块属于自己的肉，它们就会以最快的速度带着战利品溜之大吉，远离那些明显嫉妒的同伴。大块的肉属于大家，没有必要争斗；而撕下的小块的肉就是个人财产了，必须尽快躲避强盗的抢劫。

　　金步甲也吃鞘翅目昆虫，只是在猎食时要费些劲儿，而且还要等待有利时机。我在大玻璃瓶里放了些花金龟，十几天过去了，金步甲没有对它们采取任何行动。后来，我把花金龟的鞘翅和翅膀摘除了，再放回大玻璃瓶里，结果，金步甲们顷刻间便将它们剖腹吞吃了。难道真的是那坚硬的鞘翅使得金步甲对这类昆虫无从下口吗？

　　我又把完好无损的大黑叶甲虫放入玻璃瓶，金步甲们同样没有任何反应。当我摘掉大黑叶甲虫的鞘翅后，果然不出所料，金步甲们又把大黑叶甲虫剖腹，虽然叶甲分泌出了一种橘黄色的唾液，却仍然被吃得干干净净。

　　同样，那皮肤细腻又胖乎乎的叶甲幼虫也是金步甲的美味。贪吃鬼们见了这条铜色的虫子没有一丝犹豫——只要发现了美味佳肴，它们就去咬住，一点儿也不会客气——将它开膛剖腹，然后吃到肚子里。这种铜色小肉球称得上珍馐①美味，我给它们多少，它们就能吃多少。

　　花金龟和大黑叶甲虫在严密牢固的鞘翅的庇护下，摆脱了金步甲的伤害，金步甲没有办法将它们藏在护甲下的柔软腹腔打开。然而，若是护甲关得不够严实，食肉者很懂得怎样将它掀开，直达目的地。

　　经过几次尝试后，金步甲终于从背后将鳃金龟、天牛等昆虫的鞘翅掀开，吃光了里面鲜美多汁的肉。无论是什么样的鞘翅目昆虫，只要能够将它们的鞘翅掀开，金步甲都十分乐意接受。

　　有一天，我在金步甲面前放了一只大孔雀蝶。面对这只富丽堂皇的猎物，金步甲并没有表现出狂热，而是相当谨慎，不定时地靠过去，想要咬它的肚子。然而，它的大颚刚刚碰了一下，那个受攻击者就将宽大的翅膀扇动起来，拍打地面，然后猛地一扇，来犯者就被抛出老远了。

　　猎物不停抖动着翅膀，同时不停地跳跃，让金步甲无从下口。于是，我将大孔雀蝶的翅膀切除了，攻击者立刻围了上来。七只金步甲一起拉扯着，将肥胖的无臂残疾者咬住了。大孔雀蝶身上的绒毛被扯得像雪片一样飞舞着，皮也被撕裂了，七只金步甲激烈地争夺着猎物，犹如一群狼在吞食一匹马那样。没用多久，大孔雀蝶就被吃得一干二净了。

　　我们再来看一看金步甲又是如何猎食蜗牛的。金步甲从来不吃完好的蜗牛。我把两只蜗牛嵌在大玻璃瓶底的细沙里，并让它们硬壳的开口朝上。瓶子里的金步甲已经两天没吃东西了，我估计它们的进攻会比平常更加勇猛。蜗牛被放进去后，不时地有金步甲试探着凑过去，待上一会儿，吞咽了一下口水，便失望地离开了，它们并没有作出进一步的尝试。有的还轻轻地去咬那蜗牛，

---

①珍馐：珍奇名贵的食物。

可这时蜗牛竟会吐出泡沫进行自卫，金步甲尝上两口这种怪味的泡沫，便再也没有胃口，只好离开了。

看来这种泡沫真的起了作用，整整一天的时间，金步甲们再也没有去触犯那两只蜗牛。第二天，当我再去看它们时，两只蜗牛仍然像前一天那样气色不错。于是，我把蜗牛的外壳剥掉一小块，露出了肺部，把它们变成了没有完整硬壳保护的残疾者。

当我把它们重新放回玻璃瓶后，金步甲们立刻对它们发起了进攻。围着那个被我弄出的缺口，五六只金步甲大口咀嚼起那块裸露的嫩肉。如果有更大的地方接待更多的食客，共享美餐者会更多，因为这时一些新来者迫不及待地想挤进来占据一席之地。在缺口处聚集了一大群金步甲，在里圈的那些挖呀拽呀，而在外圈的那些只有看的份儿——当然，有时它们也能从邻居的嘴下抢到一块肉。一下午的工夫，蜗牛已被掏空，外壳被挖了个底朝天。

第二天，当金步甲正在疯狂地展开屠杀行动时，我将它们的猎物夺走了，用一只完好无损地嵌在沙里、硬壳开口朝上的蜗牛来代替。我把一些冷水浇到了蜗牛壳上，蜗牛受了刺激从壳里钻出来，伸长的脖子仿佛天鹅颈，长时间地展示着它那像管子一样的眼睛。面对食肉者可怕的喧哗，它显得异常平静，即使将会被开膛剖腹也无法阻止它将自己柔嫩的肉体充分地展现出来。那些被夺去了美味的恶魔们，将会疯狂地朝这个猎物身上扑过来，继续刚才被打断了的盛宴。究竟是不是这样呢？

事实上，没有一只金步甲留意这个将大半截身子暴露在堡垒外面、轻轻扭动着身子的上好猎物。假如有一只金步甲比其他同伴更勇敢、更饥饿，朝那个软体动物咬去，那软体动物会立刻将身子缩进壳里，并开始吐泡沫，这完全能将进攻者击退。整个下午和晚上，蜗牛就一直这样待着，尽管它面对着二十五个屠夫，却没发生任何危险。

多次实验的结果都一样，因此我们可以断定：金步甲不攻击背壳完好的蜗牛，哪怕在一阵骤雨后，蜗牛将上身暴露在壳外在湿草地上爬行时，金步甲也不会去攻击它。残废者、被敲破了背壳的伤残者才是金步甲所需要的，它们需要猎物身上有一个缺口，可以让它们一口咬住，同时还不会冒出泡沫。

从这个角度来看，这位园丁在抑制蜗牛的危害方面具有的作用并不大。假如那个专门糟蹋菜园的害虫出现意外，哪怕背壳被砸破了一点儿，那么，不用金步甲动手，它也会在很短的时间内死掉。

　　为了丰富食谱，隔一段时间我就会给我的实验对象金步甲提供一块鲜肉。它们会主动围过来，很仔细地在那里确定位置，然后将肉切成小块再吃下去。这次，我给它们的是一块鼹鼠肉，它们大概从未吃过——假如这只鼹鼠不是被农民的锄头挖开了肚皮而成为它们的食物，它们应该没有机会吃到这道菜，否则这道菜估计会像毛虫那样受到金步甲的喜爱。

　　除了鱼肉，金步甲什么肉都爱吃。有一天，我为它们提供的主菜是一条沙丁鱼，贪吃的金步甲快速跑过来，先尝了几口，接着就再也没有去碰它了。它们纷纷离去，对它们来说，这种东西实在太陌生了。

　　另外还要说一下，在我的玻璃罩里放着一个水槽，也就是一个盛满水的小碗，饭后金步甲经常会到这里饮水。一方面是因为吃了热的食物会有些口渴；另一方面则是因为吃完蜗牛肉嘴巴会被粘住，它们需要去水槽边降降火，用水把嘴唇洗一下，洗掉像高帮靴一样黏附在跗节上的黏液，这黏液会把沙子粘在跗节上，使行动变得很沉重。沐浴之后，它们就会回到木板下的小屋，安静地睡大觉。

　　金步甲是消灭毛虫的能手，所以被人们称为园丁，这应该是对它的褒奖了。但是，接下来我要向大家介绍的却是金步甲的另一面，也就是它残忍的一面。金步甲能吞吃一切它所能战胜的猎物，甚至会吞食自己的同类。

　　春天来了，我到离家不远的荒野里捉金步甲。我翻开那里的石板，认真地寻找，只要一发现，就会把它捉住，不管它是雌虫还是雄虫，因为单单从外表来看，雌雄金步甲是很难分辨的。就这样寻找了几天，我一共捉了二十几只金步甲，把它们都放进一个装有少量土的大玻璃瓶。

　　有一天，我在一棵梧桐树下又遇到一只金步甲，便小心翼翼地把它捏了起来，仔细一看，才发现它的鞘翅末端已折断。这只小甲虫为什么会受伤呢？也许是刚刚跟同伴打了一架吧。幸运的是，它伤得并不重，我把它也放进了那个大玻璃瓶里，让它和那二十多只金步甲居住在一起。

　　接着，我又往瓶子里放了一些蜗牛、蚯蚓和毛虫之类的小昆虫，因为这些都是金步甲喜欢吃的。我想，只要那些健全的金步甲吃饱了，或许就不会再欺负这只受伤的伙伴了。可是，第二天当我看望它们的时候，那只受伤的金步甲已经死了。它的腹部已被掏空，只剩下一个空壳，但它的爪子、头和胸却毫无

损伤。

　　为什么这些并不饥饿的金步甲仍然要把自己受伤的伙伴吃掉呢？难道在金步甲的世界有这样一种惯例：要使受伤的同伴提早结束生命？或者还有一种可能，即那只鞘翅残缺的金步甲把肉身露在了外面，这让同伴们都误以为它是味美的猎物。那么，如果这只金步甲没有受伤，它们的同伴会不会与它和睦相处呢？

　　通过观察，我发现瓶里的那二十几只金步甲在一起生活得比较和睦，几乎不曾打斗过。它们吃饱了就把自己的半个身子埋在土里，彼此挨得很近，待在各自的土窝里打着盹儿。我掀开瓶口的盖子时，那些小家伙们立刻都被惊醒了，它们离开土窝，四处奔逃。不过，当它们互相碰撞时，却并不发生冲突，似乎彼此间和睦的关系已经很稳固。那么，它们这种和睦的关系会不会永远维持下去呢？答案是否定的。

　　就在六月初的一天，我发现瓶里的一只金步甲死了。它跟最初死掉的那只金步甲一样，其他肢体没有脱落，只是腹部被掏空了。从诸多情形来看，它在生前丝毫没有受过伤的迹象。几天后，又有一只金步甲遭到了同样的厄运。它腹部朝下待在那里，看上去好像是完好无损的，可当我翻过它的身体时才发现，它已经是一具空壳了。

　　没过多久，另一只金步甲也同样被杀了。就这样，瓶里的金步甲一只只地死去，我对此充满了疑虑。这些金步甲是怎样吃掉自己的同伴的呢？它们又为什么要吃掉自己的同伴呢？为了弄清楚事情的真相，我开始更密切地观察那些金步甲的活动。工夫不负有心人，终于有两次，我看到了金步甲对它们的同伴实施暴力。

　　第一次，我看到一只雌虫在摆弄一只雄虫（经过长时间观察，我发现雄虫的体形比雌虫小一些，所以能够辨认出来）。雌虫进攻雄虫时，先撩起雄虫的鞘翅，然后从背后咬雄虫腹部的末端。此时的雄虫并不虚弱，可是它并没有进行激烈的反抗，只是试图把身体从雌虫嘴部的小钩上挣脱。看起来，雌虫和雄虫像是在进行拔河比赛，雄虫一会儿前移，一会儿后退。大约十几分钟过后，那只雄虫突然挣脱开，急急忙忙地逃走了。如果它最后没有挣脱开，大概早已经成为另一个牺牲者。

　　第二次，我又看到了与上一次非常相似的场景，只不过这一次的雄虫没有上一次那只幸运罢了。这次仍然是一只雌虫从雄虫的后面展开进攻，雄虫也拼命地想逃脱，可是，任它怎样努力都没有成功。

最后，雌虫在雄虫的腹部豁开了一个大口子，然后把头钻进去，啃食硬壳底下的软组织。那只雄虫浑身不停地颤抖着，但雌虫没有丝毫的怜悯之情，它把头深入雄虫胸腔中狭窄的地方，把里面的肉质打扫干净。最后，那只雄虫死了，只剩下一对抱合在一起的鞘翅，还有被掏空的前半个身子。这些遗骸被静静地丢弃在一旁。

接下来的日子里，我经常看到那个大玻璃瓶里有新的雄虫遗骸，最后瓶子里只剩下五只雌虫了，那些被吃掉的都是雄虫。根据这段时间的观察结果，我能肯定：那些雄金步甲都是死于这五只雌金步甲之手，它们先被剖腹，然后被掏空。每当雌金步甲发动进攻时，雄金步甲总是不进行反击，只是消极地躲闪。其实，如果雄金步甲拼力反抗，很可能战胜雌金步甲，而不至于落得个被剖腹的下场。

那么，为什么雄金步甲对前来咬食它的雌金步甲如此宽容呢？这种宽容不禁让我想起了那些甘愿被雌螳螂吞吃的雄螳螂，还有那些在婚姻终结时无怨无悔地把自己的身体献给伴侣的雄朗格多克蝎子。

在飞蝗类①昆虫中，也存在雌虫吞食雄虫的例子，但是，它们要显得温和得多，因为它们通常是等自己的伴侣死后才去吞食，并不是在对方还活着的时候，就硬生生地将其吞吃掉。

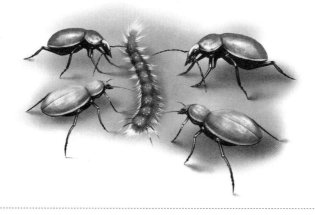

————————————————————
①飞蝗类：蝗科直翅类昆虫，是蝗虫的一类。飞蝗类繁殖速度快，常集成大群做长距离迁徙，所到之处植物常常被毁坏。

残酷的生存竞争

在对某个现象下结论之前，我必须要经过观察、实验，而且并非一次，要反复多次，甚至是没完没了，直到我内心的疑云被如山的铁证消除才肯罢手。本能并非由形态决定，设备装置不能把某种职业强加于人，这一点可以通过叶甲来证实。我观察了三种叶甲，它们经常出现在我的荒石园内。在适宜的季节，只要我需要它们，不需寻找，它们就会在我面前出现。

第一种是百合花叶甲。它体态匀称，既不粗胖，也不细小，呈现出美丽的珊瑚红色，头和脚则是乌黑发亮的。春天，尽管有的人不怎么关注百合花，却都认识它。一只鞘翅目昆虫在这株植物上驻足，它身材中等偏小，身体呈朱红色，有点儿像西班牙蜡的颜色。当你伸手去抓它，它立刻胆战心惊，吓得全身瘫痪，随即掉在地上。

让我们过几天再回到百合花这儿来吧。百合花慢慢地长大，花蕾开始露出来，花蕾结集成小包，在那儿可能看到红色的昆虫。再看时，百合花的叶子已经被弄得出现了一个很深的口子，就像一块破布那样，上面满是暗绿色的小污物。

可是，这种污物却在移动，一点点前进。让我们忍住恶心，用麦秸尖试探一下这些小污物堆吧。很快，一只相当难看、肚子圆凸的淡橘黄色幼虫显露出来，将盖在它身上的东西掀开，你就会看到百合花叶甲幼虫。

这只幼虫身上刚刚被我们剥掉的"法兰绒外衣"，是用这只虫子的粪便制成的。百合花叶甲的幼虫不用传统的方法朝下面拉屎，而是朝上面，而且肠子排出的残渣被收藏在背部。粪便形成环形软圈，一圈接着一圈，一点点从尾部向头部发展，形成一个倾斜面，这就是幼虫波浪形起伏的脊背。

正因为百合花叶甲幼虫用自己的粪便为自己制作服装，因此它的学名是负泥虫。制作好的服装覆盖在虫子的整个背部以后，缝纫工厂并不会到此就停工，后面不时会有一条新褶边出现，前面也是如此，而延伸出的多余部分因为自身的重量会被脱掉。粪衣就这样不断地被修补、翻新。

有时，这堆布料过于沉重或布料太宽，会导致边料掉下，甚至整件衣服全都掉下。于是，纯洁的百合花上，负泥虫所到之处就会留下一堆堆脏物。花叶被吃掉后，花莛也被叶甲幼虫咬得失去了茎皮，成为破破烂烂的茎秆。即使百合花正在盛开，也无法摆脱变成污秽的茅坑的命运。

我想看看这些为非作歹者最开始排泄时的情况，看看它污秽的建筑物的第一层是怎样的。它做过学徒吗？刚开始做时会很差吗？这些我现在已经都了解了。它完全没有见习期，没有笨拙的尝试，它从一开始技艺就很娴熟，将排出的粪衣完美地摆在背上。下面来说说我看到的情况。

百合花叶甲产卵是在五月份。卵放在叶子的背光面，平均排成三到六短列，形状为圆柱形，呈鲜橘红色，有些发亮；卵上有一层黏性的分泌物，使它们整个儿牢牢地贴在叶子上。孵化大约要十二天，卵壳有些皱纹，但颜色始终是鲜橘红色，在原位一动不动。

新生的幼虫长一点五毫米，头和爪子都是黑色的，身体余下的部分为暗琥珀色；胸廓的第一个体节上有褐色的肩带，这条肩带从中间断裂；在第三个体节背面的身体两侧分别有一个小黑点，这就是早期的服装。这只胖乎乎的幼虫用它的短爪和屁股紧贴着叶子。它的屁股具有杠杆作用，还可以推动有些圆鼓鼓的大肚子向前。这只幼虫的双腿形同虚设。

从同一组卵孵出的幼虫，很快就开始在自己的卵壳旁吃食了。它们独自在那儿啃咬，在厚实的叶子上为自己掘洞，不过，在挖掘时会注意使另一面的表皮不受到损害。于是，在叶面上就出现了一块半透明的地板，作为支撑可以使幼虫既能食用洞穴内壁，又没有摔下去的危险。它们慢吞吞地挪动着身子，寻觅着更加美味的食物。我发现一些幼虫盲目分散，在同一条沟里形成小群体，不过从未像雷奥米尔所说的那样并列着节省地进食。尽管从同一组卵孵出，可它们之间并没有什么次序，更不会注重节约。

这时，幼虫的大肚皮变得鼓胀起来，肠子开始发挥作用。我看见第一个球状物从它的衣服上排列起来，这个小球量少而且呈流体。这仅有的一点儿东西

同样被利用起来，并有条不紊地被储存在幼虫的脊梁后端。不到一天的时间，幼虫已慢慢地为自己制作了一套衣服。

假如说百合花叶甲幼年时期织造的衣服质量已经相当好，那么，当它的布料制作技艺炉火纯青时，会制出什么样的衣服呢？让我们继续关注吧！

色彩鲜艳的衣服有什么用呢？幼虫用它使身体保持凉爽，防止太阳照射吗？这不无可能。有了这样缓和的糊剂，柔嫩的表皮就不必担心皲裂了。幼虫是为了击溃它的敌人吗？这也有可能。谁愿意啃咬污物堆呢？或者，这只是一种流行的任性、怪异的心血来潮吗？我也不能否认。

为了把这个敏感的问题弄得明白些，让我们来问问百合花叶甲的亲密伙伴。在我的几十亩碎石地上，种着一畦①芦笋。从烹饪的角度看，这块地为我带来的收获远远不及我在上面付出的辛苦。然而，我通过另外一种方式获得了补偿。在那些我让它们随心所欲地展开成翠绿条纹的瘦弱的嫩枝上，春天的时候，会有两种叶甲大量繁衍，它们就是田野叶甲和十二点叶甲——这是远比芦笋本身更好的意外收获。

田野叶甲穿着三色服装，并且不缺乏装饰。它的蓝色鞘翅的外边缘镶着白色的带子，中间装饰有三个白色饰结，在它的红色前胸中心佩戴着蓝色圆盘。它的卵是暗绿色的，呈圆柱形。这些卵没有像百合花叶甲那样，躺卧成一列，而是相互隔离，一端竖立在芦笋叶、细枝或含苞未放的花上，哪里都有，完全没有秩序可言。

尽管田野叶甲幼虫露天生活在养育它的植物的叶子上，并且因此将自己暴露在各种可能威胁百合花叶甲幼虫的危险之下，可是它一点儿也不知道在粪便层下隐藏自己的办法。它一生都光着身子，总是十分干净。

田野叶甲幼虫呈淡绿黄色，身体后部十分肥胖，前部一点点变细；肠子末端是它的主要运动器官，这个末端形成局部鼓泡，弯曲着缠绕枝杈，支撑幼虫，推它向前；真正的爪子非常短，相对于身长位置过于靠前，这些爪子能够十分艰难地拖着笨重的身子；肛门上的指状物体是爪子的助手，相当有力气。这个双腿残缺者是走钢丝的演员，它勇敢地在枝杈上移动。

---

①畦：田园中分成的小区。

　　田野叶甲幼虫休息的姿势相当奇特：沉重的臀部搁在后爪上，特别搁在钩形足趾——肠子的末端上；身体前部抬起，弯得非常优雅；黑色的脑袋直直地竖着。这只幼虫有一点儿像蹲着的狮身人面像，在太阳的照耀下，在午睡和安静地消化食物的时刻，这个姿势非常多见。

　　在阳光充足、燥热的日子里，这只赤身裸体、手无寸铁、胖胖的幼虫半睡半醒，很容易被捕获、遭劫掠。尽管各种小飞虫身体短小，却可能非常狡诈，令人讨厌，它们总是在芦笋叶丛中飞舞。田野叶甲的幼虫摆着狮身人面像的姿势纹丝不动，甚至当小飞虫们嗡嗡地在它的臀部上叫时，它好像也毫不在意。这些小飞虫像它们正常地玩耍嬉戏时所表现的那样不伤害人吗？这一点十分可疑。这种长着双翅的贱民吮吸的并非只是植物微微渗出的液汁，它们是做坏事的专业户，肯定会追逐其他目标。

　　是的，在这里，在大多数田野叶甲幼虫身上，一些白得像白色瓷器一样的小点紧紧地黏在它们的皮肤上。这是土匪的后代——小飞虫产的卵吗？

　　我将身上有这些白色污点标记的田野叶甲幼虫收集起来喂养。一个月后，也就是差不多六月份，这些幼虫萎缩干瘪起来，身体出现了皱纹，并变为褐色，只剩下一个干瘪的皮壳。这个皮壳的一头裂开一条缝，一只双翅目昆虫的蛹的半个身子露出来。几天以后，寄生虫孵出。

　　这只小飞虫是浅灰色的，身上竖着稀疏粗糙的纤毛。它的身体还没有家蝇的一半大，样子与家蝇相像。它属于寄生蝇系，寄生蝇在幼虫时期经常在各种毛虫体内生活，分布在田野叶甲幼虫身上的白点，正是令人讨厌的双翅目昆虫产的卵。病毛虫的肚子会被这些从卵里诞生的寄生蝇穿破，它们通过微小的、不太痛苦的、差不多会立刻愈合的伤口钻进病毛虫体内，进入内脏周围的体液中。受害者最开始并没有受到什么损伤，它仍然在钢丝上做体操，在草场上吃大餐，在阳光下打盹儿，好像什么大事也没有发生过一样。

　　我在玻璃管里饲养的田野叶甲幼虫——身上有寄生虫的幼虫，我时常用放大镜观察它们，但始终没发现它们有任何不安的迹象。这些寄生蝇的后代最初多么凶狠恶毒而又不露声色啊！在它们为变态做好全面准备之前，它们的宿主①

---

①宿主：也叫寄主，是指为寄生物（包括寄生虫、病毒等）提供生存环境的生物。

必须要继续生存下去，而且一直精神饱满、充满活力。寄生虫专吃那些田野叶甲幼虫目前生活中并非必需的东西，并且不去触碰眼下必不可少的器官，因为一旦咬伤这些器官，宿主就会死亡，它们也就难以生存了。快到发育成长的末期时，谨慎和含蓄就不再需要了，受害者的身体被它们彻底掏空，只剩下一张皮，而这张皮之后将被当作它们的掩蔽所。

在这种野蛮残忍的盛宴里，唯一让我觉得欣慰的是，我看见寄生蝇的报应，它们被冷酷地清除。在田野叶甲幼虫的脊梁上有多少只寄生蝇呢？大概八只、十只，也许更多，然而，只有一只寄生蝇，自始至终只有一只能够从受害者的体内出来，因为受害者的身体小得根本不够几只寄生蝇食用。那么，剩下的那些怎样了呢？在悲惨的受害者的肚子里，寄生蝇之间发生过争斗吗？它们互相吞食，只有斗争中的胜利者得以幸存吗？或者它们当中的某个抢先一步成为宿主体内的主人，别的宁可死在外面也不钻进一只已被占领的田野叶甲幼虫的体内吗？田野叶甲幼虫体内只要有两只寄生蝇，就会发生饥荒。综上所述，我认为原因应该是这些寄生蝇互相残杀。对于田野叶甲幼虫的肚子里的寄生蝇的獠牙来说，同类的肉或异类的肉并没有太大差别。

无论强盗之间的竞争多么凶狠激烈，寄生种族都不会灭绝。在我观察的那块芦笋地里，有一大群田野叶甲幼虫，它们中有一大半暗绿色的皮上都有着寄生蝇的卵，这些细小的白色污点显而易见。田野叶甲幼虫的身上有污点，就说明它们的肚子一定已经受到侵害或者就要受到侵害；反之，若田野叶甲幼虫的身上没有污点，则无法肯定它们的肚子处于什么状态。在植物的绿色彩斑上，为非作歹的家伙不断转悠，等待良机。只要双翅目昆虫活动的季节还没过去，很多今天还未有白斑的幼虫，明天或别的时间就会出现这种白斑。

我猜测我饲养的这个团体中的绝大多数最终都会受到侵害，因为我的饲养活动可以提供足够的证据证明这一点。当钟形罩下住满昆虫时，假如我不细心选择，假如我随便收集住满田野叶甲幼虫的枝杈，我估计获得的成年田野叶甲会很少，它们差不多全都被一大群寄生蝇吃掉了。

假如我们想对某种昆虫进行有效的防治，对任何方法的结果我都不抱幻想，在此我建议芦笋的种植者最好求助于寄生蝇。这个昆虫助手特有的癖好使我们在恶性循环中不断打转儿：药物预防疾病，然而对药物来说，疾病又是必不可少的；为了使芦笋摆脱蹂躏者，必须有大量寄生蝇；要得到大量寄

生蝇，又必须有大量芦笋的蹂躏者。在总体上，自然的天平把事物平衡起来。假如田野叶甲大量繁殖，就会突然产生许多寄生蝇来扼制它们；假如前者日益稀少，后者的数量也会减少。不过，寄生蝇会随时做好扩大数量的准备以抑制田野叶甲数量的再度增长。

百合花叶甲穿着厚厚的污物服装，摆脱了对它芦笋上的同伴来说难逃的苦难。假如你将那色彩鲜艳的粪衣脱掉，你永远不会在它的皮上找到令人讨厌的白色污点，可见这种预防手段十分有效。难道无法找到一种巧妙的防御办法既可抵御寄生蝇的侵害，又无需向令人憎恶的污物求助吗？方法是有的，只需在不必担心双翅目昆虫会在那儿产卵的庇护所里居住就可以了，十二点叶甲采取的就是这种方法。十二点叶甲与田野叶甲杂居在一起，只是它的体形稍大，尤其是它的服装整个儿呈铁红色，鞘翅上对称地分布着十二个黑点。

十二点叶甲的卵是深橄榄绿色的，呈圆柱形，一头尖，另一头一段被截去了，非常像田野叶甲的卵。和田野叶甲的卵一样，它的卵也被截去了一段，末端竖立在支撑面上，假如没有居住地加以区分，人们很容易把这两种卵弄混。田野叶甲在细枝杈的叶子上固定它的卵；十二点叶甲则把它的卵单独安置在未成熟的果子上。这些果子犹如豌豆大小的小球，孵出的幼虫为自己打开一条狭窄的通道，钻进果子，吃果肉。每个小球只够一只幼虫食用，因此上面只能生活一只幼虫。然而，我不止一次看见一个果子上有两枚、三枚、四枚卵。第一只孵出的幼虫独具优势，成为这个小球的物主。它无法容忍其他的物主，会将任何来它旁边的就食者弄死。残酷无情的竞争，随时都可能发生。

十二点叶甲幼虫的身体呈暗白色，在胸部的第一个体节上带有不连贯的黑色肩带。这种深居简出的昆虫完全没有在芦笋叶子上吃食的杂技演员的那种才能，它的臀部不能转变成可以缠绕和紧抱的指头。它喜欢睡眠，这让它注定会因不走路寻食而变得肥胖。在同一个组群里，每只虫都根据注定的生活方式而获得相应的天赋。当果肉被吃光，十二点叶甲幼虫就钻通这个圆球，降落到地上。它那硬得像皮革的表皮和污秽的艳丽绸衣，很好地甚至更好地拯救了它。

橡木的破坏者

我年轻时曾经非常崇拜肯迪拉克的雕塑。肯迪拉克认为天牛具有天赋的嗅觉，它们仅凭从玫瑰花上闻到的香味就能产生各种各样的念头。对于这种形式上的推理，我深信了二十年，并因为这种富有哲学思想的教士的神奇说教而感到非常满足。我幻想着，只要我嗅一下，雕塑就能够活过来，可以产生视觉、记忆、判断力以及各种心理活动，仿佛一粒石子能在一潭死水中激起层层涟漪那样。可是，在我的良师——昆虫的指引之下，我放弃了这种不切实际的幻想。昆虫所提出的问题远比教士的说教更深奥，正如下面天牛向我们揭示的那样。

天牛幼虫喜欢躲在树干里，它们在树干中汲取营养，身体慢慢长大，成熟以后便从树干中飞出来。这个过程听起来似乎很简单，但是天牛幼虫要完成这一过程却需要三年的时间。在这漫长的日子里，天牛就像被囚禁了一般，要在树干里艰苦度日。

寒冷的冬天就要到了，我也要储备一些取暖的木材。我请伐木工人给我挑选伐木区里最老的树干，而且要被蛀虫咬得伤痕累累的那种——其实我是想在那些树干中寻找一些天牛。

那些橡树干上密密地排列着一条条伤痕，有些伤痕还被划得支离破碎。好多树枝都被咬断，树干上到处都是被啃噬的痕迹。天牛幼虫就藏身于树干中，它们就像是一些蠕动的小线条。

天牛幼虫在橡树干中缓慢地爬行，它们一边往前爬，一边用那强健的上颚开辟通道。它们的上颚是黑色的，而且很短，像一个半圆形的凿，上面并没有锯齿。天牛幼虫把开辟通道时挖掘出来的碎木屑当作食物，这些食物经过幼虫的消化便会被排泄出来。天牛幼虫的排泄物就堆积在它们的身后，时间长了，

就会形成一条痕迹。天牛幼虫就这样一边挖掘，一边吃，它的吃和住的问题就都解决了。

天牛幼虫在挖掘通道时会把全身的力量都集中在身体的前半部分，它的上颚被嘴边的一圈黑色角质盔甲紧紧包裹着，使这个半圆形的凿被牢牢地加固了，这样一来，上颚在工作时就有了稳固的支撑和强劲的力量。

如果天牛幼虫的前半部分体现出的是结实与力量美的话，那么，它的其余部分则展现出了细腻与柔弱。天牛幼虫后半部的皮肤非常细滑，就像绸缎一般，而且光洁如玉。正是由于天牛幼虫体内有营养丰富的脂肪层，才使它具有这种光洁的身体。对于食物如此单一的天牛幼虫来说，居然会有这般丰厚的脂肪层，这真是令人匪夷所思。

天牛幼虫的爬行也很有特点，它不像一般的昆虫那样用足来爬行。这并不是因为天牛幼虫没有足，只是它的足对于爬行并没有什么用处。天牛幼虫的足前面一部分呈圆球状，最后一部分则呈细针状，足的长度仅有一毫米左右，所以根本无法支撑天牛幼虫那肥胖的身体，也就更不能用来爬行了。我在研究花金龟幼虫时曾发现，它的爬行颠倒了普通的习俗，它是利用纤毛和背部的肥肉仰面爬行的。而天牛幼虫的爬行技能则更厉害，它既能够仰面爬行，也能腹部朝下行走。它的爬行器官一反常规，长在腹部。

天牛幼虫的腹部有七个环节，腹部的正背两面都长有布满乳突的四边形平面，这些乳突可以随意地膨胀、缩小、突出、下陷。其中，腹部背面的四边形平面被背部的血管一分为二，变成两个部分；而腹部下面的四边形平面则看不出被分成两部分。

这种四边形的平面便是天牛幼虫的爬行器官，它有点儿类似于棘皮动物的步带①。在爬行时，天牛幼虫会先使背部平面上的乳突鼓起，压缩腹部平面上的乳突。由于表面粗糙，这样膨胀的凸起使天牛幼虫的身体后部固定在窄窄的通道壁上，而受压缩的前部身体的直径缩小，可以尽量地伸长。前部身体伸长以后，它就要使腹部平面上的乳突鼓起，紧贴在通道壁上，然后使背部的乳突放松，从而使体节能自由收缩。

----

①步带：棘皮动物，如海胆等，沿许多管足分布的方向有五个辐状带，其间又被棘分开，这种辐状带就叫步带。

经过这样一个过程，天牛幼虫就走完了一步。依靠着背部和腹部的支撑，不断地交替收缩和膨胀身体，天牛幼虫便可以在自己挖掘的通道中自由前进或者后退。然而，假如腹部和背面的乳突只能用一个，幼虫就无法前进了。假如将天牛幼虫放在光滑的桌面上，尽管它不断地伸长、收缩身体，也无法向前一步。而只要将它放进橡树干上，它就可以依靠粗糙的树皮，交替着以腹部和背部的乳突为支点，一伸一缩地前进。

天牛幼虫生长着类似于步带的爬行器官，它的足在爬行中没有起到丝毫的作用，但是，那已经退化的足却并没有完全消失，而是残留在身体上。那么，天牛的身体结构是受环境的影响，还是遵循着其他的法则呢？于是，我做了一系列的实验，来测试天牛幼虫的听觉、嗅觉、味觉以及触觉等。

天牛幼虫身上这些退化的足将来会成为成虫的足。但是，成虫敏锐的眼睛在幼虫身上则找不出一点儿微弱的视觉器官的痕迹。生活在黑暗的树干内，视力有什么用呢？同样，天牛幼虫也没有听觉能力。在没有声音的橡树内，听觉能力当然也没有用。这一点我可以通过以下实验来证明。

将树干剖开，留下半截通道，便能找到这个正在工作的橡树内的居民。这里很安静，幼虫一会儿挖掘前方的长廊，一会儿停下来休息片刻。我利用它休息的时间来检测天牛幼虫对声音的反应。不管是硬物碰撞发出的声音，还是用锉刀锉锯子的声音，天牛幼虫都无动于衷，既没有皮肤的抖动，也没有警觉的动作。甚至我用尖头硬物刮它旁边的树干，模仿别的幼虫啃噬树干的声音，也没有取得任何效果。由此可见，天牛幼虫是毫无听觉能力的。

天牛幼虫有嗅觉吗？所有情况都说明没有。嗅觉是用于寻找食物的辅助功能，而天牛幼虫不需要寻找食物，它以为它提供栖身之所的木头维生。有关这一点，我们也可以做几个实验。

我在一段柏树干中挖了一条沟痕，直径与天牛幼虫的长廊的直径一样，然后我把天牛幼虫放了进去。柏树和大多数针叶植物一样拥有强烈的树脂味，当天牛幼虫被放入气味如此浓郁的柏树沟痕后，它很快就爬到了通道的尽头，接着就不动了。这种不动的状态难道不就说明天牛幼虫缺乏嗅觉能力吗？

树脂这种独特的气味对于长期居住在橡树内的天牛幼虫来说，会引起它的不适和反感吗？如果有的话，幼虫应该可以通过身体的抖动或有逃走的倾向表现出来。然而，一点儿类似的反应都没有，只要找到合适的位置，幼虫便一动不动了。接下来，我又做了更好的实验。

我在天牛幼虫的长廊里距天牛很近的地方放了一点儿樟脑丸，同样没有效果。我又用萘①进行了同样的实验，仍然没有用。经过这些实验，我认为基本可以否定天牛幼虫具有嗅觉。

毫无疑问，天牛是有味觉的。然而，这是怎样的味觉？橡树是养活了天牛幼虫三年之久的唯一的食物，此外再无其他。那么，天牛幼虫的味觉器官对这唯一的食物的滋味是如何评价的呢？吃到新鲜多汁的橡树干会认为美味，吃太干燥的树干会觉得难吃，这大概就是天牛幼虫全部的口味标准。

最后要说的是触觉。天牛幼虫的触觉分布很不集中，而且是被动的。任何有生命的肉体都具有触觉，会因为针刺而痛苦扭曲。总之，天牛幼虫只有味觉和触觉两种感觉能力，而且都非常迟钝。这不禁让人想起肯迪拉克的雕塑，哲学家心中理想的生物只拥有同正常人一样灵敏的嗅觉这一种感觉能力，而现实中的生物，天牛幼虫这种橡树的破坏者却具有两种感觉能力，不过从灵敏度上来说，两者迟钝得多。总之，现实与幻想相差甚远。

那么，像天牛幼虫这样消化能力很强而感觉能力极弱的昆虫，它的心理状态如何呢？我们脑海中总会有个不切实际的愿望：可以用狗迟钝的大脑思考几分钟，用蝇的复眼来观察人类。那样一来，事物外表的改变该多么大！而如果用昆虫的智力来解释世界，变化就更大了！触觉和味觉会带给那些已经退化的感觉器官什么呢？

很少，差不多没有。天牛幼虫只知道好的木块的味道很好，未经认真刨光的通道壁会刺痛皮肤，这就是它的智慧所能达到的最高境界。相比之下，肯迪拉克所认为的嗅觉良好的天牛简直是科学中的一大奇迹，是被创造者过分赞美的杰作。它能够回忆往事，能够比较、判断，甚至推理，然而，现实中这个半睡眠的大肚子，它懂得回忆吗？懂得比较、推理吗？我用"可以爬行的小肠"来定义天牛幼虫，这个十分贴切的定义为我揭示了答案：天牛幼虫所有的感觉能力就在一节小肠上。

不过，这无用的家伙却拥有非常神奇的预测能力，尽管它对自己现在的情

———————————

①萘（nài）：一种有机化合物，有特殊气味，可以驱虫，多用来制造卫生球、染料、香料等。

况差不多一无所知，却可以清楚地预知未来。关于这一奇怪的观点接下来我将做一番解释。

在三年的时间里，天牛幼虫在橡树干内过着流浪的生活。它爬上爬下，时而到这里，时而到那里。它会为了另一处美味而放弃正在啃噬的木块，可它永远不会远离树干深处，因为这里温度适宜，而且安全。当危险的日子到来，这个隐居者必须离开蔽身之所而迎接外界的挑战。此时的天牛幼虫已经拥有了不错的挖掘工具和强健的体格，并不难钻入另一个环境优良的地方，然而未来的成虫天牛，它短暂的生命必须在外界度过。它有这样的能力吗？诞生于树干内部的长角昆虫知道为自己开辟一条逃生的道路吗？

解决困难，天牛幼虫靠的是直觉。尽管我有清晰的理性，却不如它那样可以预知未来，我只能求助一些实验来说明问题。在实验中我首先发现，成虫天牛不可能利用幼虫挖掘的通道从树干中出来。

幼虫的通道仿佛是一个复杂、漫长而且遍布坚硬障碍物的迷宫，直径从末端向前逐渐缩小。在幼虫刚钻入树干时只有一段麦秆那么大，可现在它已长成手指般粗细了。在树干中三年的挖掘工作，幼虫一直是以自己身体的直径为依据的。

可以肯定，幼虫钻入树干的通道已经不能作为成虫离开树干的出口了。成虫触角挺立，脚很长，加上它那不能折叠的甲壳，会在最初曲折狭窄的通道内碰到无法克服的阻碍，它不得不清理通道里的障碍物，同时将通道的直径大大加宽。对于成虫天牛而言，开辟一条笔直的新出路难度要小一些。可是，它有这个能力吗？让我们来看看吧！

我将一段橡树干劈成两半，然后在其中挖了一些与成虫天牛身体相配的洞穴。在每个洞穴中，我都放入一只刚完成变态的成虫天牛，然后我将两段树干用铁丝连成一段。

转眼到了六月份，我听到树干中传出敲打的声响。天牛们能出得来吗？我觉得它们离开的工作并不那么困难，因为它们只需钻出一个两厘米长的通道就能够逃走了。

然而，没有一只天牛从中逃出来。当树干又恢复宁静后，我将它打开，发现里面的囚徒全都死了。洞穴里只有一小撮还不到一口烟的烟灰量那么多的木屑，这就是它们全部的工作成果。

　　看来，我对成虫天牛的上颚这一强劲工具期望过高了。然而，我们都清楚，有好的工具并不一定就能成为一个好的工人。虽然它们拥有良好的钻孔工具，可这个长期的隐居者因为缺乏技巧死在了我的洞穴中。于是，我又把另一些成虫天牛放入直径与天牛自然通道直径差不多的芦苇管中，用一块天然隔膜作为障碍物，隔膜并不坚硬而且厚度仅有三四毫米。结果，有一些天牛逃出了芦苇管，另一些则没有。那些缺乏勇气的天牛被隔膜堵在芦苇管中，死掉了。如此看来，若是它们必须得钻通橡树干，情况会如何呢？

　　我们深信：成虫天牛虽然拥有强壮的身体，靠自己的力量却不能从树干中逃脱出来，开辟解放之路还得靠像肠子一样的天牛幼虫的智慧。天牛以另一种方式将卵蜂的壮举重现——卵蜂的蛹身上长有钻头，用来为未来那长翅无能的成虫钻出通道。出于一种无法知道的预感的推动，天牛幼虫从它那无法被攻克的城堡走出来，爬向树表。虽然它的天敌啄木鸟正在找寻美味多汁的昆虫，可它仍然冒着生命危险挖掘通道，一直来到橡树的皮层。它只留下一层薄薄的阻隔作为遮掩自己的窗帘，而有时一些幼虫甚至冒失地将窗帘捅破，直接留出一个窗口。

　　天牛成虫就是从这里出去的，它只需用上颚和额角将这层窗帘轻轻捅破就可以逃生。假如窗口是通的，那么它什么都不用做就可以逃走——这样的事情很常见。如此一来，等到天气转暖时，成虫天牛——这个穿着古怪羽饰、笨手笨脚的木匠就可以从黑暗中出来了。

　　在为将来做好离开的准备之后，天牛幼虫又开始为眼前的工作操心了。在将窗户挖好后，它返回长廊中不太深的地方，在出口一侧凿出一间蛹室。在此之前，我还没有见过这么陈设豪华、壁垒森严的房间。这是一个宽敞的扁椭圆形的窝，八十至一百毫米长，椭圆结构的两条中轴长度不同：横向轴约二十至三十毫米长，纵向轴则仅十五毫米长。这个尺寸要长于成虫的长度，适合成虫自由活动。在打破壁垒的时刻到来前，对于成虫天牛，这样的居室不会给它的任何行动带来不便。

　　前面所说的壁垒是天牛幼虫为了防御外界敌害而特制的房间的封顶，有二到三层。天牛幼虫挖掘工作的残存物——木屑构成了最外面一层，里面一层是一个呈凹半月形的白色矿物质封盖。

　　一般情况下，在最内侧还有一层木屑壁垒与前两层相连，但并非绝对如

此。有了如此多层壁垒的保护，天牛幼虫便可以安心地在房间里做变蛹的准备工作了。

天牛幼虫从房间壁上锉下一条一条的木屑，就是木质纤维的呢绒。这些呢绒被天牛幼虫重新贴到四周的墙壁上，铺成一层厚度不到一毫米的墙毯。这就是这个质朴的幼虫为蛹精心准备的杰作。

现在，我们再着重看看布置最特别的部分——那层将入口堵住的矿物质封盖。这是一个白石灰色的凹半月形帽状封盖，是坚硬的含钙物质，里面光滑，外面呈颗粒状凸起，有点儿像橡栗的外壳。这种外表凸起的结构说明，它是天牛幼虫用糊状物一点一点筑成的。由于天牛幼虫无法触碰到封盖外部，没办法修饰，因此这些糊状物凝固成细小的凸起；而内部在幼虫的能力范围之内，被锉得又光滑又平整。

天牛幼虫向我们展示的这个奇特的封盖有什么性质呢？它像钙一样，既坚硬又很容易碎。它不用加热就能够溶于硝酸，同时释放出气体。溶解的过程非常漫长，一小块封盖通常需要数小时才能溶化，溶化之后会剩下一些带黄色的有点儿像有机物的絮状沉淀物质。假如加热，封盖会变黑，这说明其中含有能够凝结矿物的有机物。在溶液中加入草酸氨之后，溶液变得混浊，同时留下白色沉淀，通过这些现象可以知道其中含有碳酸钙。我想从中获得一些尿酸氨的成分，因为这种物质经常会出现在昆虫成蛹的过程中，可我并没有发现这种物质。由此可以断定，封盖仅仅是由碳酸钙和有机凝合剂构成的，这种有机物可能是蛋白质，它能够使钙体变得坚硬。

通道修好后，房间用绒毯装饰了一番，最后是用三重壁垒将房间封起来，到这里，灵巧的天牛幼虫的使命就完成了。于是，它放弃了它的挖掘工具，安心地躺在舒适的蛹室里，头朝着门的方向，进入了蛹期。等蛹变成了成虫，它会用坚硬的前额撞开房间的封顶，顶着长长的触角，激动地从树干里飞了出来。

天牛幼虫经过这样一个过程终于变成了成虫。相对而言，天牛幼虫比它的成虫给人的启发要多：天牛幼虫知道自己有一天要变成成虫飞走，所以它不畏艰辛地挖掘着通道；它知道自己有一天会破蛹而出，所以建造了舒适的房间，并把头朝向门口的方向度过蛹期——它能够准确地预知未来，并始终按照自己对未来的预见而工作。

受保护的 "孩子"

昆虫为了卵而本能地去做的事情，竟然与我们由经验和研究得来的将要建议昆虫做的事情一样，这并非是简单的哲学理解力所能解释的结果。科学的严谨让我感到不安，并非我有意要给科学增添一副可憎的面孔，我相信人们不用讨厌的术语，就能讲出美好的事物。

我怀疑自己是否被假象所蒙蔽。我觉得：侧裸蜣螂和圣甲虫都是野外制作粪球的高手，那是它们的职业。不过，不知道它们是如何学来的，大概是由生理构造强制决定的，尤其是它们那长长的爪子中有几个或多或少地弯曲着。假如它们在为卵工作时，只是单纯地想在地下继续发扬滚球艺术家的专长，那么，这还有什么可令人惊讶的呢？

姑且不谈梨颈和蛋形粪球突出的一端，只谈最重要的食物团——昆虫在洞穴外反复制作的球状食物团：它是圣甲虫在太阳下制作的小球，是侧裸蜣螂在草地上悠闲地搬动的小弹丸。

那么，这个在夏季高温下可以很好地防止干燥的球形有何用途呢？从物理学的角度讲，粪球和它的近邻粪蛋的特点是确定的，然而，这形状与即将克服的困难纯属偶然的联系。圣甲虫和侧裸蜣螂由于都具有在地面滚粪球的生理构造，因此在地下继续捏粪球，从而使幼虫自始至终都可以满意地吃到软软的食物。这对幼虫非常有利，然而，我们不用为此赞美它的母性本能。

要真正说服自己，我需要另一种仪表堂堂的食粪虫的帮助，它的日常生活和滚粪球的艺术完全不同，可在产卵的时候，它的习性大变，将收集的原料堆成球状。我周围有这样的食粪虫吗？当然有。它就是西班牙粪蜣螂，其美丽和肥胖程度仅次于圣甲虫。它的前胸被截成一个非常陡的斜坡，触角长得相当奇

法布尔昆虫记全集

怪：高高地竖在头上，十分引人注目。

它的身子又矮又胖，缩起来圆滚滚的，行动迟缓；爪子一点儿也不长，只要稍有一点儿动静就折在肚子下装死，完全不能与滚粪球工那高跷腿一样的爪子相提并论。单从这短短的不灵活的爪子形状来看，人们就不难猜到这昆虫不喜欢滚动粪球去做累人的长途跋涉。

是的，西班牙粪蜣螂喜欢固定的居所。夜间或黄昏，只要找到食物，它就会在粪堆下挖洞安家。这是一个苹果大小的简陋的小洞，那粪堆就是它的屋顶，紧挨着门槛。粪料被一抱一抱地拖进洞，那体积巨大的食物块没有任何固定形状就被弄进了洞里，这有力地证明了这虫子贪吃。在这个宝藏被消耗完之前，西班牙粪蜣螂是不会出现在地面上的，而是一心享受着大餐的快乐。当宝藏被消耗光后，它才会放弃这个临时的小洞，在晚上重新开始寻找、发现、挖掘一个新的落脚点。可以看得出来，西班牙粪蜣螂目前完全不懂得捏塑面包球的艺术，而且，它那短短的笨笨的爪子怎么看都与这种艺术无缘。

五六月或更晚些，就是产卵的时间，西班牙粪蜣螂的肚子被那些肮脏的粪料胀得鼓鼓的，精神饱满，然而，却被后代的嫁妆给难住了。与圣甲虫和侧裸蜣螂一样，这个时候它也必须把绵羊那软软的产物做成一块完整的面包。这块面包像圣甲虫、侧裸蜣螂的育儿粪球那样富有营养，然后埋到原地，外面一点儿残渣也没留下——为了节俭，就连碎屑也会被收集起来。

我们发现它没有移动，没有运输，甚至什么准备工作都没做，那块面包是在原地被拖进洞里的。为了幼虫，母亲将为自己做的事重复了一遍。至于地洞，很宽敞，挖在二十厘米深的地方。我认为与西班牙粪蜣螂在进行盛宴时住的临时小屋相比，这个洞要宽敞、舒适得多。

还是让这个家伙自由地工作吧。靠偶然机缘获得的资料既不全面，又不连贯，而且资料间的关系也不确定。相比之下，笼中的饲养要好得多，而且西班牙粪蜣螂也十分顺从。首先，我们还是来了解一下食物的储藏吧。

在黄昏微弱的光线下，我在洞门口看见了它，它从下面爬上来打算收集食物。它的寻找并没有费时间，因为我放了许多食物在它家门口。它的胆子很小，只要有一点儿动静就准备逃走。它一点一点地走到食物跟前，先用头盔翻找，然后用前爪拖，一小抱食物被它倒退着很快拖进了洞。刚过两分钟，它又出现了。它始终保持谨慎，在跨出门槛之前，先用展开的触角刺探一下周围的环境。

　　我故意把它与粪堆分开两三寸，对于它来说，要冒险到那儿是个严肃的问题。它一向喜欢食物就在门槛边，这样就不用爬出地面，因为出来会令它不安。然而，我想的是另一码事，为了便于观察，我将所有的食物都挪远了一些。渐渐地，这个胆小鬼不再提心吊胆了，习惯了出来，也习惯了我的出现。当然，我一直保持小心谨慎。于是，它不停地抱着食物往洞里拖，这些食物全都是些没有形状的碎块、碎屑，就像用小镊子夹下来的那样。

　　我让这只昆虫自由工作，它一直干了大半夜。天亮时，地面的食物全消失了，西班牙粪蜣螂也不再出来了。只用了一个晚上，它的宝藏就堆积起来了。我们需要耐心地等一下，给它点儿时间去整理收集的东西。在这个星期结束前，我在笼子里挖掘，将储藏食物的地洞翻开。

　　如同在田野里那样，这是个宽敞的大厅，屋顶凹凸不平，而且很低，不过地板近似平的。在房间的一个角落里，开着一个像瓶口似的圆口子，这是出入的门，与一条倾斜的通向地面的地道相连。这个在新鲜泥土里挖的洞，四壁都认真地压紧了，十分结实，不会因为我的挖掘而坍塌。为了下一代，西班牙粪蜣螂施展了所有的挖掘才能，费尽心思建造了一个坚固耐用的建筑。若说那个临时小屋是为了大吃大喝匆忙挖的小洞，既简陋也不够牢固，那么，这个屋子就是一个宽敞得多，也考究得多的地下室了。

　　我不清楚雌雄蜣螂是否都参加了这项杰出的工程，总之，在即将产卵的洞穴里我总会看见一对蜣螂。这宽敞、豪华的房间大概是举行婚礼的大厅，新郎帮忙建造了宽大的屋顶，大胆地表达爱意，而婚礼就在宽大的屋顶下进行。我还怀疑雄蜣螂是否有帮助配偶收集储藏食物，按照我的想法，它长得这么强壮，假如能帮忙一抱抱地收集食物，并把食物拖到地下室的话，不管怎么说，两个人干这项细致的工作肯定会进展得快一些。等到这个小屋里的食物充足了，它就悄悄地引退，到别的地方安居，让雌蜣螂去干那充满爱心的活儿。到这里，雄蜣螂在这个家的作用也就结束了。

　　那么多的小颗粒状的食物被运到这个小城堡里，接下来我们会看到什么呢？一大堆乱七八糟、零散的颗粒吗？绝对不是。我在那儿发现的全都是一整块巨大的圆面包，整个屋子都被撑满了，周围只留下一条狭窄的过道，勉强够雌蜣螂翻转一下身子。

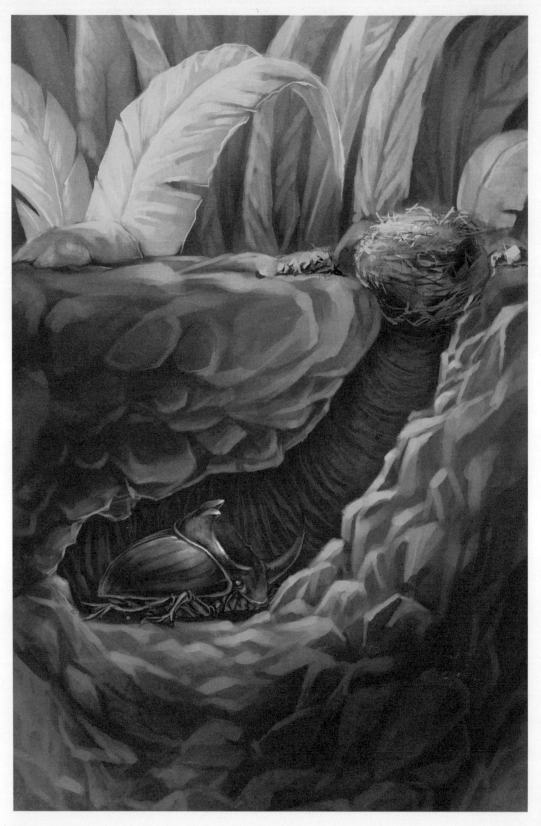

如此大的一块，是真正的大面包，不过，它的形状并不固定。我看见过鸡蛋形的，形状和体积就像一个火鸡蛋；我也看见过扁扁的椭圆形，像普通的洋葱头；我见过有点儿像球样的形状，会让人想到荷兰奶酪；我还见过向上的一端圆圆的，有点儿鼓起，就像一个普罗旺斯乡下的面包。无论哪种形状的，表面都十分光滑，曲线相当均匀。这下，人们至少很清楚了：雌蜣螂是把一点点运进来的许多食物碎屑聚集起来，揉搓成独立的一块；它通过搅拌、混合、压紧，将所有的颗粒制作成一块均匀的食物。有好几次，女面包师站在那个巨大的面包上时都被我撞到了。与这个大面包相比，圣甲虫的粪球就显得毫不起眼了。在这个有时会有一分米宽的凸面上，它悠闲地散着步，通过轻轻拍打使实心块变得结实、均匀。这种奇特的场面，我只能看到一点儿——这个女面包师一旦发现我的存在，就会顺着斜坡滑进去，躲到面包下面。

如果想进一步观察这项工作，对内部细节进行研究，得用点儿手段。这几乎没什么困难。大概是我长久以来经常与圣甲虫打交道，让我拥有了更灵巧的研究方法；也可能是西班牙粪蜣螂不够谨慎，对于囚禁生活的不便很能忍耐。总之，我可以很轻松地、随心所欲地观察挖洞的整个过程。我一共使用了两种方法，每一种都向我展现了它们不同的侧面。

在饲养笼里，雌蜣螂制作了大块的面包，我把雌蜣螂与这面包一起从地下搬出来，放进我屋里。我准备了两种容器，有光或没光，由我决定。假如需要光线，我就用大口玻璃瓶，直径几乎与它们挖的地洞一样大，大概十厘米左右。每个瓶底都铺着薄薄的一层新鲜沙子，薄得西班牙粪蜣螂无法钻进去，不过能够避免它与光滑的玻璃接触，会使它产生错觉，误以为那儿与它刚离开的土地一样。我将雌蜣螂与它的大面包一起放到了这层沙子上。

不用说，即使是在十分柔和的光线下，西班牙粪蜣螂也会感到害怕，什么都不干。它需要绝对的黑暗，于是，我把瓶子用一个纸套罩住，就达到了要求。我在自认为合适的时候，只要小心地将套子掀开一点儿，就能借着屋里微弱的光线，出其不意地偷看忙碌中的囚犯，有时观察时间甚至可以长一些。这个方法与当初我观察圣甲虫捏塑粪梨用的方法相比要简单多了。这样的简化很适合性格相对温厚的西班牙粪蜣螂，而若是换了圣甲虫，这种简化就会失败。就这样，我在实验室的大桌子上摆放着十来个这种能够忽明忽暗的装置，谁要看到了，说不定会以为一系列殖民地风格的食品拼盘被盖在灰纸袋下面呢！

假如用的是不透光的容器，我就用新鲜沙子将花盆装满，夯紧，将花盆下面部分布置成小窝，屋顶由纸板代替，纸板上放着沙子。下面的部分被雌蜣螂和它的面包占据着，或者干脆把雌蜣螂和食物放在沙子表面，它肯定会像平常那样自己挖个洞，将食物藏进去，做成小窝。无论是哪种情况，都需要一块玻璃当盖子，将这些囚犯挡住。我要通过这些不透光的装置将一个复杂的问题搞清楚，这我以后会阐明。

那么，我们会通过这些用不透光的套子罩起来的玻璃瓶知道些什么呢？很多事情，十分有趣。虽然形状不一，可这个大圆面包的曲线绝非由滚动得来的。只要认真观察天然洞穴，就能够确信，如此大的实心块是不可能在屋子里滚动起来的，因为它差不多占据了屋里全部的空间。更何况，西班牙粪蜣螂也没有那么大的力气去滚动如此大的包袱。

通过不时地观察玻璃瓶，里面的家伙向我重复着同样的结论。只见雌蜣螂趴在食物块上，摸摸这儿，摸摸那儿，通过轻轻拍打抹平凸出的地方，使其变得更完美，我一点儿也没看出它有把那一大块东西翻转过来的想法。这就很明确了，滚动绝非圆面包形成的原因。

这个面包师的勤奋与耐心，让我怀疑自己忽略了一个制作细节：为什么要不断地对这块食物修修补补，在利用它之前为什么要等待如此长的时间？事实上，西班牙粪蜣螂不停地对面包进行压实、打磨，使其变得光滑，在决定利用之前，这项工作整整进行了一个多星期。

当面包师搅拌好面团后，就把面团聚集成一堆，放到和面槽的一个角落里。在体积大的食物内部，面包发酵的温度能控制得更好，西班牙粪蜣螂似乎很清楚这个做面包的秘诀。它将收集的食物聚集起来堆成一团，认真地揉成一个临时的圆面包，并留一些时间使面包内部发酵，让这个面团味道更好，也让这个面团拥有有利于以后加工的硬度。在化学变化完成之前，面包师会一直等待。对于西班牙粪蜣螂来说，内部发酵的时间有些长，至少要一个星期。

发酵之后，面包铺的小伙计通常会把一大块面团细分成数个小面团，再把每个小面团都做成面包。西班牙粪蜣螂也是一样。它用头盔上的大刀和前爪上的锯齿在那一大块面团上先切一个圆形槽口，然后锯下一块，这一块已有比较规则的形状了。这切菜刀的动作一点儿都没有犹豫，也没有进行一点儿修修补补，一下子利落地切开，就得到了一个符合要求的面团。

接下来就是对这个小面团进行加工了。只见它用短短的爪子努力将这个面团抱住，它的短爪子看起来不太适应这种工作，只能通过压的方式将面团弄圆。它仔细地在这个还没定型的面团上爬上爬下，上下左右地转动。它有规律地压着，这儿使劲儿压点儿，那儿轻压点儿，它有条不紊地一点点地修饰着，这就是二十四小时之后，那原本不规则的面团变成李子大小的完美球状的原因了。在这个狭窄的无法走动的工地的一角，这个矮胖的艺术家在完全没把面团推离基地的情况下，完成了它的作品。它花了如此多的时间，在持之以恒的努力下，一个标准的几何球体终于诞生了。按理说，加工这球体原本是用它那笨拙的工具在狭窄的活动空间里无法完成的。

完善工作还要进行很长时间，它一点点将这个球磨平，用爪子轻轻地抹来抹去，直到最小的凸起也被抹平了。看起来这精细的雕琢好像总也不会结束似的。可是，到第二天傍晚，这个球就被它认可了。雌蜣螂爬上建筑物的顶端，使劲儿压出一个不深的坑，像火山口一样，卵就产在这个坑里。

接着，它用相当粗糙的工具，十分小心谨慎并相当细致地将火山口的边缘拉拢，在卵上方制造一个拱顶。雌蜣螂小心地转动着，一点点地把材料耙拢，并往高处拉，将口子封上。这工作是所有程序中最棘手的，若没掌握好压力，或没算准，就可能对薄薄屋顶下的胚胎造成危险。工作经常停下来，雌蜣螂低着前额，一动不动，似乎在聆听下面的洞穴里发生了什么事。

看上去一切都好，于是，这个耐心的工人又继续工作了，从一侧一点点耙到屋顶，屋顶渐渐地变尖、变长，开始的球形被上端小小的鸡蛋形代替了，卵的孵化室位于微微凸起的一端。这细致的工作需要二十四小时，而从加工粪球、在粪球上挖坑、将卵产在坑里，到把圆粪球变成鸡蛋形粪球，整个过程时针一共走了四圈，有时甚至比这更久。

雌蜣螂返回已被切了一块的大圆面包旁，又切了一块，然后重复同样的操作，在粪球里产了一枚卵，再将这一小块变成鸡蛋形粪球。剩下的面包可以做第三个，大部分时候往往能做第四个。假如雌蜣螂只是利用这个堆积在洞穴里的粪料产卵，我从未见过蛋形粪球的数量超过四个。

产卵结束了。现在，母亲在它的洞穴里待着，这个洞穴几乎被三四个摇篮撑满了，它们挨在一起竖立着，尖的一端朝上。雌蜣螂接下来会做什么呢？可能是离开，好长时间没吃东西了，应该去恢复些体力了。然而，事实并非如

此——它继续待在那儿。自从它在地下开始工作，直到现在它一点儿东西都没吃，连碰也没碰一下那个大圆面包，因为那是要平分给后代的食物。说到这个给后代的财产，西班牙粪蜣螂的认真劲头绝对令人感动：为了让后代吃饱肚子，这个具有奉献精神的母亲不惜让自己挨饿。

当然，它挨饿还有第二个目的：守护在摇篮边。从六月末开始，就很难找到地洞，因为暴雨、飓风，以及行人的脚踩来踩去，洞全都不见了。而在我有幸看到的几个洞穴里，总能看到母亲在场，在一堆粪球边上昏昏欲睡；每个粪球里，都有一条即将发育完全的胖胖的幼虫正在享用大餐。

我的那些不透光的装置，即装满了新鲜沙子的花盆，为我从田野里了解到的情况提供了证明。五月上旬，我将雌蜣螂和食物一起埋进沙子，自此它们再也没有出现在沙面上。产卵之后，雌蜣螂就开始了与世隔绝的生活，整个沉闷的夏天都和那些粪球一起度过。可以肯定，雌蜣螂是在守护着粪球，正如揭穿了地下秘密的玻璃瓶呈现给我们的那样。

雌蜣螂再次爬到外面来时，已经下过了几场秋雨，此时新的一代已经发育完全了。就这样，母亲在地下就兴奋地看到了它的后代，而这在昆虫中是罕见的特权。母亲听着子女们刮着茧子的声音，看着它们将那个自己精心加工过的保险箱打破，假如晚上的凉爽不足以软化那些囚室，说不定母亲会去帮那些筋疲力尽的孩子呢。母亲同它的子女一块从地下离开，一起庆祝秋天的节日——那时，太阳是温暖的，路上随处可见绵羊赐予的美食。

通过花盆里的饲养我还知道了另一件事。最初，我把从地下搬出来的成对的西班牙粪蜣螂分别放在几个花盆的沙面上，给它们提供了足够的食物。结果每一对都钻到地下去了，在那里安了家，积累财富。过了十多天，雄蜣螂重新出现在沙面上，而另一只却一点儿动静也没有。产卵结束了，营养球也捏好了，并一点点变圆，在盆底堆积起来了。为了不妨碍母亲的工作，父亲便搬出了母亲的闺房。它爬到外面，准备另找居所，可它在这个围起来的花盆里并没有找到落脚点，于是，就待在沙面上，在薄薄的沙子下或食物碎屑下勉强躲起来。虽然它喜欢在很深的地下生活，喜欢阴暗，却坚持在露天里、在干旱中、在光亮中整整待上三个月。它拒绝回到下面去，不想打扰下面正在进行的神圣事业。雄蜣螂如此尊敬母亲的工作，真得对它表示赞扬！

再继续看那些玻璃瓶，它们将被泥土遮住了的事实呈现在我们眼前。三四个带着卵的粪球，一个挨着一个，几乎占据了整个大厅，只留下窄窄的过道。最初的圆面包差不多什么都没剩，只留下点儿碎屑，而母亲只在有食欲的时候才会吃上几口。然而，对母亲来说，食欲并不是最重要的，它最关心的还是它的蛋形粪球。

母亲不停地从一个粪球走到另一个粪球，摸一摸，听一听，修补那些我的眼睛完全挑不出瑕疵的地方。别看它那长着角质的爪子那么粗糙，可在黑暗中要比我的视网膜在白天都要敏锐得多，可以发现新出现的裂缝和混在其中的不足，一定要把这些消灭，否则空气进入就会使食物变干燥。这个细心的母亲在它堆积的粪球之间走来走去，关注着它的孩子们，即使是一点点意外，它都要处理好。若是我打扰了它，它会用鞘翅边摩擦腹部的末端，发出轻微的响声，仿佛呻吟一般。母亲在粪球旁，或是细心地看护，或是昏昏欲睡，就在这样的交替中度过了三个月，即后代发育需要的时间。

如此长的看护期，其中的原因我想我知道。那滚粪球的圣甲虫和侧裸蜣螂，它们的地洞里只有一个小梨或粪蛋。有些时候，那些粪块是从很远的地方搬运来的，因此粪块的大小肯定要受到它们力气的限制。对于一只幼虫来说，这些食物足够了，而要是两只就差多了。只有宽颈金龟例外，尽管它给后代吃的东西不多，可它懂得将滚动来的粪球分成很小的两份。

另外两种金龟子必须专门为每个卵单独挖一个洞。当新家里的一切都安排得当（这些并不会浪费很长时间），它们就会将这个家弃之不顾，到别处去生活了。要是能碰到好的机缘，它们就重新开始滚粪球，挖洞，产卵，如此反复。流浪是它们的天性，它们不可能长时间地守护。

流浪的天性也让圣甲虫深受其苦。它的粪梨最初十分规则，然而，很快就出现了裂缝，布满了即将脱落的鳞片，并鼓胀了起来。各种各样的隐花植物一起来侵犯这只粪梨，破坏它。粪球开始膨胀，变形，并裂开。面对这种灾难，我们已经知道圣甲虫幼虫是如何应对的了。

西班牙粪蜣螂的习性则大不相同。它不会远距离地滚动要储备的食物，而是一点一点地就近储藏，并且把足够所有幼虫吃的食物堆积在一个洞里。之后，母亲就不需要再出门了，始终待在家里守护着。在母亲长期谨慎的保护下，蛋形粪球一点儿裂缝也不会出现，因为裂缝刚一出现，立刻就会被堵上；粪球上也不会有寄生植物生长，因为一块地若是始终有犁耙在整理，那么，无论是什么寄生杂

草都无法生长。十多个粪球都证明了母亲警觉的有效性：所有粪球都没有裂缝，也没有一个被微小的真菌侵入，再也没有比这更完美的外壳表面了。然而，要是我把这些粪球从它们的母亲身边拿走，放到瓶子或白铁盒里，它们的命运就会如同圣甲虫的小梨——没有母亲的守护，各种伤害就会降临。

这一点我们可以通过两个例子来证明。我拿走了一个雌蜣螂三个粪球中的两个，放进白铁盒里，想办法不让它们变干燥。还不到一个星期，一株隐花植物就把它们覆盖了。在这块肥沃的土地上，隐花植物差不多到处蔓延，那些低等真菌也参与其中，似乎十分惬意。如今，这两个粪球变成了胚芽①，像纺锤那么鼓，还长满了短短的绒毛，上面挂着露水，最后变成了又小又圆的人头状，像炭那么黑。

我来不及查资料，也没拿到显微镜下观察，因此无法确定出现的这些微小的植物究竟是什么，它们第一次吸引了我的目光。然而，不知道这点儿植物学知识也没关系，最重要的是知道原来暗绿的蛋形粪球消失了，此时的粪球上紧贴着一层结晶状的白草皮，其中夹杂着一些黑点。

我把这两个粪球重新放回仍然守着另一个粪球的雌蜣螂身边，然后将不透光的罩子盖好，让它们安静地待在黑暗里。过了一个小时，也许还不到一个小时，我再去看它：寄生植物全都不见了，甚至最后一条细枝也被连根拔除了。刚刚还如此密实的植被，此时即使用放大镜来看，估计也无法找到一点儿影子了。粪球上凡是被雌蜣螂那把一样的爪子光顾过的地方全都恢复了良好卫生环境所必需的那种干净程度。

下面再做一个更重要的实验。我将粪球朝上的一端用小刀捅开，使幼虫露出来。这个人工缺口与自然条件下出现的差不多，只是更大一些。然后我将这个被破坏的摇篮还给雌蜣螂，若是它不干预，摇篮里的宝宝肯定会死掉。然而，四周刚一黑下来，它立刻就行动起来。它把刀子弄下来的碎屑拢成一堆，再黏合起来，缺少的材料就由粪球侧边刮下的碎屑填补。不多一会儿，那个缺口就补好了，完全看不出捅过的痕迹。

我又如此做一次，而且加大了危机。四个粪球都被我用小刀捅破了，甚至

---

①胚芽：植物胚的组成部分。它从种皮突破后会发育成叶和茎。

连孵化室也被钻破了，裂开的屋顶下，卵住在一个破裂的避难所里。面对这样的灾难，西班牙粪蜣螂母亲的行为不能不令人惊叹——一切很快又都恢复了正常。啊，我相信，有这样一个就连睡觉都睁着一只眼的看护人，那经常让圣甲虫的粪梨变形的裂缝、隆起，根本没有机会出现！

　　四个粪球，是西班牙粪蜣螂结婚时将圆面包分出来的粪球总数，这是否意味着产卵的数量就受到这个数的限制呢？我想应该如此，我甚至认为大部分情况下还要少一些，三个，两个，或者只有一个。我将那些食客分别安顿在装满沙子的花盆里，它们只要将必需的食物储藏好就开始筑穴，之后再也没有出现在外面。它们也不会走出洞口收集被我换过的食物，只会全心全意地守护着容器底的粪球，因此粪球的个数不可能增加，总是受到限制。

　　假如地方足够宽敞，可能产卵的限制就小一些。三四个粪球就几乎占据了地洞的所有空间，再没有地方给别的粪球了，而雌蜣螂出于喜好和义务，只能在家中待着，根本没有时间去另外挖一个住所。是的，若是房子更宽些，就能减少一些空间障碍。不过，屋顶跨度太宽，就会有坍塌的危险。那么，假如由我动手，为它建造一个坚固的大房子，那幼虫的数量是否会有所增加呢？

　　是的，几乎增加了一倍！我的人造房屋十分简单。我从雌蜣螂身边拿走了刚刚完工的三四个粪球，最初的大面包此时已经一点儿都没剩了。我用裁纸刀的刀尖人工揉搓了另一个大面包来代替原来的那个。我这个新手面包师基本将雌蜣螂一开始干的那些活儿都重复了一遍。读者们，千万别笑话我的面包店，那里洋溢着纯净的科学气息。

　　雌蜣螂非常喜欢我的圆面包，它重新开始工作，然后产卵，以三个完美的蛋形粪球回报我。我通过多次实验得到的最多的粪球是七个，而大圆面包还剩下一大块。剩下的面包雌蜣螂不会再用来为后代做窝，而是当作自己的食物——看起来，它的卵巢已经空了。

　　现在可以确定：在地洞足够宽敞的条件下，雌蜣螂用我做的圆面包几乎多产了一倍的卵——在自然条件下，类似的情况不可能发生，因为谁也不会好心地用小刀把粪料刮成面包放到雌蜣螂的洞里。总之，一切都证明这只深居简出的昆虫的生殖力十分有限，它有三个后代，顶多四个。我还发现过只有一个蛋形粪球的西班牙粪蜣螂呢，那时尽管还是伏天，可产卵早就结束了，它正用心守护着它唯一的孩子。大概它的食物已经不够再多养育一个后代了，因此它不得

不把做母亲的快乐降到最低。

雌蜣螂很轻易就接受了我用裁纸刀做的那些面包。那么，我们就据此再来做几个实验。这次不把圆面包做那么大了，太浪费粪料。我模仿那几个已经有了卵在内的粪球的形状和大小，揉了一个蛋形粪球。我的模仿相当成功，假如事先把人工的和天然的混在一起，我自己也无法分辨出来。我把这个没有卵的粪球放进瓶子，与其他有卵的粪球挨在一起。受到惊扰的雌蜣螂立刻缩到洞里的一个小角落，在薄沙子下藏起来。我暂时让它安静了两天。

接着，我惊奇地看到：雌蜣螂趴到我做的那个粪球上，把球的尖顶挖下来一块，下午的时候，它在里面产好卵，又封上了那个缺口。我做的粪球和雌蜣螂自个儿的产品，我只能从位置上区别开来。我将我的粪球移到那一堆粪球的最右边，当我第二次去看的时候，它依然在最右边，而雌蜣螂正在对它进行加工。雌蜣螂如何能认得出这个和别的粪球完全一样的粪球里面没有幼虫呢？它又为什么敢毫不犹豫地在那个小尖顶上挖洞呢？从表面看来，说不定这个尖顶下有枚卵呢！按道理，已经完工的卵球是不允许再挖开的呀。究竟是什么迹象告诉它可以在这个仿真的人工制品上挖洞呢？

我又试了一次，结果还是一样：雌蜣螂没有混淆我的作品和它自己的，而且还充分利用了我做的粪球，在里面产了卵。只有一次例外，大概是饿了，我看见它在吃我做的粪球。这种情况同样证明，它能清楚地辨别是否有卵在粪球里。是什么奇迹让它饿的时候没有去咬那些其中有卵的粪球，而是进攻那些表面一样、里面什么都没有的粪球呢？

莫非是我的粪球做得不够好？粪球压得不够紧，表面不够硬？还是粪料出了问题，发酵不完全？这些做面包的问题复杂得超出了我的能力范围，还是求助于做面包的大师吧！我把圣甲虫开始在笼子里滚动的粪球借来了，我挑了一个稍小一点儿的，几乎和西班牙粪蜣螂的一样大。是的，这个粪球是圆的，然而，西班牙粪蜣螂的粪球多数也是圆的，甚至产了卵以后都是圆的。

这回是圣甲虫的面包，质量没得可挑，这可是面包大师揉的面包。然而，其遭遇和我做的面包一样：有时，雌蜣螂会在里面产一枚卵，有时则会吃掉它，而这种意外从未在雌蜣螂自己揉的面包上发生过。

雌蜣螂可以在这种混淆中把情况弄清楚，将那没有生命的粪球切开，而决不会碰已经产了卵的粪球。辨别能与不能，这种现象在我看来，假如它只有与我们的感官差不多的器官指引，是无法解释得通的。单凭视觉它是无法觉察这一切的，因为它的工作是在完全黑暗的条件下展开的。事实上，哪怕它是在大白天想分辨它们，难度也同样存在——当两者混在一起时，它们的形状和外表完全相同，即使是我们最敏锐的眼睛也会弄混。

嗅觉也无法作为理由，因为两种粪球的材料是一样的，都是绵羊的粪便。也不会是触觉在起作用，套着那么厚的一层角质层，触摸的能力不会太好使，除非分外敏感才行。更何况，即便承认它的爪子，尤其是跗节以及唇须、触角，或者你能想到的任何地方具有某种天分，可以区别软和硬、粗糙和光滑、圆和不圆，然而，圣甲虫的粪球已经告诉我们这种理由是难以成立的。不管是揉捏的材料和程度，还是粪球表面的硬度和形状，圣甲虫的粪球都与西班牙粪蜣螂的没有差别，然而，西班牙粪蜣螂却没有搞错。

这个问题里根本不会与味觉有任何关系，所以，剩下的就只有听觉了。假如时间再靠后一点儿，我还不敢否定这个理由。因为再晚一点儿，幼虫就会孵出来了，这个细心谨慎的母亲完全可以听出幼虫在里面刮墙壁的声音。可是眼下，窝里只有一枚卵，而且卵很安静。那么，雌蜣螂还有什么本领呢？我不会说它的本领可以挫败我的阴谋诡计，这个问题提得有点儿高深，因为昆虫是不会为了躲避实验者的手段而特意具有什么专门才能的。我想，雌蜣螂还有什么本事能避开它正常劳动中所遇到的困难呢？我们别忘了，它最初捏出的是个球形。这个圆圆的球，无论在形状方面，还是大小方面，都与后来有了卵的粪球完全一样。

没有任何地方是安全的，哪怕是在地下。假如母亲因为受到过分惊吓，混乱之中从粪球上摔了下来，逃到其他地方去避难，那它过后如何找到它的粪球呢？假如要在这个粪球顶向下割开一个小口，它将如何把这个粪球和其他的区分开来，并且避开将一枚卵压死的风险呢？这时，它得有一种准确的指示。会是什么呢？我不清楚。

我曾说过很多次，现在我再重复一次：昆虫的感官相当灵敏，这与它们从事的行业相当吻合。这种感官能力我们甚至无法猜到，因为我们身上与它没有任何相同点。就如天生失明的小孩对颜色是不会有概念的。我们在面对这出现在我们身边的深不可测的未知时，就如同天生失明的小孩，会有无数个问题出现，却无法找到答案。

酷爱徒步的飞蝗泥蜂

朗格多克飞蝗泥蜂在造窝时，并非成群结队地聚集到同一个地点，而是孤孤零零、稀稀拉拉地在漫长迁徙的过程中，顺其自然地来到某个地方安家的。它的同行黄足飞蝗泥蜂喜欢与同伴为伍，喜欢热闹的劳动工地，而它则更钟情于孤独，喜欢离群索居的安静生活。

与黄足飞蝗泥蜂相比，朗格多克飞蝗泥蜂的步态更加庄重，同时也更加审慎，它的身材更为健壮，而衣着也更暗淡，它始终独自生活而不去理会别人在干什么；它瞧不起同伴，是飞蝗泥蜂族中真正的愤世嫉俗者。黄足飞蝗泥蜂喜欢群居，朗格多克飞蝗泥蜂则不然，仅从这点就足以区别它们了。

这同时也意味着，要观察朗格多克飞蝗泥蜂会更困难。对于这种飞蝗泥蜂，不能展开经过长时间思考的实验，一旦最初的尝试失败，不可能企图对第二只、第三只，一刻不停地在同样的情景下进行实验。假如你事先准备了观察器材，假如你储备了一个猎物，企图用它来代替朗格多克飞蝗泥蜂的猎物，那么恐怕，甚至差不多可以肯定，那捕猎者不会出现。而当它好不容易出现在你的面前时，你的器材已经不能使用了。一切都得在关键时刻临时准备出来，而我并非完全具备所要求的条件。

我们应当承认，地点不错，我已经好几次在这些地方看到朗格多克飞蝗泥蜂在阳光普照着的葡萄叶上休息了。它平躺着，享受着阳光与温暖的乐趣。它不时地发出"嘶"的一声，仿佛喜不自禁似的。它懒洋洋地扭动着身子，用腿尖飞快地拍打它坐着的叶子，发出击鼓般的声音，好像一阵狂风骤雨猛击着树叶，在几步路外都能听见这种欢快的击鼓声。接着，它就会一动不动，但很快又是一阵跗节的乱摆和神经质的动弹，以表达它的快乐心情。

对于这些热爱阳光者，我十分了解。为幼虫挖的穴刚刚挖了一半，它们突然将工作扔下，到附近的葡萄架上进行一场日光浴，然后再心不甘情不愿地回到穴里，匆匆忙忙地最后一扫，就算完工了。对于它们来说，这一切都因为葡萄叶上的快乐是无法抵挡的诱惑。

这个惬意的休息地可能还是一个观察站。朗格多克飞蝗泥蜂在那儿认真察看四周，企图发现和选择它的猎物。事实上，它最爱的野味是吃葡萄的距螽。这些距螽分散在葡萄藤或荆棘丛上，朗格多克飞蝗泥蜂专门挑满肚子都是卵的雌距螽吃，对于它来说，这猎物真是肥美极了。

我不想把时间浪费在之前的奔波、研究和无聊的等待上，还是直接向读者介绍朗格多克飞蝗泥蜂是如何出现在观察者面前的吧。看！朗格多克飞蝗泥蜂出现在凹陷的道路上，两旁是高耸的陡坡。它徒步走来，同时扇动着翅膀，拖着沉重的猎物。距螽的触角又细又长，像线一般，对于狩猎者来说，这正好可以做套车的绳，拖着猎物走。

如果地面过于坎坷，不适宜这样的运输方式，朗格多克飞蝗泥蜂就会将这庞大的猎物抱起，飞上短短的一段路程。在这个过程中，只要有可能它就会用脚前进。

我从未见过像这样善于长途飞行的昆虫能双腿抱着猎物坚持飞很长的距离。像泥蜂和节腹泥蜂这样的昆虫，前者抱着双翅目昆虫，后者抱着象虫，在空中可能会飞一公里那么远。

与庞大的距螽相比，泥蜂和节腹泥蜂的战利品要轻得多。因此，在整个路程中，猎物过重这个事实让朗格多克飞蝗泥蜂不得不使用十分缓慢而且极其艰难的徒步运输的方式。

同样，猎物大而重，使得膜翅目掘地虫一般先挖洞后寻找粮食的工作程序也被打乱了。猎手的力气足够搬动猎物，而且善于飞行运输，因此可以随心所欲地选择住所。猎手完全可以到很远的地方捕猎，抓到猎物后再马上飞回家。

对于它来说，远与近都无所谓，它完全可以把前人生活过的地方当作自己的居所。它的居所有深深的通道，那是前面几代人辛勤工作的成果。它稍微修缮一下那些通道作为通往新卧室的大道，这些卧室的安全性要比独自一人每年从地面新挖掘的要坚固许多。节腹泥蜂和吃蜜蜂的大头泥蜂就是如此。

　　假如父辈的老屋不够牢固，不能年复一年地抵御风雨侵袭并留给后代居住，膜翅目掘地虫就不得不每年亲自重新挖掘自己的洞，因为它们认为自己挖的洞至少比先人已经住过的住所更安全一些。它开挖通道作为通往蜂房群的走廊，从而减少整个孵卵所要花费的劳动量。

　　在那儿，昆虫看到自己的同类、邻居，个人的劳动热情就会变得高涨起来。是的，我们注意到，生活在集体小部落中的朗格多克飞蝗泥蜂和孤军奋战的朗格多克飞蝗泥蜂，它们的劳动热情是完全不同的：整群的昆虫干得热火朝天，而单个的朗格多克飞蝗泥蜂则显得懒洋洋的。昆虫就跟人一样，热情是会相互感染的，好的榜样可以起到激励的效果。

　　人类不也是这样吗？生活在几乎无法通行的山路边，人们就会孤零零地建造他的茅屋；假如有便于行走的大路，人们就会聚居起来，形成人口众多的城市；假如有了铁路，缩短了彼此的距离，人们就聚集在名为伦敦和巴黎这样庞大的蜂窝里。

　　朗格多克飞蝗泥蜂的猎物是沉重的距螽，仅一只距螽就相当于其他猎手飞行好多次所堆积的食物的总和。节腹泥蜂和别的飞行快的猎手要分次完成的工作，朗格多克飞蝗泥蜂只需要运一次就可以了。沉重的猎物让它无法长途飞行，它只能辛辛苦苦地徒步一点点地将猎物运回家。

　　仅此一点就注定了它住所的地点要取决于食物的捕获地。先有猎物，后有住房。如此一来，就不可能有一个共同选定的聚会的地方了，也不会有同类居民彼此为邻了，当然，也没有各个部落在工作的过程中争着以突出的表现互相激励的情况了。朗格多克飞蝗泥蜂孤身在随机选择的地方独处，尽管一直兢兢业业，却始终没精打采地独自工作着。

　　朗格多克飞蝗泥蜂先是找到猎物，发动进攻，将它麻醉，然后才为挖穴的事操心。选择一处离被打倒的猎物尽可能近的地方，以最快的速度挖好未来幼虫的卧室，以便安置卵和食物。这就是我所观察到的情况。下面，我将简单介绍一下。

　　我所看到的正在挖穴的朗格多克飞蝗泥蜂始终是单独一只，不是待在老旧的墙下一个被石头砸出的充满灰沙的洞窝里，就是待在一片由伸出的砂岩形成的隐蔽所里——可怕的单眼蜥蜴正需要这样的隐蔽所通向它的洞穴。

　　这儿阳光充沛，仿佛一个烘箱。土地是由拱顶逐渐掉下来的灰尘形成的，因此非常容易挖掘。朗格多克飞蝗泥蜂将它的大颚作为挖掘的铲子，跗节作为扫土的耙子，很快就挖好了房间。接着，它飞了起来，不过飞得很慢，没有猛地张开有力的翅膀，这意味着它不打算做长途的远征。

我们完全能够用眼睛追踪它，它大多数时候会落到离洞穴大约十来米远的地方。有时，它也会做徒步远足。它匆忙从洞穴离开，朝一个地点走去，尽管我冒冒失失地跟着，却没有对它产生任何干扰。

朗格多克飞蝗泥蜂或步行或飞行来到目的地，它寻找了一会儿——这一点我们能够从它那犹豫不决的步态、四处张望的神态中看出来。它终于找到了，或者也可以说，重新找到了。它重新找到的东西是一只已经半麻醉的距螽，其跗节、触角、产卵管还在动着。

这只猎物肯定是不久前曾被朗格多克飞蝗泥蜂刺过几下的，在动了手术之后，它就把猎物安置了起来，因为带着这个累赘到处寻找住所太不方便了。它很可能干脆把猎物留在了捕猎现场，安置在某片显眼的草丛里，以便挖好洞后回来寻找。

它对自己的记忆力很自信，认为很快就能找到放置战利品的地方。接着，它就开始在四周探索，想要找到一处合适的地方来挖穴。挖好住所后，它就回头去找猎物，没费什么事就找到了。现在，它准备将猎物运到住所去，只见它跨在猎物身上，抓住猎物的一条触角或者同时抓住两条，然后借着大颚和腰部的力量，拖着猎物上路了。

有时，这段路它会一口气跑完；而更多的时候，搬运工会突然把它的重物扔在半路，快速跑回家。可能是它想起大门的入口宽度不够，这个庞然大物无法进入；也可能是它想到有些小地方还有缺陷会影响储存。果然，这位搬运工开始对它的建筑物修修补补：将洞口扩大，使门口道路变得平整，并加固拱顶，这些只需要用跗节拍打几下就行了。然后它再去找距螽，那距螽正仰面朝天地躺在几步路远的地方。

搬运又开始了。途中，朗格多克飞蝗泥蜂灵敏的脑筋好像又想起一件事：刚刚查看了大门，却没有看室内，不知道里面是否一切正常呢？于是，它把距螽扔在半路，飞速朝家里跑去。检查完室内的情况，顺便还会用跗节这把抹刀将四壁抹几下，做最后的修葺。当然，它并没有在这些细节上耽误太长时间就回到猎物那儿，将猎物的触角抓起，继续前进。这一次它会走完全部路程吗？

我不敢保证。

我曾见过两只朗格多克飞蝗泥蜂可能比这只更加多疑，或对于建筑上的小事记性太差，为了消除疑惑，曾有五六次将战利品扔在半路上，自己跑回洞里去，不时做一些小修改，或者只是到屋里检查一番。当然啦，也有一些朗格多克飞蝗泥蜂会直接回到洞穴里去，路上一会儿都不歇。

在这里，我还要说一句，当朗格多克飞蝗泥蜂返回住所进行修葺时，它会经常从远处瞥一眼扔在路上的距螽，看看是否有别人碰它。这种谨慎的态度令人想起圣甲虫的谨慎劲儿——它走出正在挖掘的大厅，摆弄摆弄它那亲爱的粪球，推一推，让粪球离自己近一点儿。

根据上面叙述的事实推导出来的结论很明显：任何一只进行挖掘的朗格多克飞蝗泥蜂，无论是在开始挖掘，还是在用跗节简单地扫一下尘土整理好住所后，它总要一会儿步行，一会儿飞行。而且，它还要时不时地从住所跑回来，看看猎物是否仍安然无恙。由此我们可以肯定地得出结论：朗格多克飞蝗泥蜂首先干的是猎手的活儿，然后才开始干挖掘工的活儿，住所则依据捕猎的地点来进行选择。

原先我们看到的大多数都是先有食品柜橱后有食物，而现在却是准备食物在建造食品柜橱之前。我认为这种颠倒的做法是因为朗格多克飞蝗泥蜂的猎物很沉重，无法依靠飞行把它运到远处的缘故，而并非朗格多克飞蝗泥蜂的身体结构不适于飞行——事实上，它非常善于飞行。

不过，如果它只由翅膀来支撑，那么它所捕捉的猎物会把它压得没办法飞行。它必须用土地作为支撑，必须像搬运工那样工作，其坚强的毅力实在令人钦佩。

假如它抱着猎物，尽管飞行可以使它节省很多时间，而且不会那么累，但它大部分时间仍会步行，或者仅飞很短的路程。下面，我将举一个最近观察到的朗格多克飞蝗泥蜂的例子。

一只朗格多克飞蝗泥蜂突然不知道从哪儿钻了出来，它拖着大概刚刚在附近抓住的距螽徒步行走着。在这种情况下，它最需要的是挖一个穴。地点非常不错，它选择了一条人来人往的道路，土地像石头那样硬。朗格多克飞蝗泥蜂没有时间进行艰苦的挖掘，因为猎物已经抓到，必须在最短的时间内储存起来，所以它需要一块好挖的地，能够在短时间内建好幼虫的房间。

我提到过，它偏爱岩石下的某个小隐蔽所内长期堆积着尘土的土地。然而，现在我眼前的朗格多克飞蝗泥蜂在一间乡村房屋脚下停住了，房屋新涂的泥灰土墙高六到八尺。

它的本能告诉它，在屋顶瓦片下，能够找到堆满多年尘土的壁凹。它把猎物安置在房屋的墙脚下，只身飞到屋顶上。

它很随意地这儿找找，那儿看看，没过多久就找到了合适的地方。这地方在一块瓦片的弯曲处。它立刻干了起来，十分钟，顶多一刻钟，就可以盖好住所。接着它又飞下来，很快找到距螽，准备把猎物运到上面去。实际情况好像要求它飞上去，是这样吗？完全不是。

朗格多克飞蝗泥蜂选择的是一条艰难的道路：在泥瓦匠用抹刀抹得很光滑、六到八尺高的垂直的墙面上攀登。只见它把猎物抱在两腿间走这条路，我最初以为是不可能的，然而，很快我就对这种大胆尝试的结果有了信心。虽然背着沉重的负担行动有所不便，可强壮的昆虫以一点点凹凸不平的灰浆作为支撑点，像在平地上那样步态稳健、轻盈敏捷地走在这垂直的墙面上。

它很轻松地到达了屋脊，把猎物暂时安置在屋顶边沿的一块瓦背上。当这只朗格多克飞蝗泥蜂对洞穴进行修补时，放得不稳的猎物突然滑落，重新掉到了墙脚。

一切不得不重新开始，同样是采取攀登的方法。而第二次同样不够小心，它又把猎物放在弯曲的瓦片上，猎物再次滑动，又落到了地上。朗格多克飞蝗泥蜂并没有因此失去耐心，它第三次通过爬墙将距螽带到高处。这一次，它倒是学乖了，直接将猎物拖到洞里去了。

在这样的条件下，朗格多克飞蝗泥蜂根本连试都没试一下用飞行来搬运猎物，很明显是因为它背着沉重的负担不能飞得很远。本章所要说的内容，正是由此产生的生活习性的某些特点。

因为猎物的重量不超过飞行的能力，所以黄足飞蝗泥蜂是半群居的昆虫。而朗格多克飞蝗泥蜂的猎物重得无法进行空中运输，因此它是离群索居的昆虫，对于与同类结伴做邻居所能得到的好处也不屑一顾。由此可知，猎物重量的大小决定了昆虫基本的特性。

生生不息的黄蜂

黄蜂①是人们所熟知的昆虫，但是大家对它们总是敬而远之。如果你想要征服黄蜂的巢，却没有足够准备的话，那无疑就是一场冒险。

九月的一天，我和小儿子保尔去寻找黄蜂的巢。保尔的眼力非常好，突然，他指着不远处的一个地方喊起来："看，那儿有一个黄蜂巢，就在那边！"果然，在离我们大约二十米的地方，有一群群小东西从地面上飞跃起来，并立即迅速地飞去，好像那草丛里隐避着一个小小的即将爆发的火山口，马上要将它们一个个喷出来一般。

我和保尔小心翼翼地靠近那个蜂巢，生怕惊动了那群黄蜂，招来它们猛烈的攻击。在这些小动物们的住所门边，有一个圆圆的裂口。裂口的大小约有人的大拇指那么粗。同居一室的黄蜂来来去去，进进出出，摩肩接踵地飞去飞回，不停地忙碌着。

我要想办法把蜂巢挖起来，然后带回家仔细观察和研究。于是，我和小保尔记住了这个地点，我们决定等到黄昏时分，这个巢的居民差不多全都回来了，再动手。

黄昏时分，我拿来一点儿石油、一根九寸长的空芦管和一块比较坚实的黏土。这几样东西虽然简单，但还是非常有用的。这是我在以前的几次观察中积累的一点儿经验。我要让蜂巢里的黄蜂窒息，因为死了的黄蜂是不会蜇人的。这个方法虽然有点儿残忍，但为了安全起见，我又不得不这样做。因为除了观

---

①黄蜂：昆虫，头胸部褐色，有黄色斑纹，腹部深黄色，中间有黑褐色横纹；尾部有毒刺，能蜇人；食性广泛。又称胡蜂、马蜂。

察蜂巢，我还想观察一下黄蜂，所以，希望蜂巢里还会留下一部分没有死的黄蜂。也正因如此，我选择了刺激性不太大的石油。

接下来要做的就是把石油倒进蜂巢里去。假如把石油直接倒入巢穴，那肯定是不行的，因为蜂巢穴的出入孔道口大约有九寸长，而且几乎和地面是平行的，这个长长的出口直接通到地底下的小巢。如果把石油直接倒入洞口，这些石油会被通道处的泥土吸收，就到不了地下的小巢。所以，我把已经准备的一根九寸长的空芦管插进那个长长的出入孔道，将它作为一根导管。这样，倒进的石油便会顺着空芦管流到蜂巢里面去了。这个方法既可以节省石油，也可以节省时间。

将芦管插入黄蜂的巢穴是需要一定技巧的，因为我们并不知道出入孔道是朝哪个方向的，需要不断地试探。可是，黄蜂巢里的警卫会突然飞出来，毫不客气地攻击我们。

为了防止黄蜂的袭击，我和保尔一个人往巢穴里插芦管，一个人则要在旁边防卫，不停地挥动着手帕，驱赶前来阻止我们的黄蜂。芦管终于插进去了。把石油倒进芦管后，过了一会儿，我们便听到蜂巢里面一阵喧哗。我又迅速地用那块黏土将出入孔道的口塞住，再用脚把它踩实，防止黄蜂逃脱。至此，我们的工作便告一段落了，接下来的就是等待。

这时，已是晚上九点钟了，我和保尔趁着月色回家了。一路上我们谈论着昆虫，享受着这个猎取黄蜂的快乐夜晚。

第二天一清早，我和保尔便带着锄头和铁铲，来到那个蜂巢洞穴处。芦管依然静静地插在孔道里，我和保尔很小心地挖掘着蜂巢附近的土，大约挖了二十寸，蜂巢就露出来了。这个蜂巢一点儿也没有被损坏，真是让我高兴不已。

这真是一个美丽又壮观的建筑啊！它就像个大南瓜一样。除去顶上的一部分外，其他各部分都是悬空的。顶上生长有很多植物的根，其中多数是茅草的根，这些根穿透很深的"墙壁"进入墙内，和蜂巢结合在一起，非常坚实。如果蜂巢所在的地方土是软的，那巢的形状就成为圆形，各部分都会同样的坚固。如果那地方的土地是沙砾，那黄蜂掘凿时就会遇到一定的阻碍，蜂巢的形状也就随之有所变化，至少不会那么规则和整齐了。

在巢的下方和地下室的旁边，常常留有一块空隙，大约有人的手掌那么宽，这块地方是宽阔的街道。在这里，蜂巢的建筑者可以自由行动，继续不停地进行它们各自的工作，用它们自己的双手，把窠巢建得更大更坚固。通向外面的那条孔道，与这里也是相连的。在蜂巢的最下面，还有一块更大一些的空隙，其形状是圆的，就如同一个大圆盆一样。有了这个空隙，黄蜂们就可以扩建新房，增大蜂巢的体积。另外，这个空穴还可以作为垃圾箱来盛装废弃物品。

黄蜂的这个地下巢穴是黄蜂们亲自挖掘建造的。它们开始创建这个巢的时候，也许是利用了鼹鼠丢弃的洞穴，但是其他大部分建筑工作都是由黄蜂们自己来完成的。

在黄蜂的巢穴洞口上面并没有成堆的土，那些挖掘出来的土都到哪里去了呢？原来，参与建筑这个巢穴的黄蜂有成千上万只，这些黄蜂飞到外面去的时候，身上都会带上一粒土屑，然后把它抛撒到远处去。

黄蜂的巢是用一种很薄却很柔韧的材料做成的，这种材料就像一种棕色的纸，由一些木头的碎屑组成。这"纸"上有一条条色彩深浅不一的带，颜色的深浅是由于木头的种类不同造成的。整个巢呈宽的鳞片状，铺的一层一层的，就像是厚厚的毛毯，而且上面有很多孔，孔里面含有大量的空气。

这个建筑十分符合物理学和几何学的定理：黄蜂们利用空气这种不良导体来保持家里的温度；它们在建筑窠巢的外墙时，可以利用极小的空间，造出足够多的小房间，它们的小房间在占地面积和材料应用上也同样非常经济。

不过，这些建筑家虽然有着聪明精巧的一面，但当它们遇到挫折时也会显现出愚笨的一面。我曾经做过的一个实验可以证明这一点。有一次我用一个大玻璃罩罩住黄蜂的洞口。当它们飞出地穴，发现自己的飞行已受阻时，会不会另外挖掘出一条通道，以脱离这个玻璃罩呢？这正是我所想知道的结果。

第二天清早，我再去黄蜂的洞口观察时，发现黄蜂们已经成群地从地下飞上来了。它们可能急于出去寻找食物，所以一次又一次地撞击着透明的玻璃罩。每次撞上去，它们都会跌落下来，然而，它们似乎并不甘心，仍然固执地往玻璃罩上撞。等这一批黄蜂撞累了，它们便回到穴中，换另一批黄蜂来撞。但是，它们的努力是没有丝毫效果的。竟没有一只黄蜂想到在玻璃罩底下挖掘一条通道。

这时，一些在外面过夜的黄蜂回来了。它们围着大玻璃罩不断地盘旋，过了一阵儿，一只带头的黄蜂便到玻璃罩的边沿下面去挖土，其他黄蜂也纷纷效

仿。大家一起动手，不多久，就开出了一条通道。外面的黄蜂钻了进去，回到了自己的家。

见此情景，我又用土将黄蜂们开辟的那条通道堵上，想看看里面的那些黄蜂通过观察和思考，会不会找到这条可以给它们带来自由的通道；或者刚刚进去的那些黄蜂是否会给里面的伙伴指引一下道路，告诉它们可以挖掘一条通道，让大家都逃离这个大牢房。

但是，黄蜂们的表现让我很失望。里面的黄蜂仍然一群一群地交替着乱撞，看上去没有什么计划，也没有什么目的。时间久了，那些黄蜂中有许多已经饿死了。一个星期过去了，大玻璃罩下的黄蜂全军覆没，地面上铺了一堆黄蜂的死尸。

从原野里返回的黄蜂们可以另辟新路，毫不费力地回到自己的家中。其原因是，它们从泥土外面可以嗅知自己的家，并去寻找它。这是黄蜂的自然本能，它们会想方设法投入家的怀抱，或者说是它们的一种防御方法。这是不需要任何思想和解释的。自从小小的黄蜂初次降临到这个世界上，它们就具有了这种本能。地面上的一切阻碍，对于每一只黄蜂而言，都已经很熟悉了。

但是，对于那些不幸被罩在玻璃罩里的黄蜂，就没有这种本能来帮助它们逃离险境了。它们的目的是明确的、单一的，就是想到阳光里面去，到野外去觅食。但它们被罩在了玻璃罩里，在这个透明的牢狱中，能够看到日光，于是它们便被蒙骗了，以为自己的目的已经达到。虽然它们几经努力，一往无前，不断地和玻璃罩相抗衡、相碰撞，心中抱有无限希望，想朝着日光，飞得再远一点儿，以便能觅到急需的食物，可事实上那是无用的。在它们以往的经历中，没有任何经验和实践指导它们遇到这种情况时应该如何行事。于是它们走投无路，别无选择，只能盲目地固守着它们生来就惯有的老习性，从而使生的希望越来越小，逐渐将自己推向无奈的死亡。

我挖出那个黄蜂的蜂巢，仔细观察起来。掀开蜂巢的厚包，我看到里面隐藏着许多小的蜂房，那些蜂房上下排列，由一些稳固而坚实的柱子连接着。这些小蜂房大概有十几层，它们的口都朝向下方。这是因为幼蜂都是倒挂着生长的，它们无论是吃饭还是睡觉，头都是朝下的。蜂房与外壳之间有较大的空隙，这种空隙就像一条公共的通道将各个蜂房连接起来。在这些通道里，黄蜂们忙碌地进进出出。蜂巢外壳的一端有一个比较粗陋的裂口，这个裂口就是蜂

法布尔昆虫记全集

巢与外界相通的进出口。

在黄蜂的大家庭中，有很多成员一生都在不辞劳苦地工作，担负着修建蜂巢和养护幼虫的任务。这些成员便是工蜂。为了更细致地观察工蜂是怎样工作的，我把蜂巢的一部分放在了大玻璃罩下。那部分蜂巢里还存活着许多蜂卵和幼虫，并且还有很多工蜂在悉心地照看着它们。我将蜂巢分割成几小块，让蜂房的口朝上，并列地排放在玻璃罩里。然而，这样颠倒排放并没有使那些习惯了倒挂的小东西们感到不适应，它们依然在忙碌地工作着，就好像什么都不曾发生过一样。

为了更好地模拟黄蜂的生活环境，我把一个泥制的锅扣在玻璃罩上，以此来代替蜂巢的土穴，使蜂巢的内部恢复以往的黑暗。而且，我还用蜂蜜来喂养它们，给它们提供足够的食物。

工蜂们一面照料着巢里的卵和幼虫，一面又要修建房屋，它们好像是要建一个外壳。因为原来的那个外壳已经被我破坏了。看样子它们并不是想修修补补，而是要重新筑一道铜墙铁壁。于是，工蜂们一起努力着。没用多久，它们就建成了一个弧形的鳞片状的房顶，这个房顶足以遮盖住三分之一的蜂房了。

我选了一块软木头送给它们，希望这种"新型"的材料可以对它们盖房子有点儿用。但是黄蜂们似乎并不领情，它们对我送的这块软木总是视而不见。

工蜂们仍然继续利用那些废弃的空巢，因为那些旧巢里的纤维是它们以前做好的，现在加以利用是再方便不过的了。而且，它们只需要少量的唾液，把旧材料放进嘴里咀嚼几下，便可以制成非常不错的糨糊，这样也为它们节省了很多唾液。就这样，工蜂们废旧立新，把不居住的小房间都拆除并粉碎，用它们造了一个类似天篷的东西。它们也会用同样的方法建造一些新的房间，以供新增加的成员使用。

这些工蜂除了辛辛苦苦地建造房屋外，还有一项很重要的工作，那就是喂养幼虫。真是难以想象，刚才那些刚健勇猛的建筑工人，转眼间竟成了温柔细心的保姆。它们是怎样来喂养那些柔弱的幼虫的呢？原来，在那些工蜂的身上都有一个嗉囊，嗉囊里面装满了蜜汁。这些细心的保姆带着蜜汁飞到一个小房间前面，把自己的头先探进小房间，然后用触须的尖儿去轻轻触碰里面熟睡的幼虫。房间里的幼虫清醒过来了，它似乎发现了保姆的触须，于是微微地张开自己的小嘴，小脑袋摇来摆去地索要食物。当它的小嘴接触到小保姆的嘴时，小保姆的嘴里便会流出一滴蜜汁，蜜汁随即流进幼虫的嘴里。一滴蜜汁已经足够这个幼虫享用的了。接着，小保姆又带着蜜汁飞到另一个房间，继续喂养其他幼虫。

其实，从小保姆嘴里流出的蜜汁只有一大部分流入幼虫的嘴里，有一小部分会流到幼虫的身上。但是，这一小部分外泄的蜜汁是不会被浪费掉的。在喂食的时候，幼虫的胸部会膨胀起来，就像一块围嘴布，外泄的蜜汁都会滴落在这块"围嘴布"上。等幼虫把嘴里的蜜汁喝完，就会低着头吮吸滴在胸部的蜜汁。等蜜汁差不多都吸干净了，幼虫的胸部就会自动地收缩回去。幼虫吃饱后，便会缩回自己的小房间里，又美美地睡觉去了。

大玻璃罩里的蜂巢是口朝上的，里面的幼虫自然也是头朝上的，所以在喂食时外泄的蜜汁自然会滴落在幼虫膨胀的胸部。不过，在正常的蜂巢里，幼虫的头是朝下的，那它们膨胀的胸部还能起到同样的作用吗？其实，无论幼虫的头朝上还是朝下，它那膨胀的胸部的功效都是一样的。因为，倒挂着的幼虫在进食时，它的头是略微弯着的。因此，从嘴里溢出的蜜汁还是会堆积在它们那膨胀的胸部。况且，那蜜汁非常黏稠，会牢牢粘在那块"围嘴布"上。有时，那些喂食的工蜂也可能故意多放一些食物在那块"围嘴布"上，这样的话，即使下一次喂食不及时，幼虫们也不会饿肚子了。

我为生活在大玻璃罩里的黄蜂们准备了足够的蜜汁，幼虫们总能吃到这些营养丰富的食物。而那些生活在野外的黄蜂却没有这样的好运。到了深秋或者冬天，万物萧瑟，黄蜂们很难有机会采蜜，也就没有足够的蜜汁来喂自己的幼虫了，它们只好选择其他的食物。黄蜂们会捉一些苍蝇，然后将苍蝇切碎，分给幼虫们吃。

吃了蜜汁以后，所有的看护者和被看护者似乎都变得精力旺盛起来。而且，一旦有什么不速之客突然闯进蜂房，进行袭击侵略，那么它们将很不幸地立刻被处以死刑。显然，黄蜂是非常不好客的，它们绝对不允许那些家族以外的成员闯入自己的家园。即便是它们的近亲，若是不请自到的话，也免不了被扫地出门。

托足蜂是一种与黄蜂外形十分相像的蜂，它们无论在形状上还是颜色上，都和黄蜂没有太大的差别。但是，只要托足蜂一靠近黄蜂的巢，黄蜂们便会迅速集合起来，攻击这个入侵者。往往还没等托足蜂反应过来，就已经被黄蜂们

攻击得奄奄一息了，临死前它还想不明白它那酷似黄蜂的外貌为何没能使它蒙混过关呢。

为了观察黄蜂对其他不速之客的反应，我先后把弱小的锯蝇的幼虫和一种比较强悍的幼虫放入大玻璃罩下的蜂巢里。结果，黄蜂对它们的待遇是不同的。我先把锯蝇的幼虫放入蜂群，那条绿黑色的小虫立即引起了黄蜂们的注意。黄蜂们先是十分好奇，然后对那小虫发起了攻击。它们先把小虫弄伤，再合力把受伤的小虫拖出蜂巢。在对付那条小虫的过程中，黄蜂们始终没有动用身上的毒刺。

然而，当我把住在樱桃树孔里的一种较魁梧的虫子放进蜂巢后，黄蜂们的表现就不一样了。一见到这只大一些的虫子，几只黄蜂便立即围堵上来，并用毒刺去攻击这只虫子。不一会儿，这只稍许强壮的虫子就丧了命。但是，黄蜂们并不直接把这入侵者的尸体拖出巢外，而是一起来吃这条虫子，直到它小到可以被拖动为止。最后，黄蜂们会把这条尸骨不全的虫子扔出蜂巢。

大玻璃罩下的蜂房里，那些幼虫们在保姆们的精心喂养和保护下，不必怕饿肚子，也不用担心外敌入侵，所以它们一天天快乐地生长着。但是，所有的事情都有例外。在蜂巢里，也有一些非常柔弱的幼虫不幸患了病。我曾亲眼目睹这些幼虫不能进食，一天天憔悴、消瘦下去。那些小保姆们早已比我更清楚地知晓了这一切。它们十分无奈地把头轻轻弯下来，朝着那些可怜的患病者，用触须很小心地去试听一下，最后得出结论，证明这些病者的确是不可医治，无法挽救了。于是，它们被放弃了。慢慢地，这些弱小的生灵走到生命的尽头，快到死的程度了。最终，它们被毫不怜惜地从小房间里拖到了蜂巢的外面。

在充满野蛮气息的黄蜂的社会里，久病者不过仅仅是一个没有用处的垃圾而已，越早拖出去越好，否则的话，就有病菌蔓延传染的可能。对于黄蜂而言，那将是很可怕的事情。

但是这可能还不是最坏的。因为，随着冬天渐渐来临，黄蜂们大多已经预感到它们将来的命运。它们深知，末日就在眼前了。

造成黄蜂死亡的似乎主要有两个原因：饥饿和寒冷。冬季，黄蜂的主要食物——粮食和甜果都没有了。尽管有地下隐蔽所，最后冰冻还是给了这些饥民以致命的打击。让我们看看过程是怎样的。

　　已经是十一月了，天气越来越冷，蜂巢里也发生了一些变化。已经看不到黄蜂们热火朝天地修房盖屋，也看不到那些小保姆尽职尽责地喂养小宝宝了。小保姆们显然已经失去了工作的热情，它们在为自己短暂的未来感伤不已。它们看着那些饥饿而孤独的幼虫，也许不禁想到，等自己死后谁来照顾这些后代呢？如果它们得不到照顾，终究会慢慢饿死。想到这些它们便决定，还不如亲自结束了这些小生命，免得小家伙们以后要忍受饥饿的煎熬，最终悲惨地死去。于是，接下来，黄蜂们展开了屠杀幼虫和蜂卵的行动。那些工蜂把小幼虫一个个咬死，然后拖到巢外，扔到垃圾堆里。最后，它们又把卵撕开，分着吃了。工蜂们残酷地结束了那些幼虫和卵的性命，而在不久后，它们也突然间集体死亡。它们应该是寿终正寝了。

　　雌蜂是蜂巢中最晚生出来的，它们还年轻。所以，它们面对严冬的威胁，似乎还能抵挡一阵子。但是，渐渐地，它们也表现出一种慵懒的姿态。在它们还健壮的时候，总是很在乎自己的外表，不停地拂拭着身上沾的尘土，让自己的外衣永远清洁、鲜亮。而当它们无心顾及自己的外表时，就预示着这些雌蜂将要离开自己的巢穴了。它们带着一身尘土，最后一次离开巢穴。最终，它们跌落在地上，一动也不动了。它们不愿死在蜂巢里，应该是想保持自己家园的清洁吧。

　　我的笼子里，一天天地空起来了。虽然这个屋子仍然是暖和的，而且里面还储备有很多的蜜汁，可供剩下来的那些健康者食用。但是，到了圣诞节的时候，仅仅剩下了约一打的雌蜂。到一月六日，连仅剩的黄蜂也全都死掉了。

　　那么，这种死亡是从哪里来的呢？是什么让我的黄蜂统统都毙命了？它们并没有受过饿，也没有挨过冻，更没有经历过离家的痛苦。它们究竟是为了什么而死的呢？

　　我了解雄蜂死亡的原因，它们已经没有用处了，因为交尾已经完成，已经留下了众多的生命萌芽；对于工蜂的死，我却不能解释得很清楚，春回大地时，它们本可以在建立新的殖民地时帮上大忙；至于雌蜂的死因，那我是一点也不明白了。我养了将近一百只雌蜂，可没有一只活到新年初。十月和十一月刚从蛹壳出来时，它们有着青少年强健的体魄，它们代表着未来。但它们即使承担着繁衍后代这一神圣职责，也没能保全性命。最终，它们也像那些因衰弱而没用了的雄蜂以及那些被劳动耗尽了体力的工蜂一样死去了。

法布尔昆虫记全集

　　我们不应该将其归罪于囚禁，即便是在野外，也会发生同样的事情。在十二月末的时候，我曾到野外去观察过很多的蜂巢，无论哪儿都曾经发生过同样的情况。大量数目的黄蜂必须要死亡，这并不是因为碰到了什么意外，也并不是因为疾病的干扰，或是因为某种气候的影响，而是由于一种不可逃脱的命运。这种命运摧残着它们，这和鼓舞着它们生活下去的力量是一样有力的。不过，它们这样短暂的生命，对于我们人类倒是很有好处的。一只雌黄蜂可以创造出一个拥有三万居民的城市。假如全体黄蜂都存活下来，那么可想而知，这将是一场多么大的灾难啊！若是那样的话，黄蜂就可以在野外构造自己的王国，并且称王施虐了。

　　到了后期，蜂巢自己会毁灭。一种将来会变成形状平庸的蛾子的毛虫，一种赤色的小甲虫，还有一种身着鳞状的金丝绒外衣的小幼虫，它们都是有可能攻击、毁灭蜂巢的小动物。它们会利用锋利的牙齿，咬碎一层层小巢的地板，使得整个蜂巢内的所有住房全部崩塌毁坏。最后，剩下来的只有几把尘土和几片棕色的纸片。

　　到了第二年春天，黄蜂们便又可以废物利用，白手起家，发挥大自然在建筑房屋方面赋予它们的高度灵性和悟性，建造起属于它们的新家园。新的结构精巧而且十分坚固的城池，其中约居住着三万居民——一个庞大的家族。它们将一切从零开始。它们会继续繁衍后代，喂养小宝宝，继续抵御外来的侵略，与大自然抗争，为自己的安全而战斗，为蜂巢内部生活的快乐而贡献自己的一份力量。生命不息，奋斗不止！

杰出的建筑师

穿着和黄蜂一样的外衣，一般为黑黄色，纤纤细腰，腹部像化学家的曲颈瓶般鼓起，靠一个长颈连到胸部；休息时，翅膀横折成两半；起飞不猛，飞行无声，惯于独居；这就是关于黑胡蜂的大体描述。在我居住的地区，有两类黑胡蜂：最大的叫阿美德黑胡蜂，约一英寸长；另一种叫果仁形黑胡蜂，只有前者一半大小。

这两类形状和颜色相似的黑胡蜂都具有高超的建筑才能，这才能表现为它们的建筑物高度完美，令人叹为观止。它们的窝的确是个杰作。但是黑胡蜂所从事的并不只是伟大的艺术工作，它们还会用螫针螫刺猎物，强取豪夺。它们是凶残的膜翅目昆虫，用毛虫喂养它们的幼虫。

通常，捕猎性膜翅目昆虫都十分精通螫刺的技术，它们的外科手术水平令人惊叹不已，但在建造住宅方面，这些高明的杀手却只能算个没什么本领的工人。它们的住宅是什么样子的呢？一条没有泥土的过道，尽头是一间蜂房，这简直就是毫无技术含量的矿工、挖土工的作品。这些虫子孔武有力，但绝对没有艺术天分。不过，黑胡蜂是个例外，它们是杰出的泥瓦匠，它们建造的住宅全部是灰浆和砌石的构件。它们捕猎与建筑交替进行，轮番充当猎手和建筑师的角色。

这些建筑师把它们的住宅安置在什么地方呢？如果您从一个酷热的隐蔽所朝南的小围墙前经过，一块块地仔细观察那些没有抹上灰泥层的石头，特别是那些大块的石头，那些高出地面不太多、被太阳晒得像桑拿浴室里那么热的岩石块，或许您失去耐心之前，就会找到阿美德黑胡蜂的建筑物。这种昆虫很罕见，是非洲的一个种别，往往孤僻地独居着，平时要见到它们很不容易。它们

偏好热得能把角豆树的果实晒熟的温度，它们十分喜爱被太阳晒得最厉害的地方，它们的窝就筑在这些地方不会晃动的岩石和石头上。它们也会模仿高墙石蜂，把窝建在一块普通的卵石上，不过这样的情形很少见。

相比阿美德黑胡蜂，果仁形黑胡蜂分布要广得多，它们对建造蜂房的地基没有什么特别的要求，显得比较随意。野外的石头上、灌木的小树枝或其他植物的高秆上、墙壁上、板窗的木板上，都可能建有果仁形黑胡蜂的巢。它们不会为自己住所的隐蔽性担心，也不会为周围没有遮挡的地方而担忧，因为它们不像其他同伴那样怕冷。

阿美德黑胡蜂的巢如果建在不受任何东西妨碍的水平面上，那么它就有一个规则的圆屋顶——球形的帽状拱顶，在这个屋顶最高的地方有一个狭窄的通道，这个通道足以让阿美德黑胡蜂自由进出。通道的出口是屋顶上方一个很精致的细颈口，大约有两厘米高，直径大概也是两厘米。这个细颈口看上去很像是个烟囱。如果阿美德黑胡蜂的巢建在垂直的表面上，那么蜂巢仍然是拱顶的形状，但供进出的"漏斗"则开在侧面靠近上部的地方。这套住房的地板是现成的，就是裸露的石头。

阿美德黑胡蜂开始筑巢了。在选定的场所上，它们首先垒起一座厚约三毫米的环形墙，这个墙的建筑材料是小石子和泥灰。材料是从人们常走的山间小径或公路上选的，阿美德黑胡蜂用自己大颚的尖扒来一点儿泥灰粉，然后用唾液将其浸湿，制成泥灰浆。泥灰浆迅速凝固，用来建房可以起到很好的防水效果。除了泥灰外，它们还会精心挑选一些砾石。那些砾石最好是光滑而且半透明的石英碎粒，大约有梨籽那么大。

再来看看这高明的建筑师是怎么处理这些建筑材料的。在泥灰凝固前——这不用很长时间，随着工作的进展，阿美德黑胡蜂开始把几块砾石填到柔软的灰浆里。它们把砾石半埋在"水泥"中，这样砾石便大部分突出在外而不是深入到灰浆内部去，因为内部的墙壁需要保持平整，以便让幼虫住得舒服。浇灌泥浆和砾石黏结凝固是交替进行的，新盖的每一层都镶进小石子作为砌面。随着房子逐渐升高，建筑师开始让建筑物略微向中心弯曲倾斜，于是房子便呈现为球状。

在房顶的最高处建有一个喇叭状的孔，就像是一个瓶颈，这其实是一个纯泥浆做的出口。至此，蜂房就建造好了。雌蜂产卵后，便用一个镶嵌着一粒小石子的水泥塞子将这个出口封住。

　　这个建筑物看起来有些粗陋，但却很坚固。它足以抵挡住风吹雨打，用手指戳是戳不坏的，用刀子倒可以把它整个儿撬起来，但无法将它切碎。

　　这就是阿美德黑胡蜂的蜂房密闭后的外观。不过似乎这种黑胡蜂也懂得经济学，它总是会在第一个蜂房的屋顶上再建一个蜂房，一直叠加五六层，有时候会更多。这样的话，两个蜂房就可以共用一层隔板，岂不是又省料又省工？

　　阿美德黑胡蜂的圆屋顶可算得上是一件艺术品。或许那些建造这个屋顶的建筑师们也会为这样一件杰作而沾沾自喜，它们看上去似乎也有那么一点儿审美观。

　　动物们是否真的具有审美观呢？蜂巢顶部的那个出口如果是一个普通的洞，也丝毫不妨碍这些昆虫的出入。那它们为什么不惜耗费更多的时间和精力来建造一个如此别致的出口呢？而且，它们所选择的为圆顶外部砌墙面的砾石，也都是大小均匀、表面光滑的半透明石英砾石。更让人不可思议的是，蜂巢的圆拱顶上还镶着几粒空蜗牛壳，那些蜗牛壳已经被太阳晒白了，排列在屋顶上，简直好看极了。

　　一些其他动物也有装饰自己家园的爱好。澳大利亚的浅黄胸大亭鸟会编织树枝，给自己建造有甬道的木屋别墅。为了装饰柱廊的两扇门，这种鸟会在门槛上放上能够找到的所有闪亮、光滑和色彩鲜艳的东西。每个门的正面都是一个珍品屋，大亭鸟在那里堆积着光滑的小石头、各种各样的贝壳、空的蜗牛壳、鹦鹉的羽毛、象牙棍似的骨头……人们丢失的一些东西也可以在大亭鸟的博物馆里找到：烟斗杆、金属纽扣、碎布……

　　大亭鸟的藏品极其丰富，可是这些东西对于它们来说毫无用处，它们堆积这些玩意儿只是为了满足自己作为艺术品收藏家的爱好。另外，我们常见的喜鹊也有类似的爱好。只要遇到发亮的东西，它们都收集起来藏好当作财宝。

　　可见，同样喜欢光亮的石子和空蜗牛壳的阿美德黑胡蜂就是昆虫中的浅黄胸大亭鸟，不过它们考虑得更周到，知道把实用与美观相结合，它们把找到的东西都用来建造自己那既是碉堡又是博物馆的巢了。

　　如果找到的是半透明的石英粒，那就最好了，建筑物可以变得更加美丽。如果遇到一个白色的小贝壳，那它们便急忙用它来装点圆屋顶；如果运气足够好，空蜗牛壳有很多，它们就会把蜗牛壳镶满整个建筑物。难道这还不能表明

它们那收藏艺术品的爱好？

　　果仁形黑胡蜂的巢有中等的樱桃那么大，纯粹是用泥灰浆建成的，外部连最小的石子都没有。它们的巢如果建在足够宽的水平底座上，圆屋顶中央就有细颈和喇叭口。但如果巢只是建在一个点上，例如在灌木树枝上，那么它就呈胶囊状，当然，上面总是有一条细颈。

　　果仁形黑胡蜂的巢很薄，几乎只有一张纸的厚度，所以手指稍微用点力就会把它弄碎；外部有点儿凹凸，因为它是用一层层的灰浆建成的；或者呈结节般突出，这些结节总是分布在中心处。

　　说完了阿美德黑胡蜂和果仁形黑胡蜂巢穴的外观，让我们再来看看巢穴里面有什么。这两种黑胡蜂在它们的巢穴里总是堆放着毛虫。下面让我把它们的菜单记录下来，这可以让想观察黑胡蜂的人知道，根据时间和地点的不同，它们在饮食习惯上变化的范围有多大。

　　这两种黑胡蜂吃的东西有很多，但总是千篇一律：一些小个子的毛虫，也就是小蝴蝶的幼虫。从其结构来看，就可以找到证明，因为在这两种黑胡蜂的猎物中，都可以看到毛虫常见的特征。身体（不包括头在内）由十二个节段组成。前三个节段长着真腿，随后两个节段无足，四个节段带着假腿，其后两个节段无足，最后末端节段带着假腿。

　　我过去的笔记列举了我在阿美德黑胡蜂巢里所找到的毛虫的体貌特征：身体呈淡绿色，或者淡黄色（较少见），身上长着白色的短毛；头比前部节段宽，黑而不亮，同样长着毛；长十六至十八毫米，宽约三毫米。距离当时我作这番描述性的勾勒已经有四分之一多世纪了，而今天，在塞里昂，我在黑胡蜂的食橱里看到的猎物，跟我从前在卡班特拉看到的一模一样。岁月流逝，地点不同，黑胡蜂的口粮并没有改变。

　　阿美德黑胡蜂恪守祖先的饮食习惯，我仅看到一个例外，仅有的一个例外。据我的记录所载，在一个阿美德黑胡蜂的巢里，有一条毛虫跟放在一起的其他毛虫很不一样。这是只尺蠖蛾毛虫，只有三对假腿长在第八、第九和第十二节段上；身体在前后两端逐渐变细，各个节段结合处收紧；通体淡绿色，在放大镜下可看到淡黑色的细花纹和几根稀疏的黑纤毛；长十五毫米，宽两毫米半。

　　果仁形黑胡蜂也同样有自己的爱好。它们的猎物是长约七毫米，宽一又

法布尔昆虫记全集

三分之一毫米的毛虫：身体淡绿色，在节段的结合处很明显地收紧；头比身体其他部分窄，有棕色的斑点；在中部节段上横排着两行具有眼状斑的苍白色乳晕，而在中央有一个黑点，黑点上面有一根黑色的纤毛；在第三、第四节段以及倒数第二节段上，每个乳晕上有两个黑点和两根黑纤毛。普遍的规则是如此。

下面是我全部记录中例外的两只毛虫，它们的身体为淡黄色，皮肤上有五条砖红色的纵带和几根十分罕见的毛，头和前胸棕色发亮，身体长度和直径与上面的一样。

对于黑胡蜂来说，食物的数量要比质量重要得多。在黑胡蜂的蜂房里，有的装有五只毛虫，有的则装有十只。不同蜂房内储存的食物数量竟能相差一倍之多。这是因为，黑胡蜂发育完全后，雄蜂要比雌蜂的身体小，其重量和体积都只有雌蜂的一半，所以其食物的数量也理所当然地是雌蜂所需食物数量的一半。从这里我们就可以推断出，那些食物数量多的蜂房应该是雌蜂居住的，而食物较少的就是雄蜂的房间了。

雌蜂似乎事前就知道自己要产下的卵的性别，它在每个蜂房里储藏好了相应数量的食物，然后才产卵。这多么令人难以置信啊！因为无论多么仔细的检查，我们也无法看出这些卵有什么不同，从而确定卵孵化出来的是雄虫还是雌虫。然而雌蜂却预见到了，这不得不让我们人类深感惊奇。

果仁形黑胡蜂的蜂房里完全塞满了猎物，当然都是些个子很小的毛虫。我的笔记本上记载着，在一个蜂房里有十四只绿毛虫，第二个蜂房里有十六只。尽管果仁形黑胡蜂雌雄两性在大小上的差别比阿美德黑胡蜂小一些，但我还是倾向于认为这两个装了许多食物的蜂房是属于雌蜂的，而雄蜂的蜂房供应的粮食要少一些。可是我没有亲眼看到，我只能做这样简单的猜想。

我看到的，而且经常看到的，是砾石砌成的蜂巢里已经有了幼虫，且作为粮食的毛虫已经被吃掉了一部分。为了便于每天密切关注幼虫的生长情况，我决定将其搬进家里进行饲育。在我看来，这件事做起来很容易。我已经很熟悉养父这个角色了；我由于经常接触泥蜂、砂泥蜂、飞蝗泥蜂以及其他许多昆虫，已经成为一名基本合格的饲养员了。我把一个旧毛笔盒隔成几个房间，里面放上一层沙床，然后从雌蜂建造的蜂房里小心翼翼地把幼虫和食物搬来放到了沙床上。对于这种技术，我已经不是新手了。

之前每一次，我几乎都取得了成功。我一次次地看到幼虫进餐，慢慢地长大，最后结茧。我已经拥有了丰富的经验，因此我觉得饲养黑胡蜂也能取得成功。可是结果与我的期望大相径庭，我的一切企图都失败了，食物放在那儿，幼虫连碰都不碰一下，我只能眼睁睁地看着它们可怜兮兮地饿死。

我把失败归咎于这样那样的原因：也许我在拆蜂巢时挫伤了幼虫；或者当我用刀撬开坚硬的圆屋顶时一个碎片把它们伤害了；要不就是当我把它们从黑暗的蜂房里取出来时日照太强把它们吓住了；也可能是户外的空气把它们的潮气吸干了。所有这些可能导致失败的原因，我都一一尽可能好地进行了纠正。我尽量小心地把蜂巢的围墙撬开；用身子挡在窝上避免太阳直射使幼虫中暑；以最快速度把幼虫和食物放进玻璃管，再把玻璃管放在盒子里，然后用手捧着以减轻旅途的颠簸。但怎么做都没用，幼虫离开它们原本的住所后都死掉了。

我有很长时间都认为，搬家时出现的纰漏是导致我失败的原因。阿美德黑胡蜂的蜂房是个坚固的"碉堡"，要撬开就得硬砸，而这样做必然会引起各种各样的事故，所以我一直相信残砖碎石会给幼虫造成某种伤害。至于把窝从基座上撬下来完好无损地搬运到家里，也是一件不容易办到的事。要想把窝撬下来，就得加倍小心，这是野外仓促的作业所办不到的，因为这窝总是建在无法移动的岩石或墙面上。

我饲育的实验不成功，是因为当我破坏幼虫的小屋时，它们受到伤害了。这理由似乎很充分，所以我一直这么认为。

可后来，在一次对阿美德黑胡蜂和果仁形黑胡蜂的窝进行观察后，我突然产生了另一种想法，使我对上述原因产生了怀疑。

这两种黑胡蜂的蜂房里装满了猎物，其中阿美德黑胡蜂的蜂房里有十只毛虫，果仁形黑胡蜂的蜂房里有十五只。这些毛虫无疑都被蜇刺了，不过它们并不是完全不能动弹。它们的大颚会咬住碰到的东西，臀部卷起又伸直，当用针尖轻轻拨弄时，身体的后半部分会像鞭子似的抽打过来。在这蠕动着的毛虫堆中，黑胡蜂的卵是产在哪个位置上的呢？要知道在这些毛虫中，有二十多个大颚可以把幼虫咬出一个个的洞，有一百多双腿可以把幼虫撕裂的啊。

当猎物只有一只时，不存在这些危险，因为卵产在猎物身上，不是随随便便就放在什么部位的，那个部位是经过明智选择的。

毛刺砂泥蜂就为我们提供了极佳的示范。它们的卵固着在灰毛虫的背部，在爪的反面，如果卵产在爪的附近，是会发生危险的。另外，灰毛虫大部分神

经中枢受到蜇刺，侧身卧着，一动不动，臀部无法扭动，最后那些环节也无法猛地伸开。即使大颚想咬，即使腿有些颤动，可它们面前什么东西都没有，因为砂泥蜂的卵是固着在背面的。这样，幼虫一从卵里孵化出来，就可以安全地挖掘这庞然大物的肚子了。

可是黑胡蜂的蜂房里的情形是完全不同的。作为食物的毛虫并没有完全麻醉，用大头针碰它们，它们会挣扎，那么它们被黑胡蜂幼虫咬着时，显然也是会扭动身体的。如果窝里只有一只毛虫，卵产在它的身上，或许只要谨慎地选好安放的部位，到时候幼虫吃这条虫时便不会有什么危险。可是，窝里还有其他毛虫，这些毛虫并没有完全失去抵抗能力。只要这个虫堆动一动，卵就会从它的食物上面被抖落下来，落入利爪和大颚组成的捕兽器中去。

这卵是个小小的椭圆体，像水晶一样透明，非常娇嫩，轻轻一碰就会挫伤，稍微一压就会破碎。黑胡蜂怎样才能避免卵遭受毛虫的伤害呢？它们的幼虫又是靠了什么计谋来逃避危险的？对于这一点，我百思不得其解。于是，我开始了艰苦的探索过程。窝少难寻，烈日当空，撬壁凿岩，好不容易打开的蜂房却不适用，这一切都没有使我灰心，我一定要搞清楚这计谋到底是怎样的。最终，我看到了。

我采取的办法是这样的：我用刀尖和镊子在阿美德黑胡蜂和果仁形黑胡蜂的圆屋顶的侧面开了一个窗口。工作中我尽量小心翼翼，以免弄伤藏在里面的东西。从前我是从顶上，如今我是从侧面来凿圆屋顶。当缺口大到可以让我看到里面发生的事情时，我便停止了。里面到底发生了什么事呢？在这里我先卖个关子，请读者朋友动动脑筋，看能不能设想出一种救护办法，在我前面阐述的危险条件下保护好卵和幼虫？你们想出来了吗？也许没有——还是让我来告诉你们吧。

原来，卵并不是直接产在食物上的，而是用一根像蛛丝一样的细丝悬挂在圆屋顶上的。稍稍吹一下，娇嫩的椭圆形卵就会微微颤动，左右摇摆。而食物，就堆放在卵的下面。

这出戏的第二幕实在令人惊叹。这时，幼虫已经孵化出来并开始长大了。跟卵一样，幼虫倒吊在天花板上，但是悬吊的线明显更长了，除了最初的那根细丝外，又接上了一条像饰带一样的线。

幼虫准备就餐了，它头朝下，紧盯着一条毛虫松软的肚子。我用麦秸轻轻碰了一下仍然完好无损的猎物，毛虫动弹起来，幼虫受到惊吓，立即从混乱中脱身出来。

怎么回事？奇迹出现了，我原先认为饰带一样的线，竟然是一个套子，是一个攀登的过道，幼虫在里面迅速地后退爬行，很快就到达了安全地带。幼虫出卵后剩下的卵壳，保持着椭圆形，也许是由于新生儿出壳时特别用劲，卵壳被拉长了许多，从而形成了这条逃亡的通道。毛虫堆里哪怕有一点点儿危险的迹象，幼虫就迅速撤退到它的套子里，然后上升到那群乱钻乱动的毛虫够不到的天花板上。当恢复平静后，它又从套子里滑下来，头朝下重新进餐，尾朝上随时准备后退。

第三幕也就是最后一幕。这时幼虫又长大了一些，已经可以动用武力和毛虫一搏了。此时，毛虫因饥饿煎熬而衰弱不堪，因长时间麻醉而精疲力竭，越来越无力自卫。而娇嫩的黑胡蜂初生儿已成了粗壮的成虫，已经可以抵御危险，于是它把那个套子扔到一边，干脆降到毛虫的身上，大摇大摆地吃上一顿。

这就是我在黑胡蜂的一些窝里所看到的情形。卵挂在天花板上，跟食物隔开，根本用不着害怕下面乱钻乱动的毛虫。幼虫孵化出来后，悬挂的细丝加上卵套使它足以够到猎物，于是它便谨慎地向猎物动手了。如果有危险，它便缩进套子里后退到屋顶去。

现在该明白我最初的尝试为什么失败了，是因为我不知道有一条这样细、这样容易断的救生绳。我有时摘卵，有时抓幼虫，可我这样做的时候总是弄断细线，使卵和幼虫正好落到食物中间。它们与危险的猎物直接接触，是根本不可能昌盛繁荣的。

在我刚才呼吁的读者中，如果有哪个人想象的办法比黑胡蜂的更好，那我请他做做好事告诉我吧。如果这样的话，那将是理性的灵感与本能的灵感的一种有趣的比较。

高明的猎手

据我所知，对步甲蜂这种膜翅目昆虫，人们至今所言甚少，对它们的介绍只限于系统分类时的特性简介，寥寥数言。

有人说，幸福的人是简单的，虫子也一样。我承认这一点，但我想有个故事也不会妨碍步甲蜂的幸福吧。所以今天我要试着用活生生的、会动的虫子代替那些作为标本的昆虫，向大家讲一讲它们的故事。

步甲蜂这样一个看似很有学问的名称，在希腊文中有"快，敏捷，迅速"之意。为什么给步甲蜂贴上这样一个标签，是要让我们以为它是一种跑得飞快的虫子吗？还是要说它是敏捷的掘洞者和迅猛的狩猎者？确实，步甲蜂算得上，但这方面的本领与其不相上下的昆虫数不胜数。飞蝗泥蜂、砂泥蜂、泥蜂，还有许多其他的虫类，无论是飞还是跑都不逊色于步甲蜂。

如果在取名时我有表决权，我会建议给步甲蜂取一个更加贴切的名字，能够清晰地表示出所指事物的意义。你瞧，飞蝗泥蜂这个名字多好啊！听起来简单明了，丝毫不会令不认识它们的人产生歧义。不过，我很不喜欢砂泥蜂这个名字，它会让我将一种安家时离不开坚实土地的昆虫，当成是喜欢沙子的虫子。如果必须要给步甲蜂起一个让人一提起它就能想起其主要特征的称谓，我或许会给它这样命名——喜欢蝗虫的虫子。

这种对蝗虫的喜好，是一种具有排他性的爱，代代相传，时间也改变不了这种忠诚。在步甲蜂眼里，最美味的正是蝗虫。

据我所知，我生活的那个地区有五种步甲蜂，均属于直翅目昆虫。

装甲车步甲蜂，肚子底部有一条红带，比较稀少，我在土坡上和小路两旁偶尔会看到它们。它们在那里挖洞，洞最多只有一寸深，洞与洞之间相互分离。它们的猎物是一种蝗虫的成虫，身材一般。当装甲车步甲蜂捕获到猎物时，便会将其麻醉，然后抓住猎物的触角，将它们拖到巢边放下，这时猎物的头朝向洞口。事先准备好的洞穴被主人用石板和细细的砂岩暂时盖住了，以防主人不在时，会有路过者侵犯，或者洞口因为土坍塌而被堵住。

装甲车步甲蜂清扫了隐居所的入口，独自进去。随后，它又把头伸出来，抓住猎物的触角，倒退着将其拉进去贮存好。我像以前对待飞蝗泥蜂那样戏耍了它。当步甲蜂在地下时，我将猎物移远。步甲蜂伸出头来，没有在门前发现任何东西；它只好走出来，重新抓住蝗虫，并像第一次那样放在门口。做好这一切以后，它又独自进去了。它刚一转身，我又将猎物拖远，步甲蜂只好再次出来，重新开始。无论这种实验重复多少遍，它始终坚持独自进去。

其实，它想中止我的挑衅很简单，只需和猎物一起下去，而不要将猎物搁在门口一段时间。但它忠于自己种族的习惯，坚持和祖先做得一样，尽管这种古老的习惯可能会使它蒙受损失。还是让它安静地工作吧。最后，我放弃了捉弄这种小虫子。于是，蝗虫消失在地下，装甲车步甲蜂将卵产在了被麻醉者的胸部。每个巢里只有一只猎物，不会有更多。产完卵后，隐居所的入口被堵了起来，开始是用砾石，这是用来防止房间里的土石塌方的；然后还要扫上一层尘土，这样可以将地下居所遮掩得严严实实。到这里算是结束了，装甲车步甲蜂此后不会再来了。它要到别的洞里去，这些洞因它流浪的习性而分布在各处。

在村子里的一条路上，我曾看到一个装甲车步甲蜂的巢，里面贮存着食物。一个星期后，我又去看那个蜂巢，发现里面竟然多了一个茧。看来在这段时间，步甲蜂的宝宝从卵孵化为幼虫，又从幼虫变成了茧——发育得如此迅速的昆虫还真不多见。

装甲车步甲蜂的茧上裹挟着厚厚的一层沙子，使得整个茧摸起来硬硬的。这种用丝混合着其他材料的结茧方式，在我看来应该是某一类昆虫共有的属性，我至少见过三种虫子用这种方式来结茧。但这其中不包括和装甲车步甲蜂有着同样食性的飞蝗泥蜂，它们的幼虫在结茧方式上相去甚远。前者是一些做马赛克①的工人，将沙子镶在丝网上，后者则只是简单地织丝。

---

①马赛克：建筑专业名词为锦砖，分为陶瓷锦砖和玻璃锦砖两种。

　　跗猴步甲蜂的身材较小，穿着黑衣，腹节边缘还镶着几道细绒银色饰带，它们常常成群结队地聚集在软质砂岩的峭壁上。八月和九月是它们的工作时节。如果洞穴挖掘起来很容易的话，它们的洞就会一个连着一个。这时，只要找到它们的居所，就能够发现一大串茧。

　　在我家附近的采沙场里，我在太阳下造访了跗猴步甲蜂的家，没花多长时间，我就已经两手满满。跗猴步甲蜂贮存的粮食是些蝗虫幼虫，长度在六到十二毫米之间。蝗虫的成虫对于跗猴步甲蜂的幼虫来说过于坚硬，因此被排除在外。这些被当作食物的蝗虫幼虫，翅膀刚刚开始长出，背上光秃秃的，就像某种窄礼服的短垂尾。因为猎物很小，所以要满足幼虫进食的需要，数目就要增多。每个蜂房里我都能看到有二至四只蝗虫幼虫。

　　弑螳螂步甲蜂披着和装甲车步甲蜂一样的红带，数量比较稀少。我是在塞里昂的森林里认识它们的。风吹来的细沙堆积在迷迭香丛中，形成了一些沙丘，它们就住在或曾经住在这些细沙沙丘里。有可能经过我的不断挖掘，如今它们的数量变得更加稀少，甚至已经灭绝。除了这个居民点外，我没有在别处再见过它们。它们的故事很多，并伴随着它们的整个生长发育过程。现在我只说说它们的口粮，那是一些螳螂的幼虫，主要是欧洲螳螂。在我的记录中，每个蜂房里有三至十六只螳螂幼虫。

　　黑色步甲蜂，我在黄翅飞蝗泥蜂的故事里曾经介绍过一只。我在那个故事里描述了它和飞蝗泥蜂的冲突，我以为它强占了后者的洞穴；我叙述了它在路边拖着一只被麻痹的蟋蟀，牵拉着猎物的触角；我说过它的犹豫，这让人怀疑它是一个无家可归的流浪者；最后我还说到，它将猎物放在一边，对其似乎既满意又不安。除了和飞蝗泥蜂的争斗，我的观察记录中没有关于它的别的事件。

　　黑色步甲蜂尽管在我的住所附近是最常见的一种，但它们对我而言始终是个谜。我不知道它们的住房，它们的幼虫，它们的茧，它们家人的行动。根据它们拖着的不变的猎物，我所能确认的就是，它们应该用蟋蟀喂养自己的孩子。

　　黑色步甲蜂是抢劫别人财产的偷猎者，还是按规矩办事的捕猎者？我的猜疑一直存在，尽管我知道不应该妄加猜疑。在事实尚未澄清、我的怀疑尚未排除之际，我最后来说一下我对它们所知的那一星半点内容。

　　黑色步甲蜂以成虫形态过冬，并会从隐居所中出来。温暖的庇护所，光秃秃的陡直小坡，便是它们倾心的地方。我确信，在冬天的任何时候都可以见到它们，只要看到土层上面布满了通道，那这里有可能就是它们经常出没的地方。我看到它们一个个蜷着身体，待在某个通道深处温暖的地方。如果温度较高，天清气爽，它们便在一二月份从隐蔽处出来，来到斜坡表面晒个日光浴，看看春天是否提前到了。当阴云密布温度降低时，它们便又回到冬季的御寒所里。

　　弃绝步甲蜂是种族里的巨人，也一样在肚子上披着红色斜带，这是同类中最稀少的一种。我只遇见过它们四五次，每次总是单独出现。这种昆虫像土蜂一样在地下狩猎。

　　九月的一天，我看见一只弃绝步甲蜂进入了地下。刚刚下过的小雨使地面很松软，土的移动使我对它在地下的行走了如指掌。它像鼹鼠一样钻入草地寻找白色的小虫。它出来的位置离入口差不多有一米的距离，这样长的地下行程只需花去它几分钟的时间。

　　这种精妙的挖掘工作是弃绝步甲蜂做的吗？显然不可能。也许，弃绝步甲蜂是位强健的矿工，但它们不可能在这么短的时间内完成这样艰巨的工作。它们在地下如此敏捷，那是因为它们走的是别人留下的路。道路是在弃绝步甲蜂进入之前就已经有了的。

　　在地表至多两步长的范围内，地面裂开形成一条弯曲的带子，带子相当于人的一指宽，从这条带子的左右又分出一些短得多的分支，分布得很不规则。即使对昆虫不怎么了解的人也能够一眼看出，这些隧道是蝼蛄的杰作，它们在寻找合适的树根时，挖掘出了这些四通八达的地下迷宫。迷宫里大多数地段畅通无阻，偶尔有一些坍塌物，但这在弃绝步甲蜂看来完全不是问题，三下两下就可以打通，所以它们才能够在几分钟内跑完那么长一段距离。

　　那么，弃绝步甲蜂在通道里干什么呢？如果没目的，膜翅目昆虫是不喜欢在地下远行的。所以弃绝步甲蜂一定怀有某种目的，这个目的就是：利用蝼蛄的通道寻找蝼蛄，把它们作为食物来喂养幼虫。弃绝步甲蜂选择的猎物极有可能是蝼蛄幼虫，因为成虫过大，肉质比较老。相比起来，幼虫嫩嫩的皮肉要受欢迎得多，这一点得到了跗猴步甲蜂、黑色步甲蜂、弑螳螂步甲蜂的证明，三者都选择了自己的幼虫能吃得下的食物。

从上述各种步甲蜂的食物看来，我当时确定步甲蜂喜欢蝗虫并不十分确切，一个种族的食物并不会完全一致、一成不变。看看蝗虫、蟋蟀、螳螂和蝼蛄，它们的模样有什么共同点？当然完全不同。我们当中即使有人不懂昆虫学上的精细分类，他也不会将这些虫子划成一类。或许我当初的命名也有些武断了，同是步甲蜂，但它们的食物并不只是那一种。

更有甚者，出现在同一个步甲蜂洞穴里的食物种类也不尽相同。比方说弑螳螂步甲蜂，它们是不加区分地将附近所有螳螂作为猎物的。我见过弑螳螂步甲蜂储存有三种螳螂，分别是欧洲螳螂、灰螳螂和椎头螳螂。

弑螳螂步甲蜂蜂房里占绝大多数的是欧洲螳螂，第二位是灰螳螂。椎头螳螂在附近的灌木丛中相对稀少，弑螳螂步甲蜂一旦遇上它们，还是很乐意接受这种猎物的。三种猎物都是幼虫，翅膀初具雏形。它们身材的差别较大，长度在十至二十毫米之间。

欧洲螳螂全身是一种令人愉快的绿色，前胸很长，步伐轻快。灰螳螂为蜡灰色，前胸较短，步伐沉重。但体色不影响狩猎者，步伐也不能。无论绿色还是灰色，敏捷还是缓慢，弑螳螂步甲蜂都感兴趣。对它们来说，尽管模样不同，但两种猎物都是螳螂。

该怎么形容椎头螳螂呢？在我们的国家，昆虫世界里还没有比这更古怪的生物。孩子是杰出的命名专家，他们为这种昆虫取了一个与其形象十分相符的名称——"小鬼虫"。它的确是个精灵，一个值得用笔描绘下来的魔鬼幽灵。它的肚子平平的，边上有齿形的纹饰，形成拱状；椎形的头上有两个发散性的角，就像是匕首；小小尖尖的脸，活似魔鬼的狰狞面孔；长长的腿在关节处有迭层的附属器官，就像古代勇士肩上佩着的肩章。从四条长长的后腿上，它的身体高高地竖立着，腹部回卷，胸节竖直，用于战斗捕猎的前腿紧贴着前胸。它轻轻地晃动着，在一根树枝梢上左右摇摆。

第一次看到椎头螳螂这种可怕姿势的人，恐怕会吓得跳起来，但弑螳螂步甲蜂不会感到惊恐。它们只要一看到椎头螳螂，便会抓住其脖子并插入匕首。在搜捕中突遇"小鬼虫"后，弑螳螂步甲蜂怎么会知道这个奇怪的家伙也是可口的猎物，可以捉来放在库房里呢？对于这个问题，我难以回答，提供不出有价值的答案。

作为我观察的对象，弑螳螂步甲蜂的家安在一个细沙沙丘里。两年前，为了挖出几只弑螳螂步甲蜂的幼虫，我切开了这个沙丘。弑螳螂步甲蜂住宅的入口朝向切面的小竖坡。当时正值七月初，虫子们工作得热火朝天，在它们的洞穴里，我发现了一些发育得很成熟的幼虫，还有一些新茧。那里有一百多只雌蜂，它们有的挖着沙土，有的正带着猎物远行归来。它们的洞相互贴得很近，整个覆盖面积差不多有一平方米。这个小市镇面积不大但人口密集，它向我们展示了以螳螂为食者的工作生活情况。尽管工作时是单干，但弑螳螂步甲蜂习惯与同类群居，就像一些飞蝗泥蜂一样；装甲车步甲蜂则喜欢独居，像砂泥蜂一样。

雄蜂快乐地在太阳下、沙地上和坡底下蜷缩着，等候着雌蜂，等雌蜂经过时同它们调情。这些守候者的模样很可怜，体长只有异性的一半，体积更是小许多。从远处看，它们头上似乎披着一种具有鲜艳色彩的缎带。近看时，可以确定有这个头饰，那强烈的柠檬黄几乎让人头晕。

上午十点钟，当暑气变得酷热难耐时，弑螳螂步甲蜂开始在一块范围不大的狩猎场里，来来回回往返于洞穴和草丛，或者不洞花、百里香、蒿属植物之间。旅程如此之短，以至于它们常常只要飞一下就可以把猎物带回家。飞行时，它们总是提着猎物的前部，这有利于它们迅速地将猎物贮存起来。因为这样做，螳螂的腿会在身体的后面拉长，而不是横着折起来或弯起来，否则，进入狭窄的通道时，就会因为阻力而难以通过。长长的猎物在捕猎者身下悬空晃动，干瘪，麻痹，没有生气。弑螳螂步甲蜂紧抓着猎物飞行，直到家门口才停下来，然后马上将猎物拖在身后带进屋去。

不过困难也是有的。让我说说贮存时发生的一件不幸的事吧。

在弑螳螂步甲蜂的洞穴附近，有一株植物把螳螂粘住了。这是一种捕蝇草，无论分支还是主茎干，在这种植物的大部分节结里，都有一个黏黏的环状物，宽一至二厘米。黏胶为淡褐色，黏性极强，只要稍微一碰就能抓住冒犯者。我见过它抓住小蝇虫、有翅膀的蚜虫、蚂蚁，以及一些植物带冠毛的种子。

曾有一只牛虻在我眼皮底下中了圈套，一到危险的"祭坛"，它的后腿跗节立即就被绊住了。牛虻拼命地挣扎，从上到下摇晃着细细的植物，但它刚把后腿跗节挣脱，前腿跗带又粘上了，于是只得从头再来。我觉得它或许没有可能解脱，但在斗争了整整一刻钟之后，它最终还是挣脱开了。

然而在牛虻逃过一劫的地方，小蝇虫、蚂蚁、蚊子、有翅膀的蚜虫和其他

法布尔昆虫记全集

许多小虫子却不会有那样的好运，它们很难脱得了身。那么，这种植物会拿捕获来的猎物怎样呢？它能从这些战利品身上得到好处吗？有人认为，在自然界中存在着食肉型的植物。如果真如他所说，那他应该拿出证据来。至于我，我是不会相信这种耸人听闻的言论的。

这种捕蝇草上为什么绕着黏带？目前我还说不清。不过对于那些落入陷阱的虫子能否对植物起到作用？我可以明确地给出答案，那就是什么作用也不会起。让胆大的人去相信这种奇谈怪论吧！让他们去把植物枝节里渗透出来的黏胶当作一种消化液，相信它会将捕获来的小虫子转化成肉浆，为植物制造营养吧！我只想说明一点，那些被捕蝇草粘上的小虫子，并没有成为肉糊状，而是在太阳下毫无用处地被晒成了虫干。①

咱们再回到弑螳螂步甲蜂身上吧。一只狩猎者带着垂着身体的猎物出现了。它飞翔的位置与捕蝇草属植物的黏液贴得很近。结果螳螂的肚子被粘住了。在此后的二十分钟时间里，弑螳螂步甲蜂始终在飞，它努力拉着猎物，想将猎物拉出来。经过一番努力却无济于事后，小家伙疲惫了，最终它向捕蝇草属植物低头，放弃了螳螂。

看到这样的情景，或许有人会觉得，这只弑螳螂步甲蜂的行为不够理性。我想要说的是，请不要将理性和智力混淆，尽管人们常常这样做。我不认为动物具有理性，但它们拥有一些有限的智力，这一点是毋庸置疑的。

下面，让我们这些具有理性的人，对弑螳螂步甲蜂遇到的麻烦进行一下简单的分析推理吧。其实，事情本是再简单不过的。弑螳螂步甲蜂只要直接在猎物粘着的肚子上方，抓住猎物的皮肤，就能将其拽出来，而不是像它那样抓着颈部不放。这么简单的力学问题，昆虫却无法解决，它不会明白猎物突然动不了的原因，因为它没有一点儿理性。

有一些吃糖的蚂蚁，习惯走一座步行桥到达糖仓，可当桥中间断开一截时，它们便被阻断了。其实，它们只要用几粒沙子填上空缺重建通道，困难就会迎刃而解，可它们根本不会朝这方面想。其实，它们本身就是勇敢的挖土工，能竖起几堆土石小山。我们看到过它们堆起巨大的锥形土丘，这是本能的

---

① "这种捕蝇草……"一段：法布尔这一说法并不准确，现代科学证明并非如此。捕蝇草、猪笼草等植物确实能将小虫子消化吸收。

162 PAGE NUMBER

工作，但我从未见过它们连着放上三小粒沙土，因为这是理性的结晶。蚂蚁和弑螳螂步甲蜂一样缺乏理性。

诡计多端的狐狸在驯化后面对饭盆时，只会使尽全身气力，拉扯使它与食物保持一两步距离的绳子。它像弑螳螂步甲蜂一样使劲地拉着，徒劳无功，最后只得躺下来，无奈地用小眼睛盯着饭盆。它为什么不转身呢？它如果趴下来加长自己的身体控制范围，也许能用后腿够到饭盆，将饭盆拉向自己。但它没有想到这个主意，因为它同样缺乏理性。

我的狗布尔也不比它们更有理性，它只是更通人性罢了。我们穿越树林时，它常常会被拴野兔的黄铜连环套住。这时，它就会像弑螳螂步甲蜂一样拼命地拉，结果使绳结越拉越紧，最后还得靠我来为它松绑。又是一个没有理性的家伙。

弑螳螂步甲蜂执著地拉扯被捕蝇草粘住的螳螂，根本不知道用其他方法将猎物从陷阱里拉出来。这向我们展示了这种膜翅目昆虫不值得夸耀的一面。事实表明，只有在施行外科手术方面，弑螳螂步甲蜂才会显现出杰出的才能——这是它们的本能。

好多次我都强调本能这个令人不解的科学话题，接下来我要再一次提及。因为见解就像钉子，只有多次敲击才能深入人的大脑。以前，我总是先提及动物的本能，然后再对此做出解释。这一次我要倒过来，也就是说，我先介绍昆虫的相关情况，然后再探讨昆虫的本能。

欧洲螳螂的外部结构足以使我们看出其神经中枢的位置，弑螳螂步甲蜂要通过损害神经来麻醉对方，这样可以不伤及猎物而活生生地吞食它。螳螂窄长的前胸把一对前腿与两对后腿分开。它的胸部有三个大大的神经块，前面是一个单独的神经块；后面，大约隔着一厘米长，有两个贴得很近的神经块，这三个神经块和腿的分布一致。那单独的一个是三个当中最大的，也是最重要的，因为它掌管着螳螂的武器——两只呈锯齿状的有力的手臂。另两个与前者保持整个前胸的长度，每一个都对应着相应位置的那双腿。因此两者之间距离很近。在此之外还有腹部神经，我就不提及了，因为弑螳螂步甲蜂做手术时很少用得着它。腹部的运动是简单的搐动，对捕猎者来说没什么可怕的。

现在，让我们对这种没有理性的昆虫施行手术的情况做点儿简单的推理分析。捕猎者体弱，而猎物却相对强壮。要想挥动三下手术刀就消除猎物的任何防范性动作，第一下该做什么？螳螂的前臂是真正的战斗武器，是一对强壮的长着锯齿的大刀，当它弯起来夹住对手的时候，对方立刻就会被切得粉碎；如果碰上了末端的钩子，倒霉蛋就会被剖腹。这对残酷的杀人机器隐藏着巨大的危险，是要冒着生命危险首先制伏的，其余的则不用担心。

因此，弑螳螂步甲蜂的螯针第一下就应小心翼翼地指向猎物凶残的前腿。然而，弑螳螂步甲蜂这样做有很大危险，不能有丝毫的犹豫，这一下得非常准确，否则就会被剪刀抓住。螳螂的其他两对腿对于弑螳螂步甲蜂而言一点儿也不可怕，如果只为自身安全考虑，完全可以忽略它们。但弑螳螂步甲蜂得为自己的卵着想，对卵而言，作为粮食的螳螂需要完全无法动弹才行，其后腿的神经支配中心因此也需要被施行手术。此时螳螂已没有了战斗力，刺后腿有足够的时间。这两对腿和它们的神经块与第一个攻击点离得很远，中间有一段长长的间隔，即前胸，这里根本不必插入螯针，要跳过去。弑螳螂步甲蜂一路后退，当退到第二个神经块时，又开始实施手术，然后是附近的第三个。

简而言之，外科手术是这样进行的：第一下在前，然后后退很大一段距离，大约有一厘米，再在两个很近的点上戳上两针。分析完之后，让我们看看虫子的实际操作。

让弑螳螂步甲蜂当着我们的面进行手术一点儿也不难，只要用代换法便可，也就是说，取走已经被捕获的猎物，代以一只大小差不多的未被麻醉的螳螂。对于大部分弑螳螂步甲蜂来说，替代是行不通的。它们一刻不停地飞到家门口，很快就带着猎物消失在地下了。但是偶尔有几只从很远的地方飞来，也许是不堪重负，它们会在离洞口有段距离的地方停歇一下，甚至放下猎物不管。我便利用这难得的机会，观看了一场精彩的演出。

失去猎物的弑螳螂步甲蜂很快就发现了替换物，但这不再是没有反抗能力的猎物。也许是为了示威，本来一直默不作声的弑螳螂步甲蜂现在发出"嗡嗡"的声响，它的飞翔也变成始终跟在猎物身后的极为迅速的摆动。这是钟摆式的加速来回，只是摆的时候没有吊着的那条垂线。螳螂肆无忌惮地四条腿着地，竖起前半身，将它的大剪刀打开、关上，再打开，也在向敌人示威。它将头朝这边转转，再朝那边转转，这种其他任何昆虫都做不到的动作，很像我们通过肩膀向四周环顾。它紧紧地盯着进攻者，准备等待攻

击到来时随时进行反击。这是我第一次看到如此大胆的防卫。接下来会发生什么呢？

弑螳螂步甲蜂继续在后面摆动着，以防可怕的对手将它抓住；而后猛然间，当它发现螳螂被它快速的动作转晕了头时，便迅疾地扑到螳螂背上，用上颚抓住其颈部，用腿绕住其胸部，匆忙地往前刺上一针——就在危险的前腿那儿。大功告成了！

螳螂致命的大刀无力地垂落下来。这时，手术者像从一根桅杆上滑下来那样，在螳螂的背上一路往后退，退到大约一指宽的长度后停下来。这一次，它不慌不忙地麻醉着猎物的两对后腿。手术完成以后，患者一动不动地躺着，只有跗节还在颤动，一下一下地抽搐。

猎手擦擦翅膀，将触角放进嘴里打磨，这是激斗之后重归宁静的习惯表示。过了一会儿，它便抓住猎物的颈部，紧紧绕住，将其带走了。

你们对此怎么看？人类解剖学和生理学研究的东西，昆虫凭着本能不是完美地完成了吗？本能是先天的产物，是没有意识的神启，它与我们费力获得的知识不相上下。

最令我们震动的，就是弑螳螂步甲蜂第一针以后的后退。毛刺砂泥蜂在给它的猎物做手术时也后退，但那是一步一步的，从一个节到另一个节，它对手术的精细安排应该出于用力一致的考虑。但对于弑螳螂步甲蜂和螳螂，我们无法做出这样的认定。这里的针不再是有规则地刺上去的，相反，手术没什么章法，如果患者的组织结构不给它做出指引，它就想不到这些。因此，弑螳螂步甲蜂知道猎物的神经中枢在什么地方，或者说得更好一些，它的行为使它看上去像知道一样。

这种不被了解的科学，弑螳螂步甲蜂和它的种族不是通过一代一代的完善得来的，这不是一代代传下来的习惯。这种手艺绝对不可能通过实验学会，因为第一下失手就会遭殃。猎手只要弄错了猎物武器的方向，就会被双锯碾得粉碎，反而成为残暴的螳螂的猎物。步甲蜂攻击蝗虫时，平静的蝗虫都会出其不意地进行反抗；肉食类的螳螂连比弑螳螂步甲蜂强壮的食物都吃，当然更会反抗甚至吃掉粗心者。

做螳螂的麻醉师这种职业是最危险的，容不得失败或只成功一半，必须冒着死亡的危险，第一次就干得出色。不，弑螳螂步甲蜂的手术不是后天学

会的。那它是从哪里来的呢？

　　如果拿走欧洲螳螂，换上一只小蚱蜢，会发生什么呢？在我的饲育物中，我发现弑螳螂步甲蜂幼虫对这种食物很适应。那么，弑螳螂步甲蜂母亲会不会像蚧猴步甲蜂那样，用一串蝗虫取代它所选择的危险猎物，喂给一家老小吃呢？对于这样一个猎物，手术方法是一样的，依然在其颈部下面刺一针再突然退后，还是根据新的神经组织进行相应的调整呢？

　　后一种假设是没有任何可能性的。弑螳螂步甲蜂是不会因为猎物发生了变化，就改变手术的部位和蜇刺的次数的。它精于对螳螂施行手术，但对螳螂之外的昆虫的身体几乎一无所知。第一种假设似乎有一定的可能，值得进行一下实验。

　　我将弑螳螂步甲蜂的螳螂拿走，换上一只小蚱蜢。蚱蜢的后腿已被剪去，防止它蹦跳。残废的蚱蜢在沙地上疾走。步甲蜂在它身旁飞了一会儿，不屑地瞥了它一眼，然后什么也不尝试就退开了。不论提供的猎物大还是小，灰还是绿，短还是长，像不像螳螂，我的尝试全告失败。弑螳螂步甲蜂很快就发现这不是它要给家人吃的猎物，于是它走开了，甚至都不用上颚碰一下我精心为它准备的蚱蜢。

　　这种固执的拒绝并不是出于饮食习惯上的考虑。我说过我养的弑螳螂步甲蜂幼虫是吃小蚱蜢的，就像吃小螳螂一样。对这两道菜它们似乎不予区别，它们对于我选择的食物和它们母亲选择的食物同样中意。

　　可弑螳螂步甲蜂母亲却看不上蚱蜢，它的拒绝出于什么理由呢？我只能看出一个原因：这个不属于它的猎物也许像陌生人一样让它害怕；可怕的螳螂不会使它退却，镇静的蚱蜢却吓倒了它。此外，就算它摆脱了恐惧，它也不知道如何控制蚱蜢，特别是如何进行手术。每个人都有适合自己的职业，每个弑螳螂步甲蜂的螯针也只戳向一个地方。只是换了手术对象，这些才华横溢的麻醉师便什么都不会做了。

　　说完了步甲蜂的食物和施行手术的情况，下面我们再来了解一下它们织茧的情况。

　　昆虫织茧的技艺各有不同，差异极大，幼虫展示了它们所有本能的方法。步甲蜂、泥蜂、大唇泥蜂、孔夜蛾和其他挖掘者织的是复合式的茧，在丝网中镶嵌了沙粒，像果核一样坚硬。

就拿泥蜂的作品来说，泥蜂幼虫先是用洁白的丝织出一个水平的锥形囊，开口敞着，并用丝线将它与居所的隔板固定起来。织茧时，幼虫不离开小房子，它从开口处伸出脖子，在外面采一小堆沙粒，贮存进工地内部。然后，它一粒一粒地选择，将沙粒镶嵌在身边的丝囊里，并用自己吐丝器里的液体将其凝固，液体很快就变硬了。

当工作完成时，它还要关上居所。可是，直至此时居所还是大开的，因为随着内部的沙粒用完，它还要一点点地贮存新的沙粒。就这样，泥蜂幼虫在开口处织出了一个丝质的帽状拱顶。

步甲蜂则用别的方式织茧，尽管工作完成后，它的茧与泥蜂的看上去并没有什么区别。步甲蜂幼虫先是在身体中部的周围织上一圈丝带，无数条丝线很不规则地分布着，并与蜂房的隔板连在一起。在幼虫身体可及的范围内，一些沙子就堆在这个基架上。于是使用小工具的步甲蜂幼虫开始砌"墙"了：沙石是沙粒，水泥是吐丝器里的分泌物。

第一层基础打在吊悬着的环带前沿。线路绕好后，第二层基础是用液体粘在丝上的沙粒，它竖在刚刚做成的硬边上。步甲蜂就这样一个环带一个环带地进行着工作。一点一点地，茧逐渐形成圆帽形，并在顶上合拢起来。

步甲蜂幼虫的建筑方法让我想到建造一条环形路的砌石工，在一个类似窄塔的通道里，它占据着中心位置，转着圈儿地在自己身体的四周放置材料，一点点地给自己套上砖石套子。

步甲蜂也是这样给自己套上"马赛克"的。为了编织茧的后半部分，幼虫转了一个身，以同样的方式在起初那个环带的另一边开始织起来。大约三十六小时之内，坚固的茧壳便完成了。

观看泥蜂幼虫和步甲蜂幼虫这两位职业相同的工作者使用迥异的方法做出同种作品，是很有趣的事。前者开始时用的是一堆纯丝，随后用沙粒镶嵌在茧的内部；后者是更胆大的建筑师，它省下丝墙，只用悬带，一层一层地建。建筑材料是相同的——沙子和丝；两个建筑师工作的地点也相同——沙地里的居所。然而，每个建造者都有自己独特的艺术形式、自己的工期、自己的操作方法。

与居住的地点、使用的材料一样，食物的类型对于幼虫的才能也不起作用。大唇泥蜂这个将沙粒镶在丝里织茧的建造者在这一点上向我们提供了证据。强壮的大唇泥蜂就像弑螳螂步甲蜂一样，它们捕猎同一地区的各种螳螂，主要是欧洲螳螂，只是它们强壮的身材需要更大的食物，但猎物还不必达到成虫的大小和形状。一个蜂房里有三至五个猎物。

大唇泥蜂的茧更加坚固宽敞，完全可以与最大的泥蜂的茧媲美，那茧是如此的独特，一眼看去就能区分出来。在规则的茧壳边缘，突起了一道粗粗的垫圈，上面粘着沙土块。这个隆起能使人从所有的茧中认出它是属于大唇泥蜂的。

大唇泥蜂幼虫织造茧盖的方法会向我们解释这个突起的根由。起初，一个锥形的纯白色丝囊织了起来，看上去就像泥蜂一开始织的锥形囊，只是这个囊有两个开口，一个朝前，开得很大，另一个在旁边，开得很窄。通过前面的开口，大唇泥蜂随着内部镶嵌的需要，不断将沙子贮存进来。茧就这样被一点点加固，然后建成帽形拱顶关闭起来。直到这时，织造工作还和泥蜂的工作完全一致。

现在，封闭在茧壳内的大唇泥蜂幼虫开始完善加工房屋的内部了。为了这些最终的修补，它还需要一点儿沙子。这时，建筑物的边上特意开着的口子就起作用了，这是个狭窄的窗户，恰好能够供大唇泥蜂纤细的头颈进出。沙粒带进来后，这个只在最后时刻才使用的附属开口也关了起来——幼虫用一层沙石，从里到外将它牢牢地堵上了。这样，在茧壳边缘便形成了一个不规则的突起。

今天，我不想展开来讲大唇泥蜂。我只涉及它结茧的方法，用它的茧来和步甲蜂的进行比较。这两种昆虫也一样是吃欧洲螳螂的。通过这种平行比较，我似乎能得出结论：我们今天看成是本能起源的生存条件，包括食物类型、幼虫生活环境和建造防卫围墙的必要材料等，都不影响幼虫的工作。我那三个用沙粒织茧的建筑师，尽管所有条件都一样，甚至食物的特性也相同，但它们做同一项工作时用了完全不同的方法。这是些从不同学校毕业的工程师，尽管学的东西都差不多，但学派不同。

工地、工作、粮食都不能决定本能。本能在前，它决定法则而不会听命于法则。

松毛虫的产卵和孵化

在我的实验地里，几棵苗壮挺拔的松树巍然矗立，其中有阿勒普松和奥地利黑松。这些松树与荒野的松树毫无二致。在过去的岁月里，松毛虫占领了这些树木，并且在上面编织大袋囊。这些树的树叶遭到的糟蹋破坏，就像经历了一场大火似的，令人切齿痛恨。为了保护树叶，我每年冬天都不得不对松树进行严密检查，彻底清除松毛虫窝。

贪得无厌的松毛虫，如果我听任你为所欲为，很快松树就会变得光秃秃的，而我就再也听不见松树在风中絮语了。今天，为了对我的烦乱忧虑进行补偿，让我们来签订一份合同吧！你得给我讲一讲你的故事，讲一年，两年，或者更久一些，直到我差不多把全部情况了解透彻为止。你放心，只要你讲得精彩，即使这些松树会为此受苦受难，我也无怨无悔。

合同签订了，我遵守了约定，让三十来个松毛虫窝安在离我的家门几步远的松树上。如果这批松毛虫窝还不够，附近的松树会向我提供必要的补充。天天看着一堆毛毛虫在眼前爬来爬去，我不禁更为急切地想了解松毛虫的故事。

我首先观察的是松毛虫的卵。在八月份的前半个月，如果去观察松树的枝端，只要稍加注意，我们就会很快发现，在叶丛中，一些微白的小圆柱体把郁郁葱葱的青枝绿叶弄得斑斑点点。这就是松毛虫的卵，每一个圆柱体，就是一个母亲产下的一簇卵。

这种小圆柱好像小小的手电筒，大的约有一寸长，五分之一或六分之一寸宽，裹在一对对松针的根部。这小筒的外貌有点像丝织品，白里略透一点红，小筒的上面叠着一层层鳞片，就跟屋顶上的瓦片似的。

这些鳞片大致呈卵形，半透明，白色，底部略呈褐色。鳞片下端短且尖，略有些细小，显得较为散乱；上端比较宽大，好像被截去了一段，牢牢地固定在松针上。微风吹拂也好，刷子反复擦拭也好，都不能使这些鳞片脱落。如果手电筒似的小圆柱体被从下到上轻轻扫拂，这些鳞片就会像受到反向摩擦的浓毛那样竖起，并且一直保持这种状态；而朝反方向摩擦，它们就会恢复原状。

此外，触摸起来，鳞片就像丝绒那样柔软。它们很细致地一层一层地盖在小筒上，做成一个屋顶，保护着筒里的卵。在这些柔软的"瓦片"的庇护下，一滴雨水、一颗露珠都不可能渗透进去。

这种柔软的绒毛是从哪里来的呢？十分明显，是松毛虫蛾母亲一点一点地铺上去的。它为了孩子牺牲了自己身上的一部分毛。它用自己的毛给它的卵做了一件温暖的外套。

根据松毛虫蛾一个十分奇怪的特点，十八世纪初法国著名昆虫学家雷沃米尔教授对此进行了猜测。让我们引证一段雷沃米尔的话吧：

"雌松毛虫蛾在身体的尾部有一块'发光板片'。我第一次看见时，它的形状和光泽就引起了我的注意。我手拿一枚大头针去碰触它，查看它的构造。大头针的摩擦产生了一个小小的令我备感惊奇的景象，我看见大量闪闪发光的小碎片分离出来。这些小碎片到处散落，有的好像向上投射，有的则向旁边投射。其中最坚固的那片，随同一些小片轻轻地掉到了地上。

那些我称之为小碎片的物体，都是极薄的鳞片，同蝴蝶翅膀上的鳞片有些相似，但要大得多。松毛虫蛾尾部惹人注意的那块板片，是一个奇妙的鳞片堆。雌松毛虫蛾好像是要用这些鳞片来覆盖虫卵，但它不想在我的住处产卵。

因此，它没有告诉我它是否用这些鳞片来覆盖它的卵，也没有告诉我堆集在尾部的鳞片是用来做什么的。这些鳞片并不是造物主无条件地给予它，白白地放在那儿不派用场的。"

是啊，大师，您说得对。这样厚厚实实、整整齐齐的一堆小碎片，并不是徒然长在松毛虫蛾的尾部的。

难道会有一点儿用处也没有的东西吗？您不这样认为，我也不这样认为。任何事物都有它存在的理由。是的，您预测这些在您的大头针尖下飞起的鳞片可能是用来保护蛾卵的。您这样预测，的确没有错。

如果用钳子把圆柱体上面的一层带有绒毛的鳞片拨开，我们就可以看到那

些虫卵了，它们就像一颗颗白色珐琅①质的小珠子。这些小卵密密地挨挤着，排成纵队。整个圆柱体里大约有三百颗卵，这些卵都是一母所生。这可真是一个大家庭啊！

那些珐琅质的小珠固然美丽，但它们那种富有规律的排列方式更让我感兴趣。相邻两列的虫卵交错地排着，竟没有一点儿缝隙。大自然中的一切都是那么有规律，妙不可言。

这多像是用珍珠制作的一件精致玲珑的手工艺品啊！然而，把它同优美地排列着玉米粒的玉米棒儿比较会更加准确。它就像一个微型的玉米棒儿，但排列的几何图形更漂亮。

松毛虫蛾的"玉米棒儿"上的颗粒略微呈六角形，这是虫卵互相挤压的结果。它们牢牢地粘合在一起，无法隔离开来。如果卵块受到破坏，就会一片片、一块块地脱离松叶。一种像漆一样黏的物质把一颗颗虫卵连接了起来，用来保护虫卵的鳞片就固定在这片漆上。

在天气晴好的时候，观看松毛虫蛾母亲怎样产卵，又怎样用一片片从尾部脱离的鳞片为卵群制作屋顶，还是很有趣的。那一长串卵并不是呈纵列产下的，而是呈环状产下的。这些环一层一层地叠合起来，让卵粒交替排列。产卵从下面，从接近松树叶的下端开始，在上面结束。最早产出的是下面圆环的卵，最后产出的是上面圆环的卵。鳞片全都纵向排列，而且在朝向树叶的那一端固定。

让我们用思考的目光来审视这件漂亮的艺术品吧。无论是谁，年老的或年幼的，有学问的还是没文化的，看到松毛虫蛾这美丽精巧的作品，都会情不自禁地喊道："真好看啊！"

多么光荣而伟大母亲啊！一只小小的松毛虫蛾竟然知道这精妙的几何知识，这难道不是一件令人惊讶的事吗？

我们越和大自然接触，便越会相信大自然里的一切都是按照一定的规则安排的。比如，为什么一种花瓣的曲线有一定的规律？为什么甲虫的翅鞘上有着那么精美的花纹？从庞然大物到微乎其微的小生命，一切都安排得这样完美，

---

①珐琅：覆盖于金属制品表面的玻璃质材料。以石英、长石等为主要材料，加入纯碱、硼砂等溶剂，再加入一些乳溶剂和着色剂，经粉碎、混合和熔融后，倾入水中急速冷却，可以制成珐琅块。

这是不是偶然的呢？似乎不大可能吧？是谁在主宰这个世界呢？我想冥冥之中一定有一位"美"的主宰者在有条不紊地安排着这个缤纷的世界。我只能这样解释了。

松毛虫蛾在穿缀"珍珠"的技艺方面也有竞争对手，纳斯特里虫蛾就是其中之一。这种虫蛾的卵像手镯那样聚集在性质迥异的树枝周围，这些树枝主要是苹果树和梨树。绝大部分人第一次看见这种优美的工艺品，都会自然而然地认为它出自一个巧夺天工的"珍珠女"的纤纤细指。我的儿子小保尔初次见到这种小巧玲珑、精美可爱的"手镯"时，就情不自禁地睁大惊奇的眼睛，惊讶地喊出了一声："啊！"

时间不多，还是言归正传，让我们专注于松毛虫吧！

九月时，松毛虫卵就开始孵化了。为了便于观察新生幼虫的情况，我在实验室的窗台上放置了几根载着虫卵的枝杈。枝杈的底部浸在一杯水中，水可以使这些枝杈在一段时间内保持新鲜。

上午八点左右，在阳光照进屋子之前，小松毛虫开始陆续钻出虫卵。这时，如果把圆柱体的鳞片稍微掀开一点点，我们就可以看到在"珍珠"里面，有一些黑色的小脑袋在啃咬着，试图弄破、推开上面的顶板。这些小家伙慢慢露出身子，布满虫卵表面。

虫卵孵化以后，从外观上看，那些小圆柱体还与原先一样，整整齐齐的，只是里面已经没有小虫子居住了。这时，它们就像一个个半透明的白色杯子，不过这些"杯子"都缺少盖子。这些盖子已经遭到新生幼虫的破坏，被它们撕裂了。

这些搞破坏的小家伙才一毫米长，身体是淡黄色的，上面长满了纤毛，纤毛有黑色的，也有白色的。它们的脑袋都黑得有些发亮，竟有身体的两倍粗。似乎是为了与大脑袋相协调，这种小虫子长有一个强劲的下颚，看起来威猛无比，好像什么东西都能啃破。

这下颚的确是啃咬坚硬的松针的完美装备。松毛虫幼虫从卵壳里爬出来后，第一件事情就是进餐。幼小的松毛虫在卵壳中间漫无目的地游荡一些时间以后，大部分开始去吃支撑着卵壳的那些针叶，另外一些凑不上嘴，便前往邻近的针叶。它们随处入席就座，大快朵颐。

如果有几条小松毛虫吃饱了，它们便排成一列长队，一起前行，但很快又会迅速分开，各自随心所欲地乱逛，这便是未来松毛虫大军的雏形。这时，如果你去逗它们玩，它们会摇摆起头部和前半身，高兴地和你打招呼。

当阳光照射到饲养着松毛虫幼虫的窗子的角落时，这些小家伙们基本都已吃饱了。它们恢复了体力，逐渐退回出生的地点，在那里乱糟糟地聚集起来，开始做帐篷。这时，它们会在卵壳的附近用一张稀疏的网做成一个小球，这个小球由几片叶子支撑着。在中午太阳光最强烈的时候，小虫们便在那个球形的帐篷里面睡大觉。

下午，当阳光从窗口消逝，凉爽一些之后，这些小虫子就离开隐蔽所，四散开来进食。你看，松毛虫从卵里孵化出来还不到一个小时，却已经会做许多工作了：吃针叶、排队和搭帐篷，仿佛没出娘胎就已经学会了似的。

那个帐篷是不断扩建的，一天以后就会有榛子那么大，两个星期后，就能有苹果那么大了。不过这毕竟是一个暂时的夏令营。冬天快到的时候，它们得造一个更大更结实的帐篷。它们边造边吃着帐篷范围以内的针叶。也就是说，它们的帐篷同时解决了它们的吃住问题。这的确是一个一举两得的好办法。这样它们就可以不必特意到帐篷外去觅食。因为它们还很小，如果贸然跑到帐篷外，是很容易碰到危险的。

当它们把支撑帐篷的树叶都吃完了以后，帐篷就要塌了。这时，松毛虫家庭就动手搬迁，到别处去搭新帐篷。新帐篷的使用时间和第一顶差不多同样长。一些过着迁徙生活的游牧民族，当他们帐篷周围的牧草被牛羊吃光后，就会搬到一个新的地方，松毛虫幼虫的生活和他们是一样的。这些临时住所一次又一次重新修建，重建的地址越来越高，以致这个原本居住在靠近地面的树枝上的家族，有时甚至把家搬到了树梢。

这个时候，松毛虫幼虫的毛呈浅白色，十分浓密，竖起来很丑很难看。几个星期后，幼虫第一次蜕皮，长出了丰密漂亮的毛。在背部表面，除了前三个体节外，其余的体节装饰上了六个红色的小圆斑，在黑皮肤的映衬下，分外显眼。小圆斑周围环绕着红色和绯红色的刚毛，这些毛呈辐射状，像被大风吹过的稻谷一样倒伏着。腹部的和胸侧的毛则比较长，稍微有点儿白。

在这件用红色斑点点缀的工艺品的中央，矗立着两簇很短的纤毛。这些纤毛密密地聚集在一起，在阳光下发出金子一般的光芒。这就是松毛虫的中年服装，这时它们的身体长两厘米，宽四毫米。

松毛虫的行进队列

曾经有一个很古老的故事。话说船上有一群羊，当那只头羊被扔下大海以后，其他羊也都自觉地跟着跳进海里。这种盲从看上去很愚蠢可笑，但是动物的这种本能都是缘于它们生存的需要。松毛虫也有诸如此类的表现，甚至比那些羊表现得更为强烈。它们在出行时，总会排成整齐的队伍，第一条松毛虫往哪里爬，后面的松毛虫就跟着往哪里爬。它们一条接着一条，首尾相连，中间几乎没有任何空隙。

它们列成一行，像一条连绵不断的细带子。领头开路的松毛虫，随心所欲地东爬西爬，画出一条复杂交错而蜿蜒曲折的路线，其余的松毛虫也一丝不苟，依样画葫芦。为啃噬松叶的松毛虫所取的"松树上成串爬行的毛虫"这个名字就是这样得来的。

松毛虫完全是高超的走绳索的杂技演员，它们只在绷得紧紧的绳索上行走，只在它们一边前进一边铺设的丝轨上行走。领头的那条松毛虫一边赶路一边不断吐出丝来，把丝固定在它东转西转、随意行走的道路上。

第二条松毛虫来到这座纤细的"步行桥"上时，就用它的丝把桥面加厚一层，第三条松毛虫又给它加厚一层，其他松毛虫也都用它们的丝给这座桥添砖加瓦。最后，当松毛虫队伍鱼贯爬行远去之后，就留下一条狭窄的带子，在阳光下闪闪发光。

松毛虫修筑道路的方法，比我们的方法更加耗费资财。它们铺路不用石子，而是用柔软的绸缎。这是一项与大家利害攸关的工程，每条松毛虫都为它献出自己的丝。

松毛虫们为何要修筑这样一条路呢？难道它们不能像其他毛虫那样爬行，

而不使用如此昂贵的材料吗?

我从它们前进的方式中看出了两个理由。松毛虫是在夜间去吃松针的,在沉沉的黑暗中,它们爬出位于枝梢的窝,循着裸露的树枝寻找还没有被啃噬的枝杈。随着它们一晚又一晚地进食,那些没被啃食的枝杈的位置就会离窝越来越远。

吃完晚餐后,夜更寒冷了,该回到家里去躲藏起来了。沿直线走,这段距离并不长,还不到两臂加起来那样长。但是,这段距离松毛虫是无法跨越的。它们必须从一个十字路口爬向另一个十字路口,从松针上爬到小枝杈上,从小枝杈上爬到小枝上,从小枝上爬到大枝上,再从大枝上经过一条同样不断左弯右拐的小路爬回住所。

这条路漫长曲折,千变万化,靠视觉来带路是不行的。松毛虫在头的两侧有五个视觉点。用放大镜看,这些视觉点很小,很难辨认出来,因此它们不可能看得很远。此外,在夜间没有光亮、漆黑一团时,这种近视的透镜又能发挥什么作用呢?

在这个问题上,考虑松毛虫的嗅觉也没有什么用。这种毛虫有没有嗅的本领呢?我不知道。我虽然不能对此作出定论,但是我至少可以肯定,它们的嗅觉很迟钝,绝对不适于为它们带路。

在我做实验的时候,几条饥饿的松毛虫证明了这一点。这些饿了很久的松毛虫经过一根松树小枝的时候,没有显露出任何贪婪和停留的迹象。是触觉在向它们提供信息。它们尽管饥肠辘辘,只要这个牧场没有被嘴唇偶然碰触到,就不会有一条松毛虫在那里停留。它们只在挡道的小枝上停留下来。

排除了视觉和嗅觉,还剩下什么来引导它们回到窝里去呢?那便是在路上吐丝结成的细带子了。在松树上,那一大堆乱七八糟的松针错综复杂,很难走出,在夜里更是如此。松毛虫就借助那一小根丝线在松针丛中爬行前进而不至于迷路。

在撤离的时候,每条松毛虫都轻而易举地找到了自己的那根丝线,或者找到邻近的一条丝线。这些邻近的丝线被不同的虫群铺设成扇形。有了丝线的指引,这个散开了的部落渐渐在那条共同的带子上集合起来,排成一行。这条带子的起源地就是虫窝。这个饱餐了一顿的商队,循着这条带子很快就能顺利地回到家了。

白天，甚至在冬季，当天气晴好时，松毛虫有时也要进行远程探险。它们从树上下来，结队在地上冒险。外出不是为了觅食，因为出生地的松树还远远没有被吃光耗尽，已经被啃食的小枝在巨大的叶群中几乎算不了什么。这些远足者没有其他目的，只是为了进行健身运动和探察周围地区。当然，在这些大规模的移动中，起引导作用的丝带没有被忽略，这时这条带子比任何时候都更加不可或缺。

如果结队行进的路程相当长，带子就会变得足够宽大，容易寻找。然而，在返回途中，它们并不是不费什么周折就可以找到。请大家注意这一点：行进中的松毛虫从来不会整个儿转过身子，它们绝对不可能在带子上做一百八十度的大转身。

为了再次踏上原来那条老路，松毛虫不得不画着弧线行进。它们的首领随心所欲，任意决定这条弧线的弯曲程度和宽窄长短。首领在试探摸索中前进，行动是那么飘忽游移，以致虫群有时不得不风餐露宿。但事情并不严重。这时，所有的松毛虫蜷成一团，紧紧地彼此依偎着。第二天，经过一番周折，它们便会沿着那条指引道路的丝带回到自己的家。

此外，这些用于铺设道路的丝还有一个显著的用途。在严冬劳动时，为了免受寒风冰冻的袭击，松毛虫得为自己织造隐蔽所，它们将在那儿度过天气恶劣的季节。修建一个经得起风吹雪打、冰雾袭击的牢固住所，需要成百上千条松毛虫的通力合作。于是，大伙儿将个人的微不足道的力量合在一起，来修造宽敞持久的建筑。

工程历时长久。每天晚上，当时间允许的时候，松毛虫的住所必须不断进行加固、扩大。因此，在天气恶劣的季节，只要松毛虫的身体维持在毛虫状态，劳动者的行会就必须存在，不得解散。但是，如果没有特别的布置安排，每次夜间外出都会导致这个行会分裂解体。在这个填饱肚子的欲念产生的时刻，个人主义就会抬头。松毛虫在一定程度上四散开来，在周围的枝杈上离群索居。每条松毛虫单独吃它的那份松叶，这样一来，以后它们怎样重新聚集，重新变为群体呢？

松毛虫们留在路上的丝线使这种行动变得容易。有了丝线引导，任何松毛虫，不管跑了多远，都会回到同伴那里，从不迷路。所以，这条丝带并不仅仅是一条指引回家的路，还是凝聚集体中所有成员的一条纽带。

法布尔昆虫记全集

　　每个松毛虫队伍中，都会有一条领头的松毛虫。至于这条松毛虫为何有资格作为头领，这完全出于偶然。它既不是指定的，也不是固定的头领。它担任总指挥的职位也许只有一次，等到下一次队伍重新组合时，领头的松毛虫可能就换成了另一条。尽管松毛虫队伍的领头者都是临时的，可是不管哪条松毛虫担当了这个职务，它都会非常尽心尽责。

　　首领毛虫的临时职务使它摆出了一副特殊姿态。当其他松毛虫排得整整齐齐，被动地跟随它行进的时候，它这个队长则摇摇摆摆，动来动去，把身体前部一会儿伸向这儿，一会儿伸向那儿，似乎在探测路面的情况。它真的是在探测地形吗？它在选择最有利于通行的路线吗？或许说它的犹豫不决，是因为在它们还没有涉足的地方，缺乏一根引导的丝线吗？它的随从者跟在后面，十分宁静，脚爪间的细带子使它们非常放心。而这位探路者却没有这种条件，显得惶恐不安。

　　透过首领毛虫那黑亮得像一滴柏油一样的小脑袋，我能看出些什么呢？从行动看，它的确有那么一点儿能力，能够在经过试验后，辨识粗糙不平的砾石堆、滑溜的地面、没有耐受力的粉状地点，尤其是别的远足旅行者留下的丝线。我和松毛虫的接触经历告诉我，关于它的心理状态就止于此，或者说几乎止于此。

　　真是一群可怜的虫子！它们的部族的保护者竟然是一根丝线！

　　松毛虫的队伍长短不一，相差悬殊。我所看到的最长的队伍有十二米或十三米长，其中包含两百多只松毛虫，它们排成极为精致的波纹形曲线，浩浩荡荡地行进着。而最短的队伍一共只有两条松毛虫，但它们仍然遵从原则，一只紧跟在另一只的后面。

　　从二月起，在暖房里我有了各种规模的松毛虫队伍。我准备向它们设下一些陷阱。我只想到了两个：取消首领和弄断丝线。

　　取消行进队列的首领，没有引起任何引人注目的变化。如果事故没有引起大的风波，行进队列就丝毫不会改变速度。第二条松毛虫一旦成为队长，马上就会了解那个职位的责任，即选择道路，带领队伍。

　　丝带断了，也无关紧要。我把接近队列中央的一条松毛虫取走，并且截去了这条松毛虫占有的那一截带子。这样一截断，行进行列就有了两个互不依赖、各自独立的首领。在这种情况下，后面那个队列很可能同前面那个队列会合，毕竟它同前面的间距很短。如果这样，事物就恢复了原状。

不过更为常见的现象是，这两个部分不再合二为一。在这种情况下，就有了两个截然不同的行进队列。它们都随心所欲地逛游，越走越远。但是，不管怎样，两个队列的松毛虫由于不断地流浪探索，或早或晚都会在截断处找到引路带子，最终返回虫窝。

这两个实验平平常常，没有多大意思。于是，我思考酝酿了另外一个很有概括意义的实验。我打算在破坏作为引路的丝带之后，让松毛虫画个封闭的圆圈。当把火车头引向另一个分岔的扳道岔没有起作用时，火车头会继续循着既定的线路前进。跟着首领行进的松毛虫总是感觉前面的丝质轨道上没有阻碍，没有一处有扳道岔。如果这个丝质轨道是一个圆圈，那么它们将坚持走一条永远没有终点的不归路吗？问题在于如何用人工的方法铺成这个圆圈，这个在惯常的情况下没有的圆圈。

我的第一个想法是，用镊子把"火车"尾部的丝带夹住，小心翼翼地让它弯曲，不能有一点儿抖动，然后把它放在行进队列的头部。如果充当开路先锋的松毛虫走上这个轨道，事情就办成了。其他松毛虫肯定会亦步亦趋，忠实地跟随它前进。

在理论上这项操作轻而易举，实践起来却困难重重，难以有什么有价值的成果。这根带子极其纤细，它稍稍带起一些粘住的沙粒，就会在沙粒的重压下断裂。它即使不断裂，不管我怎样谨慎小心，后面的松毛虫也会感到震动。这种感觉使它们立刻蜷缩成一团，甚至舍弃带子。

更大的困难是，松毛虫行进队列的首领拒绝接受放在它前面的带子，带子被截断的一端使它疑神疑鬼。它一会儿朝着偏右的方向前进，一会儿朝着偏左的方向前进，努力摆脱窘境。假如我试着干预，把它带到我选择的道路上，它就拼命拒绝，缩成一团，一动不动。这种混乱现象很快就蔓延到整个行进队列。这个方法不好，尝试起来很费劲，成功的可能性非常渺茫。最终我放弃了这个方法。

必须尽量减少干预，并且设法得到一个自然的封闭圆圈。这可能吗？是的，可能。我没有进行任何干预，就看到在一条完美的环形跑道上面，出现了一个松毛虫行进队列。这个发现立刻引起了我的高度关注。

在安置着虫窝的沙土层坡道上，有几个栽着棕树的大花盆，盆口的周长

大约为一米半。松毛虫常常攀爬花盆的盆壁，并且一直攀升到盆沿上。这个场所非常适合松毛虫列队行进。这或许是因为盆沿十分稳固，在这个表面上，不必担忧在地上活动时成堆的泥沙崩塌物；也或许是因为在这儿，有一个有利于在攀升疲劳后休息的平台。环形跑道是现成的，需要我做的只是等待机会的到来。这个时机无法预料。

一八九六年一月的最后一天，快到晌午时，我突然看见一大队松毛虫在窗台上行进，开始向它们喜爱的花盆盆沿爬去。它们鱼贯而行，慢慢攀爬上巨大的花盆。它们到达盆沿后，便排成整齐的队列前进。这时另外一些松毛虫也陆陆续续到来，把队列不断拉长。我耐心地等待着松毛虫编织的这条丝带闭合起来，也就是那个始终沿着环形跑道行走的首领回到起步的地点。环形路轨在一刻钟内铺成了，这简直太好了！

我清除了盆壁上继续往上攀爬的松毛虫，以免过多的队员到来扰乱良好的秩序。清除所有的丝质羊肠小道，不管新的还是旧的，都一样重要，因为它们可能把花盆盆沿同地面连结起来。我用一把粗刷子细心擦抹花盆盆壁，使松毛虫在路上铺设的丝线统统消失。做完这些准备工作后，一个奇怪的景象出现在我的眼前。

在这个连续不断的环形行进队列中，不再有首领。在每条松毛虫前面都有另外一条，在丝带的引导下，它们亦步亦趋，紧紧跟随前面的同伴。没有一条松毛虫担任总指挥，更准确地说，没有一条松毛虫任凭心血来潮，改变行走路线。大家都循规蹈矩，绝对服从和相信原本应当为它们开路，而实际上被我用妙计取消了的向导。

松毛虫在花盆盆沿上开始行进时就铺设起了丝轨，这条轨道很快被在路上不断吐丝的行进队列转变为一条狭窄带子。它最后回到起点，没有任何分支，因为我已经用刷子把分支去除了。在这条封闭的羊肠小道上，这些松毛虫会干些什么呢？它们将转圈闲逛，永无休止，直到筋疲力尽吗？

在这里我想起了一头驴子的故事。这头蠢驴置身于两份燕麦之间，这两份使人垂涎欲滴的食物，重量相同，方向相反，结果它因不知该吃哪一份而活活饿死。同那头蠢驴相比，我的这些松毛虫会有一点儿聪明才智吗？经过再三考验之后，它们会懂得冲破让它们始终陷在其中的封闭环行圈吗？它们会决定从这边或者从那边偏离吗？偏离是唯一能使它们得到那份"燕麦"的方法，那份

"燕麦"就在附近，就在距它们只有一步之遥的绿枝上。

我认为会这样。但是，我错了。

我想再过上一两个小时，这支队伍中的某一条松毛虫便会突然发现它们的错误，而带领大家重新选择一条道路。当没有什么外力阻碍它们离开的时候，留在那里忍饥挨饿，任凭风吹雨打，在我看来是不能容许的愚蠢行为。但是，令我难以置信的情况居然成了事实。

一月三十一日将近中午时，风和日丽，松毛虫队列开始沿着环形轨道行进。它们步伐整齐规范，每条松毛虫都紧跟在前面那条松毛虫的后面。每条松毛虫都机械地持续行进，就像时针忠实于钟面的圆周一样。这种情况先持续了几个小时，然后又持续了几个小时。面对这一结果，我几乎惊呆了。

这时，重复的环行已使最初的纤细轨道变成了一条两毫米宽的漂亮带子，很清楚地在盆沿淡红的底色上闪耀着光辉。

虽然道路恒定不变，但速度却不是这样。我测量松毛虫走过的路程，计算出它们平均每分钟走九厘米。当然，中间有或长或短的停歇，有时速度会放慢，特别当气温逐渐下降时，速度会更加慢。到了晚上十点，行进只不过是屁股在懒懒散散地东摇西摆、起起伏伏而已。由于寒冷、疲乏和饥饿，可以预见，它们会停下来歇息。

就餐的时刻到了。其他松毛虫成群结队地从住所里出来，吃我放在窝旁的松树枝杈上的针叶。排列在花盆盆沿上的那些松毛虫，本来也应该欢天喜地聚餐的：它们走了十个小时，食欲旺盛，本来也会吃得津津有味的。一大片美味的松枝苍翠欲滴，要前往这绿油油的"牧场"，只要攀爬下花盆就行了。然而，这些可怜的松毛虫却不知道这样做。它们对那根带子唯命是从，盲目服从。十点半，我离开了这些肌肠辘辘的虫子，我相信黑夜会让它们清醒，明天一切都会好起来的。

结果我还是错了。我以为它们那备受煎熬的胃会使它们茅塞顿开，但我太过相信它们了。

第二天一大早，我就去看望那些松毛虫。它们依然排着环形的队列，只是那支队伍并没有继续行进，也许是因为夜里太冷了，它们不得不停下来，蜷起身子睡着了。等空气渐渐暖和些了，那些松毛虫便又行动起来，继续在那里转圈。结果，它们又转了一天。

那天夜间十分寒冷，寒气忽然降临。其他地方的松毛虫全都待在窝里，闭门不出。但花盆盆沿上那些顽固的松毛虫除外，这些松毛虫没有隐蔽所，度过了一个非常艰苦难熬的夜晚。

不过，对某些事情来说，灾难和不幸也可能成为好事。夜晚的严寒把松毛虫组成的环状队列冻裂成两段，这或许会使松毛虫的命运出现转机。松毛虫们苏醒后，很快就会产生一个真正的首领。这首领不再盲从，将会担负起探路的职责，带领自己的队列偏离原来的道路。

的确，让我们回想一下吧，在惯常的行进队列中，第一条松毛虫履行着侦察兵的职责。如果没有发生什么骚动不安，其他松毛虫便总是保持在后面的队列里。这时，领头的松毛虫专心致志地履行它的职责，不断朝着一个方向或者另一个方向弯下头，探测道路，并做出选择。

即使是在已经走过并且装饰着带子的路上，负领导责任的松毛虫也会继续探索。可以相信，在花盆盆沿上迷路的松毛虫很有可能使自己走出困境。让我们监视它们吧。

这两群松毛虫从麻木迟钝中恢复过来后，渐渐排成两个不同的队列。这样就产生了两个首领。它们自由行动，独立自主。它们会走出着魔的圆圈吗？从它们那东摇西摆、惴惴不安的黑色脑袋来看，很有可能会这样。然而，不久后我就知道了答案，这根链条的两个截段竟然又会合了起来——圆圈恢复了。首领成了普通下级，松毛虫又整天转着圆圈，列队行进。

第三个夜晚，万籁俱寂，满天星斗，但仍然十分严寒。这些松毛虫又都挤成了一堆，有许多松毛虫被挤到丝织轨道的两边，次日一觉醒来，它们发现自己在轨道外面，就跟着轨道外的一个领袖走，这个领袖正在往花盆里面爬。这队离开轨道的冒险者一共有七位，而其余的松毛虫并没有注意它们，仍然在兜圈子。

由于这个小小的意外，圆圈形行进队列变成了有缺口的圆环。尽管有了这个缺口，可领头的向导并没有对路线做任何革新尝试。走出这个魔圈的机会已经出现，可这个向导视而不见，丝毫不知道加以利用。

至于那些进入花盆的松毛虫，它们的命运并没有什么改善。它们饥肠辘辘，爬到棕树顶上去寻找食物。但那里怎么可能有适合它们胃口的东西呢？于是，它们只好垂头丧气地依照丝线的指示，从原路返回到队伍里，冒险失败了。现在圆环又完整了，松毛虫队列继续绕起了圈圈。

那么，这些松毛虫什么时候才能得到解脱呢？有这么一个传说，一些可怜的灵魂被卷进一次永无休止的飘荡中，直到一滴圣水解除了地狱的魔法，飘荡才停止。好运会把一滴什么样的圣水抛洒在我的这些松毛虫身上，解除它们的圆圈，把它们引回窝里呢？我只看到两个可以驱散魔法，使它们从圈子里解脱出来的方法。这两个方法都是艰苦的考验。

首先是寒冷引起蜷缩。这时，松毛虫乱七八糟、紊乱无序地聚集起来。一些堆在丝带子上，更多的堆在一旁。在后者当中，或早或迟地会出现某个变革者。它不屑于再走老路，它将开辟一条新的道路，把追随者带回老家。

我刚刚看到的就是一个很好的例子。有七条松毛虫进入花盆内部，攀登上了棕树。不错，这是一次失败的尝试，但毕竟尝试了。要想获得成功，只需朝着相反的方向、向花盆外面走就行了。也就是说，成功的概率有二分之一，足够大了。没准，它们下一次尝试就会取得成功。

其次是松毛虫中途突然停顿。长期空着肚子赶路，某条身体较差的松毛虫可能会筋疲力尽，突然停下脚步作短暂的休息。而在这条有气无力的松毛虫前面，队列仍在行进。于是，队伍开始拥挤收缩，并出现了空隙。当造成队伍断裂的那条松毛虫恢复了一些力气，继续赶路时，它就成了首领。这时，它的前面什么都没有，它只需稍微有一点儿要求解放的意志，或许就可以引领大伙儿走上回家的道路。

总之，要使处于危难中的松毛虫队伍摆脱困境，它们必须与现在的做法背道而驰，越出轨道。而越出轨道这个行动，取决于行进队列首领的任性之为，只有它能够或左或右地偏离方向。而圆环不断，就不会有这个首领。

事实上，因过度疲劳或过度寒冷而使圆圈出现断裂，这样的意外事故经常发生。就在第四天，移动的圆周多次分成两个或者三个圆弧。但是，圆弧很快又连接起来，事态没有发生任何变化。将使松毛虫从困境中解脱出来的大胆革新者还没有出现。

像前两晚一样，第四个夜晚也非常寒冷。第五天没有发生什么新鲜事，除了下面指出的一段小插曲。

前一天，我没有揩擦那几条松毛虫进入花盆时留下的足迹，这些足迹在环形路上有个连接点。松毛虫找到了这些足迹，有一半循着这些足迹到花盆的泥

土里去游览，攀爬棕树；另一半则留在花盆盆沿上，继续在老轨道上游逛。下午，迁移的团伙同另一伙松毛虫会合了，事态又回复到老样子。

现在到了第六天，夜晚的严寒更加凛烈，但仍然没有侵袭暖房。继严寒之后，万里碧空上出现了美丽的太阳。它的光芒把暖房里照得很温暖，聚集成堆的松毛虫苏醒过来，很快又开始了在花盆盆沿上的活动。

这一次，开始时的整齐队列不久就出现了混乱。这显然是即将到来的解放的先兆。昨天和前天探路的松毛虫在花盆里铺满了丝线。今天，一部分虫群离开大部队，开始循着这些虫丝走，但它们走了一个短短的"之"字形后，就又回到盆沿上了。于是，盆沿上出现了两个行进队列，它们朝着同一个方向行进，彼此之间距离很近，时合时分，不时出现小的混乱。

疲劳和倦怠加剧了混乱状况。不少松毛虫拒绝前进，于是行进队列的断裂现象成倍增加。队伍分裂成几个截段，每个截段都有自己的首领。这些首领的身体前部时而东伸，时而西探，努力地探测着地形。一切都似乎预示着队伍即将分散解体，松毛虫很快就会得救。可是，我的希望又一次落空了。黑夜来临之前，所有松毛虫又排成了一个队列，无法遏止的绕圈恢复了。

炎热和寒冷一样来得十分突然。二月六日是个美丽温和的日子，暖房里十分热闹。大批松毛虫走出虫窝，形成许多花环似的图形，在坡道的沙土上像波浪似的上下起伏。在花盆盆沿上，松毛虫组成的圆环不时分裂成几个截段，接着又结合起来。

我发现有几个勇敢的领袖，它们热得实在受不住了，于是用后脚站在花盆外侧的边沿上，做着要向空中跳出去的姿势。最后，其中的一只决定冒一次险，它从盆沿上溜下来，可是还没走到一半，它的勇气便消失了，于是又回到花盆上，和同胞们共甘苦。

这些行动并非完全没有意义，一些丝线留在了路上，将成为下一次行动的奠基石。解放的道路有了第一块里程碑。没错，到了第八天，那些久困的松毛虫时而分离，时而结成小群，时而形成长串，经过一番摸索，终于从花盆盆沿上下来了。夕阳西下时，拖在最后的松毛虫也回到了窝里。

现在让我们稍微计算一下。松毛虫待在花盆盆沿上的时间大约为七乘二十四小时，也就是一百六十八小时。由于松毛虫在夜间要休息，以及某些松毛虫因疲劳而出现了停顿，我们就从宽计量，扣除一半行进时间，这样还剩下

法布尔昆虫记全集

八十四小时在行走。松毛虫平均每分钟走九厘米，总行程就是四百五十三米，差不多半公里。花盆盆沿的周长为一点三五米，那么可以得出结论：松毛虫在这个没有尽头的圆圈里，始终朝着同一个方向走了三百三十六次。

虽然在通常情况下，松毛虫表现得浑浑噩噩，极其愚昧。但是，这些松毛虫仍然令我惊讶不已。我寻思，松毛虫在爬下花盆时因遇到困难和危险而被阻留的时间，是否和因不开窍而被阻留的时间同样长。事实回答说："爬下花盆和爬上花盆同样容易。"

松毛虫有很灵活的脊梁骨，善于绕过物体的凸出部分，善于从下面钻过去。它们循着垂直线或者水平线，无论背朝上还是背朝下，行走起来同样轻而易举。此外，它们把丝线固定在地上后才前进。脚下有这样一个紧贴的支持物，身体处于什么位置和姿势，都不必担心跌落。

在花盆盆沿上会失足踏空，并不能成为它们无法脱身的理由。因为在每个拐弯的地方，松毛虫都灵巧地绕过了。困苦不堪、饥肠辘辘、居无蔽所、夜里冻僵的松毛虫，顽强地在丝带上长征，周而复始地走了几百圈，这是因为它们的头脑中缺乏舍弃这条带子的理性之光。

经验和思考与它们无缘。半公里长和三四百圈行程的考验，什么也没有教给它们。

它们要回到虫窝，需要偶然的环境和条件的帮助。如果没有夜间扎营时的混乱，如果没有因极度疲劳而停顿引起的混乱，如果不把几根丝线扔投到环行道路之外的话，松毛虫就会死在那条圈套似的带子上。

今天，渴望在动物界底层找到理性光芒的学者，我向你们推荐松树上成串爬行的毛虫，它们会告诉你们这种光芒有多么暗淡。

卷心菜上的掠夺者

在我们的菜园里，卷心菜是一种很受欢迎的蔬菜。古希腊人和古罗马人对它的重视程度仅次于蚕豆和豌豆，但它的种植历史要更加久远。人们是怎样获得它的，已经没人说得清了。历史不关心这些细节。历史对屠杀我们人类的战争大肆颂扬，而对使我们得以生存的田园蔬菜却保持缄默。

对我们珍贵的食用植物如此漠不关心，实在令人遗憾。要知道，卷心菜——古老的菜园的主人，在它身上发生了很多趣味盎然的故事。对人类而言，卷心菜是很有价值的。不仅仅是人类，还有一种动物也与卷心菜有着非比寻常的关系。这就是菜粉蝶的幼虫——菜青虫。

众所周知，菜粉蝶是一种很普通的白色蝴蝶。它的幼虫不加区别地吃各种甘蓝的叶，虽然这些叶的形态外观彼此之间截然不同。这些甘蓝除了卷心菜，还有牛心菜、花椰菜、皱叶甘蓝、芜菁和甘蓝芜菁等。以上种种甘蓝，菜青虫吃得同样津津有味。

但是，在菜园里出现各种甘蓝之前，这些毛虫吃什么呢？很显然，在人类和菜园出现之前，菜粉蝶就已经开始享受它们的生活了。过去没有我们，菜粉蝶照样生存；今后没有我们，菜粉蝶将继续生存。它们的生存并不取决于我们的存在。

在卷心菜、花椰菜、芜菁等甘蓝类蔬菜诞生之前，菜粉蝶的幼虫显然不会缺少食物。

它们吃海边悬崖上的野生甘蓝——现在丰富多样的甘蓝的祖先。但是，由于这种野生植物分布不广，局限在某些沿海地区，因此，平原和山区的菜粉蝶要想繁衍兴旺，得需要有一种产量更大、分布更广的食用植物。这种植物是什

么呢？显然是甘蓝所从属的十字花科①植物。让我们用其他一些十字花科植物来喂喂它们看！

菜青虫刚从虫卵孵出，我就用假芝麻菜喂养它们，这种食物具有一种浓烈的辛香味。结果，这些毛虫没有丝毫犹豫就接受了这种食物。它们像吃卷心菜一样，胃口非常好。最后，它们变成了蛹和蝴蝶。食物的改变没有给饲养带来丝毫麻烦。

用其他一些味道比较清淡的十字花科植物，比如白芥、菘蓝、大蒜芥等，喂养这些毛虫同样取得了成功。相反，莴苣、蚕豆、豌豆等的叶子却遭到毛虫的强烈抵制。关于这点我们现在就谈到这儿吧！从菜青虫的进食情况，足以证明它们只吃十字花科植物。

这项实验是在一个钟形网罩里进行的。可以想象，监禁迫使这些毛虫不得不退而求其次，吃它们在可以自由觅食的情况下极少食用的食物。这些饥肠辘辘的毛虫，没有别的东西吃，只好无奈地进食各种十字花科植物。那么，在我的实验控制的范围以外，在自由的田野里，情况也会这样吗？菜青虫会在除甘蓝外的其他十字花科植物上定居吗？

我在羊肠小道旁邻近菜园的地方进行调查研究。最终，我在假芝麻菜、白芥等植物上找到了这种毛虫。这些毛虫密密麻麻地聚在一起，像在卷心菜上定居的群体一样繁荣兴旺。

我们知道，除了临近身体变态的时候，毛虫从来不外出旅行。它们就在出生的植物上完成整个发育成长过程。因此，在上述十字花科植物上观察到的毛虫，并不是从毗邻的卷心菜地里来到这些地方的，它们就是在我遇见它们的地方孵化出来的。由此可以得出这样的结论：菜粉蝶为了安置它们所产的卵，会首先选择卷心菜，然后选择形态多种多样的十字花科植物。

菜粉蝶怎么能够在植物大家族中辨认出自己要找的植物呢？以前，花象虫以其对紫云英的丰富知识，令我惊叹不已。这种知识可以从它们安放虫卵的方法中得到充分地展现。它们用喙在紫云英的花托上挖槽筑窝。也就是说，它们在把自己产的卵交托给某种植物之前，在挖掘的过程中，总是要先品尝一下，

---

①十字花科：一年生或多年生草本植物，少数为灌木或乔木，常为单叶，少数复叶，无托叶，花两性，辐射对称，因花冠呈十字形而得名。甘蓝、白菜、萝卜等食用蔬菜都属于十字花科。

看这种植物是不是自己所中意的。

菜粉蝶却不会通过品尝叶子和花朵来确定植物的种类，它们只吸食花蜜。它们最多把吻管插进花的底部，从那里汲取一点儿糖汁来舔舔。此外，从花的外型上来确定植物的种类也行不通，因为被它们选作居家处的植物，这时往往还没有开花。产卵的蝴蝶只需围绕植物飞舞一会儿，就能够确定这是不是自己所中意的产卵地。

要辨认十字花科植物，我们必须具有相关的知识。在这方面，菜粉蝶的本领要胜过我们。菜粉蝶既不需要查看这种植物的果实，也不需要查看这种植物的花瓣，就可以准确地辨认出十字花科植物。对于缺乏植物学知识的人而言，花与花之间的区别很深奥，菜粉蝶却一下子就能辨识出什么适合于它们的毛虫，真是令人惊叹。

为了家族的繁荣兴盛，菜粉蝶必须要有辨识十字花科植物的本领。它们对这种植物的情况的确是了如指掌。半个多世纪以来，我充满热情地采集各种植物标本用于研究。在植物没有开花的情况下，要了解某种植物是否属于十字花科对我来说并不困难，因为有菜粉蝶的帮助。我对菜粉蝶所认定的植物比对书本上的资料更加深信不疑。在科学可能有谬误的地方，本能是不会错的。

菜粉蝶每年要成熟两次，四五月份一次，到十月份时又有一次，而这个时期，正是卷心菜成熟之时。所以在园丁们要收获卷心菜的季节，也正是菜粉蝶快要出来的时候。

菜粉蝶的卵呈浅橙黄色。用放大镜凑近观察，可以看到这些卵十分优雅精致。卵像弄钝了的锥体，这些锥体并排竖立着，还装饰着纵向条纹和横向条纹。这些卵成片成块地集结在一起，如果支撑它们的叶片摊开，它们就集结在叶片的趋光面；如果叶子紧贴相邻的叶子，它们就集结在叶片的背光面。

卵的数目变化不定。含有二百个卵的卵块屡见不鲜；零星分散，或集结成小组群的卵则较为罕见。安放卵时是否受到干扰，决定着雌菜粉蝶排卵的方式。

虫卵组群的外形很不规则，内部却井然有序。这些虫卵在内部一个紧挨一个，排成直列，每粒卵都能在前一列上找到双重支撑。这种交替虽然并非准确得无懈可击，却使这个集合体保持着平衡。

观看雌菜粉蝶产卵不是件容易的事儿。菜粉蝶产卵时，如果发觉有人紧盯着看，就会立刻飞走。但卵的分布结构把产卵过程清楚地显示了出来。产卵

时，雌菜粉蝶的输卵管总是先朝着一个方向，然后朝着另一个方向，轮番徐徐摆动，不停地在前一列里相邻的两粒卵之间放置一粒新卵。菜粉蝶身体摆动的幅度决定虫卵行列的长度。根据雌菜粉蝶反复无常、任性行事的性格，行列往往在这儿长些，在那儿短些。

大概一个星期的时间，那些卵就会变成毛虫。整整一堆卵几乎同时孵出。一条毛虫刚刚从卵里钻出，其他毛虫也跟着钻出来，似乎有一个信息在卵中传播，唤醒了所有的居民。

虫卵不像种子成熟的蒴果那样会自动裂开。新生的幼虫总是自己啃咬卵的屋顶，在顶端打开一扇天窗。天窗边沿整整齐齐，干干净净，既没有飞边，也没有残渣。这证明这部分卵壳已经被啃啮和吞下。除了这个刚刚能够使幼虫获得自由的缺口外，虫卵原封未动，没有受到任何损伤，仍然牢固地竖立在原来的地基上。

在两个小时内，所有的毛虫都会孵化出来。然后，它们聚集在原地，在残破的卵壳上乱蹿乱动。在往下爬到叶子上之前，它们长时间停留在这平台上，忙得不可开交。忙什么呢？它们在那里一口一口地啃啮卵壳，从顶端到基底，有条不紊。不用多久，这些卵壳便只剩下地基了。

可以说，菜青虫来到世间的第一顿大餐就是自己的卵壳。这是它们家族流传下来的祖训，我从来没有见过一条小毛虫在吃完它的卵壳之前，被附近那青葱翠绿的食物所引诱。这是我第一次看见一种幼虫吃哺育它们的卵壳。对于刚刚出生的毛虫来说，吃这种稀奇古怪的糕饼有什么用呢？我有点儿不明白。

卷心菜叶子的表面滑滑溜溜，像涂了蜡一样，而且几乎总是倾斜得很厉害。除非有能够稳固地支撑身体的缆绳，否则小菜青虫要平平安安地在叶子上吃食而不会跌落，是很难做到的。一旦跌落，对幼小娇弱的菜青虫来说就是致命的。幼虫要想向前爬行，必须在路上铺设小段小段的丝线。小毛虫的爪子只有紧紧勾住这些丝线，才能使自己在菜叶上走路时不至于滑倒。

丝线由食物转化而来，可菜青虫为什么把自己的卵壳当成人生的第一餐呢？转化缓慢、能量很低的植物，不符合要求的条件，因为事情刻不容缓，小菜青虫必须马上去滑溜溜的菜叶上冒险。这样一来，动物性饮食就显得比较可取。这种食物更容易消化，进行化学变化更加迅速。虫卵的外壳像丝本身一样，是角质的，转化比较容易。因此，幼虫才吞食它们的卵壳，将其当成出门

旅行的第一顿食粮。

　　菜粉蝶幼虫出生前住的房屋被拆除了，台子只剩下一些圆形的印迹。小毛虫开始真正面对它们以后的食粮——卷心菜的菜叶了。现在这些小家伙大约两毫米长，呈淡橙黄色，还长着稀稀疏疏的白色纤毛。它们的小脑袋黑得发亮，充满活力，惹人注目。这个脑袋将这些未来的贪吃者的形象暴露无遗。

　　小菜青虫一旦接触卷心菜的绿叶，就开始有条不紊地忙活起来。这些虫子三三两两地分散开来，这儿一群，那儿一群，每个都从自己的吐丝器里喷吐出短缆绳。这些缆绳极为纤细，必须用放大镜仔细观察才能隐隐约约地看见。但对这些瘦弱的小虫的平衡要求来说，这已经足够了。

　　小毛虫开始吃植物性食物了。它们的长度迅速增加，从两毫米增加到四毫米。改换服装的毛皮褪换也很快进行。在淡黄色的基底上，皮肤上出现了间杂着白色纤毛的黑点，像长着虎斑一样。换装是一项痛苦又劳累的活计，做完这件事，菜青虫要好好儿地休息上三四天。休养结束后，小毛虫开始感到极度饥饿，于是疯狂地大吃起来，菜园里大片的卷心菜在几周之内将被它们吃得片叶不存。

　　这是多么惊人的胃口啊，一旦运作起来，几乎昼夜不停。我在钟形罩下饲养了一些菜青虫，用一包精心挑选的大菜叶给它们喂食。两小时以后，除了叶子的粗脉以外，全被吃光，什么也没有剩下；而且，如果粮食的补充迟了一会儿，连这些粗脉也会被吃掉。它们进食的速度如此惊人，对我这个小型饲养园来说，普通的一棵卷心菜，还不够它们一个星期食用。

　　因此，当这种贪吃的虫子迅速大量繁殖的时候，简直就是一场灾难。怎样才能使我们的菜园不受它们侵害呢？在伟大的古罗马时代，人们习惯于在卷心菜地中央竖起一根尖头木桩，木桩上面放置着一个被阳光晒白了的马颅骨，母马的颅骨更适宜。他们认为，这种吓唬人的东西会使这些贪得无厌的家伙逃之夭夭。

　　我不相信这种预防措施会起到什么效果。我之所以提到它，是因为它使我想起一种在我们邻近地区常用的做法。在这儿，马的颅骨换成了蛋壳。这个蛋壳套在一根竖立在卷心菜地中央的小棍子的顶端。这样操作起来更加容易，但产生的效果是一样的，也就是说毫无效果可言。

　　由于人们容易轻信传统的东西，于是什么事物，甚至荒谬不经的事物，都有了理由进行解释。我问我的那些农民邻居为什么要这样做，他们对我说："蛋壳的作用再简单不过了。蝴蝶受到这个晶莹乳白的物体引诱，就会到上面去产卵。在这个寸草不生的支撑物上，小毛虫受到烈日烘烤，又缺乏食物，只有死路一条。这样的虫子不知死了多少。"

我追根究底，问他们有没有在这些白色的蛋壳上看见过蝴蝶卵块或者小毛虫堆。

他们异口同声地回答："从来没有。"

"那为什么还要这样干呢？"

"过去就一直这样干嘛。我们只好继续这样干，别的什么也不清楚。"

我就问到他们这样答复为止。我深信，对古时所用的马颅骨的记忆，正如过去那些荒谬不经的事物一样，是无法根除的。

总之，切实可行的保护方法目前我们只有一种：提高警惕，经常监视察看卷心菜的叶子，一旦发现毛虫，就把它们用手指掐死，用脚踩死。这种措施需要耗费大量时间，需要高度警惕，但实在没有什么别的办法比这更有效了。要得到一棵完完整整、不被虫咬的卷心菜，得需要操多少心啊！

吃和消化、积聚使自己蜕变为蝴蝶的营养储备，这是菜青虫唯一所要做的事。它们做这件事时，显得贪得无厌，欲壑难填，就见它们整天吃个不停，消化个不停。或许这就是这种卑微的虫子的最大幸福。

毛虫们进食的时候总是聚精会神，但也可能发生突然的惊跳。当好几条毛虫并排着，身体的侧面互相挨靠着用餐时，这种奇特的惊跳现象时常发生。突然间，它们会一起把头抬起来，然后又一起把头低下去，就好像是听了统一的口令似的，那样子非常滑稽可笑。不知道它们的这种动作到底意味着什么。是在训练作战能力呢？还是在显示它们在温暖的阳光下吃食物的快乐呢？总之，在这些幼虫变成胖虫子之前，它们就只有这么一种训练项目。

这样争分夺秒地吃了一个月，这些小虫子终于开始转向别的工作了。它们在金属纱网上到处攀爬，毫无秩序，不时地抬起身体前部，探测活动范围。在攀登的过程中，它们摆动着脑袋，一会儿在这儿，一会儿在那儿吐出丝来。它们游来荡去，忐忑不安，表现出一副渴望远行的姿态。可是，它们现在受到了金属纱网的阻挡。

初寒来临的时候，我在一座小暖房里安置了好几棵住着毛虫的卷心菜。我想看看当严峻的季节来临时，菜粉蝶的家族会有怎样的表现。

很快我便如愿以偿。十一月末，已经长得相当粗胖的毛虫逐渐抛弃卷心

菜，开始在墙上游逛。但没有一条在墙上定居，在上面作身体变态的准备。我猜想它们需要生活在自由的空气中，暴露在冬天的严寒里。因此，我打开了暖房的门。很快，整个毛虫群就消失了。

我在距小暖房大约五十步的地方找到了它们。它们附在邻近的墙上，盲目地四下爬动。最后，一个檐口的突出部分成了它们的避难所，冬天，它们将以蛹的形态在这里度过。到了第二年的春天，一大群蝴蝶便会从蛹里飞出来。

菜青虫可以大量繁殖，如果任其发展的话，那我们很快就会没有卷心菜吃了。不过，事情并不会像我们想象的那样糟糕，因为菜青虫也有天敌。

有一种小昆虫就一直在为人类保护卷心菜。这种虫子长得非常细小，总是埋头苦干，默默无闻，所以连许多菜农都不认识它们。即使有人看到它们在菜园里徘徊，也不会去留心观察它们，更不会想到原来这些微不足道的小东西竟对保护卷心菜做出了如此大的贡献。

正因为这些小东西长得很细小，所以，科学家们称它们为"小侏儒"。我们姑且也这样称呼它们吧，因为我想不出什么更好听的名字来称呼它们。那么，"小侏儒"们是怎样工作的呢？如果你愿意了解，就让我们在春天到菜园附近仔细观察吧。

不管人们探索的目光多么差劲，仍然会发现靠着高墙或者篱笆的菜地里，有一些很小的黄茧集结成块，形成榛子那样大小的堆。在每个茧群的旁边，往往都躺着一条外表残破不堪的菜青虫，它们有的奄奄一息，有的已经死去。这些黄茧就是"小侏儒"的家庭居所，而这条毛虫则是"小侏儒"家的幼虫吃的食物。

到了五月份，黄色茧里就会钻出来一大群矮人似的虫子，它们就是"小侏儒"的成虫。一出世，它们就迅速奔赴保护卷心菜的战场。

在菜地里，当菜粉蝶在菜叶上产下橙黄色的卵以后，"小侏儒"们便会立刻围过去，把自己的卵产在菜粉蝶的卵膜表面。通常情况下，往往会有好几个"小侏儒"把卵产在同一粒菜粉蝶的卵里面。一粒菜粉蝶的卵大概要比一粒"小侏儒"的卵大六十多倍。

"小侏儒"的成虫长着四个翅膀，个儿像小蝇那样大，有三到四毫米长。雌雄两性数量相等，穿着同样的黑色制服。尽管有这些相同点，辨别它们还是很容易的。雄虫的肚子微微凹陷，并在末端略微弯曲；雌虫在孵卵前，肚腹肥满，显然是被卵胀鼓起来的。

如果我们一心想要了解"小侏儒"的幼虫，调查它们的生活方式，在钟形玻璃罩下饲养一大群菜青虫显然是非常有必要的。

六月里，在其他菜青虫离开菜地，去远处某垛高墙定居的时期，我饲养的那群菜青虫找不到更好的地方，便爬到钟形玻璃罩的圆顶，以便在那里做睡眠的准备，并且织造一个对虫蛹来说必不可少的支撑网。

在这些毛虫织工中，我发现有的已经筋疲力尽，在制作它们的"毯子"时，没有一点儿热情。从外观上，我推测它们可能受到了某种毁灭性的疾病侵害。

我抓来几只这样的菜青虫，用针当解剖刀，剖开了它们的肚子。顿时，一团绿色的肠子从肚里流了出来。肠子淹浸在一种淡黄色的液体里，这种液体就是菜青虫的血液。在这堆乱糟糟的内脏里，挤满了像小蚯蚓一样的虫子。它们懒洋洋地乱�“乱动，数量千差万别。最少的有一二十条，多的则有五十来条。这就是"小侏儒"的子孙。

这些小家伙吃什么呢？我用放大镜仔细探查了解。放大镜查看到的地方明确地向我表明，这些寄生虫完全是以菜青虫的"血液"为食的。

这是一些白色小虫，身体清清楚楚地分成几个体节。它们的身体前部比较尖，上面有着乱七八糟的黑色细线，似乎这种细小的昆虫在墨水里浸过一样。它们缓慢地摆动臀部，却不移动身体。我又用显微镜仔细观察它们，发现它们的嘴是个细孔，既没有獠牙，也没有下颌。

它们的进攻方式就是简单地吻一下，不咀嚼，只是吮吸。我剖开菜青虫的肚子时，它们正细微地一口一口喝着身体周围的液汁。

对受侵害的菜青虫所作的尸体解剖，可以看到这些毛虫身上没有任何被咬的伤口。在这些病虫的肚子里，没有一处有毁废残断的痕迹，外部也没任何情况表明内部受到了破坏。它们同身体健康的菜青虫一样吃食和闲逛，没有丝毫忐忑不安和扭曲身体等痛苦迹象。从良好的胃口和安静地吃食消化来看，很难把它们同正常的菜青虫区分开来。

不过，当编织支撑网的工作临近时，病虫极度消瘦的外表还是表明了它们的身体状况。然而，这些菜青虫照样编织，它们并没有因临终垂危而忘记自身的职责。最后它们终于无声无息地死去了，不是被刀切割而死，而是贫血致死。就这样，一盏灯在灯油耗尽时熄灭了。

事情必然是这样。菜青虫能够进食，能够造血，它们的生命对"小侏儒"幼虫的繁衍来说是不可或缺的。它们可能坚持将近一个月，直到"小侏儒"的子孙发育完全。

这两种虫的日历奇妙地同步。当菜青虫停止吃食，并且为身体变态做准备的时候，"小侏儒"也成熟起来，可以成群移居了。当"小侏儒"不再需要血液的时候，菜青虫的皮囊便逐渐干涸。在这期间，最要紧的是，菜青虫不能遭受哪怕一丁点儿可能终止血源运行的伤害。为了达到这个目的，"小侏儒"便戴上了嘴套——它们的嘴是个只吮吸而不碰伤东西的细孔。

奄奄一息、濒临死亡的菜青虫把头慢慢地摆来摆去，继续铺放它们织造"毯子"的线。是时候了，"小侏儒"幼虫即将从它们的肚子里出来。这种事发生在六月份，一般在夜幕降临的时刻。

一个缺口在菜青虫的腹部或者肋部打开了。这个缺口总是开在抵抗力最低的部位，即两个体节的接合处，从来不会出现在背上。因为对没有牙齿的"小侏儒"幼虫来说，打洞是个辛苦费劲的活儿，选在柔软的腹部或肋部要更加容易些。即使这样，"小侏儒"幼虫在进攻菜青虫时，也可能是轮换工作，轮流在同一部位用"吻"这个动作进行劳动的。

孔洞打通后，"小侏儒"幼虫在短时间内便倾巢而出，它们欢庆胜利般地动来动去，并且暂时住在菜青虫的表皮上。放大镜无法分辨出这个洞孔，因为它马上又关闭了。这时菜青虫皮囊里的汁液已经被吸光抽尽，因此连一滴血也没有流出。只有把它夹在两个指头中间挤压，才能涌出剩下的几滴体液，才能发现出口的部位。而这时，菜青虫并没有彻底死亡，还在继续干编织"毯子"的活儿。

不久，我在饲养菜青虫的钟形罩里得到了几组"小侏儒"的茧。我把这些茧一个个地放进不同的玻璃管里。两周以后，"小侏儒"的成虫出现了。在我仔细观察的一根玻璃管中，有五十来只"小侏儒"。这个乱哄哄的群体交尾正欢。多么热烈活跃的景象啊！多么淋漓尽致的爱情狂欢啊！

大部分雌性"小侏儒"渴望自由，半个身子伸进玻璃管壁和封住玻璃管口的棉絮塞子之间。玻璃管的凸肚像一条圆廊，在这条圆廊尽头，雄性"小侏儒"推推搡搡，挤来挤去，行色匆匆。每只雄虫都找到了自己的新娘，它们在很短的时间内干完传宗接代的事儿，然后让位给竞争者，又去别处重新开始。

这场喧哗吵闹的婚礼持续了整整一个上午，第二天又接着开始。

配成双双对对的"小侏儒"，在自由自在的田野里时，喜欢离开大伙儿，安静地独处一隅。但是，在玻璃管里，事情变得乱哄哄的。没办法，在这狭窄的空间内，"小侏儒"实在太多。

这些虫子现在缺少什么呢？显然，缺少一点儿食物，缺少从花里汲取来的几大口蜜汁。我把粮食送进玻璃管。这些粮食不是会使它们陷在里面的一滴一滴的蜜，而是一片一片的面包——薄薄地涂着甜食的细纸带。"小侏儒"纷纷赶来，在那儿停留并进食。很快，它们因过度劳累而消耗的元气便恢复了。

根据实验的需要，我要将储存在玻璃管里的"小侏儒"们安顿在不同的容器里。可是，这些"小侏儒"动个不停，跳来蹦去，一刻不得安生。该怎么为它们搬家呢？手、镊子等工具对这些动作敏捷的小家伙是起不了什么作用的，这样做很可能会造成巨大损失，甚至会引发集体越狱。

光，这个无法抗拒的引诱力帮了我的大忙。如果把玻璃管横放在桌子上，让一端朝着射进窗户的强光，这些囚犯就会立刻奔向被照得更亮的那一端，并且长时间在那里挣扎、骚动。如果把玻璃管倒转方向，这个群体也会立即跟着迁移到另外一端。追寻强烈的光线是它们最大的乐趣。我用这种诱饵把虫子引向我要它们去的地点。

我把新容器——试管或者短颈大口瓶横放在桌子上，让封闭的一端朝着窗户。然后，我在新容器的开口处打开盛满虫子的玻璃管。这时，玻璃管里的虫子立刻就拥向了明亮的新房间。最后，只需关上新房间的门，就可以一只不落地将"小侏儒"转移到别的容器里。

让我们回到正题。我要问这些虫子：你们是怎样把卵产在菜青虫身体里的？"小侏儒"是用某种方式插穿菜青虫的身体，并让卵进入毛虫体内的吗？我无从知晓。最近出版的一本书刚好对此有所介绍，说"小侏儒"是在毛虫身上直接产下卵的。

这本书还告诉我们，"小侏儒"幼虫住在毛虫蛹里，它们在虫蛹结实的角质外壳上钻孔，从这个蛹里出来。我无数次看见"小侏儒"幼虫成群结队地迁移，以便编织虫茧。可它们总是通过菜青虫的皮出来，从来没有从虫蛹的鳞甲里出来过。从它们没有牙齿的嘴来看，我认为"小侏儒"幼虫根本不可能钻通菜青虫蛹的外壳。

　　这个已经被验证清楚的错误，使我对有关"小侏儒"产卵的另外一种说法产生了怀疑，虽然这种说法合乎逻辑，并且合乎寄生虫群体遵循的规律。不过，这无关紧要。我不太相信印刷的书刊资料，我宁愿直接观察事实。在对任何事物加以肯定之前，我必须查看，这就叫观察。这样做更慢、更艰苦，但更可靠。

　　我没有去观察园子里的卷心菜上发生的事。这种方法有很大的偶然性，而且不适于进行准确的观察。既然我手头上有必需的资料器材，玻璃管里有新近孵出的活蹦乱跳的"小侏儒"，我就决定在我实验室里的小桌上进行操作。

　　我把一个容量约为一升的短颈大口瓶横放在桌子上，瓶底朝向阳光朗照的窗户。然后，我把一张住满菜青虫的卷心菜叶放进瓶里，又放进一条涂上蜜的细纸带。这些毛虫有的已经发育完全，有的不大不小，有的刚从卵中孵出。最后，我用刚才谈到的迁移方法，把一根玻璃管里的"小侏儒"群释放到短颈大口瓶里。这个瓶子一旦封闭，只需要经常监视就行了。这样一来，任何值得注意的事物，都逃不过我的眼睛。

　　菜青虫安安静静地吃食，并不关心周围那些可怕的家伙。如果"小侏儒"中有几个冒失鬼爬到它们的脊梁上，它们便突然惊跳一下，竖起身体前部，接着又突然降下——这就是它们要干的一切，于是那些讨厌的家伙马上逃之夭夭。这些"小侏儒"完全没有表现出一点儿想要为非作歹的样子。

　　关于"小侏儒"的进攻情况，我什么也没有观察到。那本书的作者不了解情况，因为他没有真正耐心地观察。不管写书的人怎么说，我的结论是明确的："小侏儒"并不是直接在菜青虫的身体上接种它们的卵的。

　　既然不是通过菜青虫的蛹，也不是直接在菜青虫身上产卵，那入侵必然是通过菜粉蝶的卵进行的了。实验将为我们提供令人信服的证据。

　　由于短颈大口瓶的大小不合适，"小侏儒"的活动空间太大，不易进行观察。于是，我选择了一根大拇指粗的玻璃管，在里面放入一片卷心菜碎叶，碎叶上有一个菜粉蝶的黄色卵块。然后，我又放进一群"小侏儒"和一条涂着蜜的小纸带。这一切是在七月初进行的。

　　不久以后，"小侏儒"中的雌虫就忙得不亦乐乎，争先恐后地上前考察产卵地，有时甚至覆盖了整块菜粉蝶黄卵。它们观察这个宝物，颤抖翅膀，互相用后爪擦刷身子——这表示它们非常满意。

准备产卵时，它们首先聚精会神，用触角探测，谛听这个卵块。然后，它们用触角尖反复轻轻地拍打菜粉蝶卵，并很快把腹部末端贴靠在选择好的卵上。每当这时，我总会看见在它们的腹部末端冒出一个精巧锐利的角质小尖头。这是把它们的卵安放在菜粉蝶卵的薄膜下面的工具，是接种用的"手术刀"。

"小侏儒"把这件事做得很有条理，即使大批产卵者同时劳作，事情也进行得平平静静、有条不紊。第一个过去了，第二个接着进行。第二个被第三个代替，第三个又被第四个代替……直至终结。"小侏儒"每次插入"手术刀"，就放进一个卵。

在这样熙熙攘攘、嘈杂喧闹的情况下，目不转睛地看着这些川流不息地奔向同一个卵的"小侏儒"是不可能的。要估计接种在同一粒卵上的寄生虫卵的数量，有一个很实用的办法，以后剖开受害的菜青虫的身体，数一数它们体内的"小侏儒"幼虫就行了。不过这种办法比较令人厌恶。一个相对来说使人容易接受的办法是：清点聚集在每条死菜青虫周围的小茧壳，茧壳的总数会告诉我们有多少接种的卵。在这些卵中，有一些是由同一个母亲往返多次接种的，其他的则由不同的母亲接种。茧的数目千变万化，一般在二十个左右。我也见过六十个的，但没有任何迹象能够表明这就是最大限度。

消灭菜粉蝶的子孙后代的活动是多么残酷啊！在这段时期，一个学识渊博、素养很高且精于哲学思考的学者刚好来看我。在"小侏儒"劳作的工作台前面，我把位置让给他。整整一个小时，他都手拿放大镜仔细观察我刚才看到的事物。他目不转睛地看着那些霸道的产卵者。这些虫子从一个卵到另一个卵进行选择，并且亮出精巧的柳叶刀，不断蜇刺那些已经被多次蜇刺过的黄茧。

最后，他放下放大镜，陷入了沉思，并且有些忐忑不安。这种巧妙而彻底的打家劫舍，在我的玻璃管里精彩上演，历历可见，我想他这一生中还是头一次亲眼目睹吧！

大孔雀蝶的"婚礼"

这真是个令人难以忘怀的晚会，我要称之为大孔雀蝶晚会。大孔雀蝶——欧洲最大的蝴蝶，它们美丽非凡，全身披着红棕色的天鹅绒外衣，脖子上还系着一个领结。它们的翅膀上点缀着灰色和褐色的小斑点，一条浅白色锯齿形的线横贯中间；翅膀边缘有一圈灰白色；翅膀中央有一个圆圆的斑点，好像一个大眼睛，这个"大眼睛"还有黑得发亮的瞳孔和一些色彩丰富的弧形眼帘，那些弧形线条有白色、栗色和紫色等色彩，在阳光的照耀下变化万千。

大孔雀蝶如此美丽，那么大孔雀蝶毛虫又如何呢？大孔雀蝶毛虫全身略微发黄，也同样有着美丽的外表。它们的体节末端看起来像是镶嵌着一个个蓝色的珠子，这与它们的体色十分相称，非常漂亮。它们的茧多呈褐色，有点粗大，看上去就像渔夫的鱼篓。这种形状奇怪的茧常常出现在杏树的树皮上，而大孔雀蝶毛虫就是把杏树的叶子当作美味佳肴的。

五月六日的早上，我目睹了一只大孔雀蝶从茧里钻出来的情景。在我的实验室的桌子上，有一只雌大孔雀蝶脱去了束缚它的外衣，以无比美丽的姿态展现在我的眼前。我马上用一个金属丝网做的钟罩将它罩了起来，想细细地欣赏一番。

到了晚上九点的时候，我正准备睡觉，突然听到隔壁房间里一阵乱哄哄的声响，好像是挪东西的声音。我的儿子小保尔连衣服都没有穿好，就在屋子里不停地跑来跑去。他一边跑一边大声地喊着："快来呀！快来看呀！房间里尽是像鸟一样大的蝴蝶！"我赶忙从床上爬起来，跑过去看。小保尔说的一点儿也不错，房间里确实飞满了大孔雀蝶，已经有四只被小保尔捉进了麻雀笼子里，剩下的那些还拍打着翅膀在天花板下飞舞。

　　我看到眼前这一切，不禁想起了早上被我罩起来的那只雌大孔雀蝶。于是，我让小保尔穿好衣服，跟我一起去实验室看望那只被监禁的蝴蝶。我和小保尔正往实验室走时，正巧看到保姆在厨房里用她的大围裙驱赶大蝴蝶，她一开始还以为这些大蝴蝶是蝙蝠呢。看来，大孔雀蝶已经把我的房子占满了。像这样一大群蝴蝶侵入我的居室的情形，以前还从来没有发生过。

　　不一会儿，我和小保尔点着蜡烛走进了实验室。当时，实验室的一扇窗户是开着的。刚一进去，我们就看到了一幕令人难忘的景象：一大群大孔雀蝶围绕着那个大钟罩飞来飞去。它们一会儿飞上天花板，一会儿又俯冲下来；一会儿飞出去，一会儿又飞回来。它们甚至向我们扑来，用翅膀将蜡烛扑灭。整个实验室简直成了一个可怕的洞穴，里面盘旋着一些怪物。它们扑打着我的肩膀，钩住我的衣服，还擦蹭着我的脸。小保尔有些害怕，他紧紧地抓着我的手，好让自己镇定一些。

　　我大致数了数，在这间实验室里的大孔雀蝶将近有二十只，再加上其他房间里的，一共有四十多只。今晚可真是大孔雀蝶们的盛会！这些大孔雀蝶都是为了钟罩里的那只雌大孔雀蝶而来，它们是来向这位"妙龄少女"表达殷殷的情谊的。我不知道它们是怎样得到消息的，竟都急急忙忙地赶来看望这位美丽的"姑娘"。看到这种情形，起码在今天我不想再打扰这群求婚者了。刚才，已经有一些冒冒失失冲撞上来的蝴蝶被烛火烧伤了翅膀。明天，等我准备好做实验的东西，再来研究吧。

　　在接下来的七八天时间里，每天晚上，那些大孔雀蝶都会如期而至，来到这位被囚禁的蝴蝶身边。这时正是多雨的季节，风雨雷电经常发生。在这样恶劣的天气里，就连那些凶狠强壮的猫头鹰都不会轻易离开它们的巢穴。这些大孔雀蝶却不顾风雨雷电的威胁，毅然克服重重困难来与这只雌大孔雀蝶相会。

　　我的实验室被许多大树遮蔽着，屋前长着高大挺拔的法国梧桐，路边还长满了丁香和蔷薇，那些松树、杉树和柏树把整座房子包围得严严实实，而这些大孔雀蝶竟然能在黑暗中迂回前进，历尽艰辛来到目的地。大孔雀蝶们的这种无畏与执著实在是让人佩服。而它们在这风雨之夜曲折前进，竟然没有一点点被擦伤的痕迹，这也不得不令人称奇。

　　难道大孔雀蝶具有普通视网膜所不能及的某种视力吗？即使是这样，这种超乎寻常的视力也不可能成为它们隔着一段距离就能获得消息并飞来的原因。

遥远的距离和中间的种种阻隔使大孔雀蝶根本不可能看到工作室中的雌蝴蝶。

不过，有些大孔雀蝶也会弄错方向，但不会离它们想要到达的地方太远，只是没有找到吸引它们前去的事物的确切位置而已。也许是实验室附近厨房的灯光太过明亮，致使它们偏离了目标。但黑暗的地方同样有迷路的蝴蝶，如果大孔雀蝶是靠光线的辐射接受信息的，这就不好解释了。我想，一定是有什么其他东西在远处向它们发出信号，引导它们来到确切的地点附近，然后它们再通过模糊的寻找做出最后的发现。这跟我们的听觉或嗅觉传递给我们信息的方式是一样的，当我们需要精确地找到声源或味源时，听觉和味觉只能给我们指引出大致的方向。

那么，处于发情期的大孔雀蝶如何在黑夜里长途跋涉？它们靠的感知器官究竟是什么呢？原来，大孔雀蝶有一种特殊的光学器械，这使它们具有一种异乎寻常的视觉，从而能够感受到普通视网膜所观察不到的光线。这个光学器械呈多小面体，比猫头鹰的大眼睛装备更加精良。所以，即使在黑夜，大孔雀蝶也能够一往直前，顺利跨过重重障碍。对它们来说，黑暗与光明并没有太大的差别。不过，大孔雀蝶也有出错的时候。一般来说，灯光对于夜间活动的昆虫无疑是一种诱惑，它们会以此来确定方向。可是，大孔雀蝶正好相反，当我拿着灯走进实验室时，那些刚刚到来的大孔雀蝶却因为那盏灯的光亮而迷失了方向，结果漫无目的地乱飞乱撞起来。

大孔雀蝶短暂的一生只有一件重要和迫切的事情，那就是寻找配偶。它们不管路途多么遥远，也不在乎途中有多少障碍，都要找到自己的配偶。它们大概有两三个晚上，每晚要花上几个小时去寻找配偶。当其他蝴蝶成群结队地飞去吸食蜜汁的时候，大孔雀蝶却不会去想自己要吃些什么，这样一来，它们的寿命又怎能长得了呢？在它们仅有的几天生命里，就只来得及去寻找一个伴侣而已。

大孔雀蝶是如何得到配偶的信息的呢？是不是通过它们的触角来获取信息？我发现，雄大孔雀蝶身上有很宽的触角，那似乎可以作为探测器使用。

就在发现大孔雀蝶们入侵我的居所的第二天，我在实验室里看到，有八只大孔雀蝶在窗户的横档上停留下来，安安静静地待在那里，这正是我做实验所需要的。于是，我用小剪刀把它们的大触角齐根剪掉。在这个过程中，那几只大孔雀蝶并没有表现出任何不安或痛苦，它们仍旧一动不动地趴在窗户的横档

上，并且一直在那里安静地趴了一天。

接下来，为了实验的真实性，我必须把关在钟形罩里的雌大孔雀蝶换一个位置了，不能再让它处在这几只被剪去触角的雄大孔雀蝶的眼皮底下。我把大罩子连同雌大孔雀蝶搬到了门廊的地上，那儿距离实验室有五十米远。天黑的时候，我又去看那几只雄大孔雀蝶，结果发现已经有六只飞走了，而剩下的两只有气无力地躺在地板上，已经奄奄一息。如果我把它们的身体翻过来，它们肯定没有力气再翻回去了。

这不是我手术的错，即使我不剪掉它们的触角，它们也会因迅速衰老而很快结束生命。

那六只飞走的雄大孔雀蝶去哪儿了呢？它们还能找到那只雌蝶吗？我把那个钟形罩放在露天地里，那个地方很黑。天黑后，我提着灯，拿着网兜去了钟罩那里，想把围着大钟罩飞的那些大孔雀蝶捉住，然后把它们关进隔壁的一个房间。

这样，我就可以准确地计算出有多少只大孔雀蝶来访了。我的这个临时囚室十分宽敞，里面空空荡荡，没有装饰，丝毫不会损伤被囚禁的蝴蝶。它们会在那儿找到安静的退隐地和广阔的活动空间。

在后续的研究中，我将采取同样的措施。

大约十点多钟后，我结束了捕捉，并数了数那些被关进房间的大孔雀蝶，一共有二十五只雄蝶，其中一只是被剪掉触角的。这个实验并不能肯定触角是引导大孔雀蝶找到配偶的器官。我必须再进行一次更大规模的实验。

第二天早上，我去探访那些昨晚被我捉住的囚犯，发现情况并不乐观。有许多蝴蝶都掉在了地上，毫无生气。我知道，不能对这些瘫痪的蝴蝶抱太大的希望。不过，我还得试一试。我对这新捉住的二十四只大孔雀蝶也实施了同样的手术，把它们的触角全剪掉了。

原先那只被剪掉触角的大孔雀蝶已经濒临死亡了。在剩下的时间里，我把房间的门打开，任由这些蝴蝶进出，看它们谁有能力飞出去再飞回来参加晚上的舞会。并且我又把钟形罩挪到了一个新的地方。这个地方就在关雄大孔雀蝶的那个房间的对面，应该很容易找到。

结果，这些被囚禁的大孔雀蝶中只有十六只飞了出去，其余的几只已经十分衰弱，不久就死了。

　　而飞出去的十六只大孔雀蝶竟没有一只找到钟形罩。那天晚上，我在钟形罩旁边只捉到了七只大孔雀蝶，它们全部是新来的，带着漂亮的羽饰一般的触角。这似乎说明，被剪去触角是一件很严重的事。

　　那么，被切除触角，是否就是它们找不到雌蝴蝶的原因呢？我还不能下结论，因为还存在一个非常重要的疑点。我们必须得考虑一下：当雄大孔雀蝶失去了美丽的羽饰，它们还有勇气去寻找那美丽的新娘吗？它们没有来，究竟是因为自惭形秽，还是因为失去了导向的器官？或是因为它们等得太久，失去了当初的热情？

　　到了第四天晚上，我又捉了十四只大孔雀蝶，把它们关在了房间里，让它们在那里过了一夜。第二天天亮，我趁它们待着不动时，把它们前胸的毛剥掉了一些。这一次，我没有发现有哪一只蝶身体衰弱，飞不起来。

　　到了夜里，这十四只大孔雀蝶开始活动了。我又跑到放钟形罩的地方，结果这一夜捕捉到了二十只大孔雀蝶，其中有两只是被拔过绒毛的，仍然没有一只被剪掉触角的大孔雀蝶出现。

　　十四只被拔过绒毛的大孔雀蝶只飞回来两只，另外十二只仍拥有羽饰一般的触角，它们为什么没有飞回来呢？还有，为什么被关了一晚上后，总会有许多蝴蝶变得虚弱无力了呢？我现在想出了一个答案：大孔雀蝶是被强烈的寻偶欲望折磨得筋疲力尽的。

　　大孔雀蝶生存的唯一目标就是结婚。它们有着非凡的天赋，可以长途跋涉、穿越黑暗、排除万难去寻找自己的心上人。它们有两三个晚上的时间来找寻爱人，但如果它们没能抓住机遇，那么一切都完了，它们身上所具备的精确的指南针或导航灯都失去了作用。活着失去了意义，它们只有退到一个角落，从此长眠不醒。

　　大孔雀蝶是为了繁衍后代才出现的，它们从不进食。如果说别的蝴蝶是快乐的就餐者，它们从一朵花上飞到另一朵花上，展开吻管的螺旋形器官，插进甜蜜的花冠；大孔雀蝶却是无与伦比的禁食者，它们彻底摆脱了胃的奴役，不需要进食恢复体力。它们的口腔器官只是个半成品，是个简单的摆设，并不是真正用来进食的工具，没有一口食物进入它们的胃里。如果不是时限短暂，这真是个非常了不起的特长。灯要想不熄灭得需要油滴，大孔雀蝶放弃了"油滴"，因而也就放弃了长寿。

那些被剪去触角的大孔雀蝶为什么没有飞回来，是因为它们失去了触角就无法找到钟形罩内等待它们的雌大孔雀蝶了吗？不是的。它们没能回来只是意味着生命走到了尽头。不管它们的身体受到什么伤害，都因为寿命的关系而不再有用。所以，它们的缺席不能说明任何有价值的问题。

被我罩在钟形罩里的雌大孔雀蝶活了八天，它在里面静静地待着，为我引来了很多雄大孔雀蝶。我每天用网把这些雄蝶捉住，并把它们囚禁在房间里，为它们做一些小小的手术，观察它们的变化。

这八天晚上飞来的大孔雀蝶一共有一百五十多只，这真是个令人目瞪口呆的数字。大孔雀蝶的茧虽然在附近地区并非无法找到，但至少是凤毛麟角，因为老杏树——大孔雀蝶们赖以生存的家园，在我们这个地区并不多，所以这么多的大孔雀蝶拥向这里真算是一个奇迹了。

那些衰老的杏树，我在两个冬天全都检查过了。我主要是搜寻树根，树根在一堆杂乱的禾本科植物下面，这些植物仿佛为老杏树穿上了一双鞋子。多少次我归来时总是两手空空。因此，我拥有的这一百多只大孔雀蝶必然来自远方，来自遥远的地方，或许来自方圆两公里之外，甚至更远的地方。那它们是怎么知道我的实验室里发生的事的呢？

现在，我们来对所观察到的一切做一下分析和总结。大孔雀蝶大概是从三个方面获取远处的信息的，即视觉、听觉和嗅觉。但是，它们不可能有神话中的猞猁①那样能够穿透厚墙看清东西的眼睛，也不可能看到几千米外的事物，所以，引导它们找到配偶的自然不会是视觉。

声音似乎与获取信息也没有什么关系。雌大孔雀蝶虽然也可以召唤异性，但是它发出的声音非常微弱，甚至对最敏锐的耳朵来说也是如此。它有内心的振动，它有受情欲驱使、也许用极其精密的显微镜才可以观察到的颤抖？严格说来，这种情况是可能的。

但是，让我们回想一下：雌大孔雀蝶的来客应该在相当远的距离以外，它怎么能让身处几千米之外的异性听到自己的召唤呢？所以，我觉得，大孔雀蝶还是无法靠听觉准确地找到自己的配偶。

---

①猞猁：一种猫科动物，体形似猫而远大于猫，生活在森林灌丛地带，密林及山岩上较常见。它喜独居，长于攀爬及游泳，耐饥性强，可在一处静卧几日，不畏严寒，喜欢捕杀狍子等大中型兽类。

剩下的就是嗅觉了。那些不怕艰难险阻急急忙忙赶来的大孔雀蝶难道是受了气味的驱使吗？在我们的感觉领域内，有味道的散发物能够极有说服力地解释说明，匆忙赶来的大孔雀蝶为什么在经过迟疑不决之后才找到吸引它们的诱饵。大孔雀蝶果真能够散发特殊的气味吗？

我准备进行一个简单的实验。假如这种气味真的存在的话，要想将其掩盖，就得把它压制在一种强烈的、经久不散的气味之下。我事先在雄大孔雀蝶晚上将被诱去的房间里洒了柏油，又在钟形罩下面放了一个大圆底的器皿，里面同样盛满了柏油。不过，到了晚上，雄大孔雀蝶们好像并没有受到刺激性气味的影响，仍然毫无顾忌地飞向钟形罩。

我对嗅觉的信心发生了动摇。再说，我现在也不可能继续实验了。第九天，我的雌大孔雀蝶囚徒因为被徒劳无益的等待弄得筋疲力尽，把不能孵出幼虫的卵安放在钟形罩的金属网纱上之后便死去了。没有实验对象，我只能等下一年了。

下一次我将采取预防措施。我得储备一些必需品，以便一帆风顺、如愿以偿地重复已经做过的和我考虑要做的实验。无需多言，赶紧动手干吧！

我购买了一些大孔雀蝶毛虫。这笔买卖使邻居的小孩——我的供应者十分开心。他们跑遍田野，不时会找到一条粗大的大孔雀蝶毛虫，让它紧紧地贴在一根棍子尖上，把它带给我。这些可怜的孩子不敢碰这样的毛虫，当我用指头像他们抓住熟悉的蚕那样抓住毛虫的时候，他们个个目瞪口呆。

我用扁桃树的枝杈喂养大孔雀蝶毛虫。在短短几天内，它们就向我提供了优质虫茧。一些对我的研究兴趣盎然的朋友，也前来助我一臂之力。为了得到更多的大孔雀蝶毛虫，我到处奔走，与人谈判交涉，还在荆棘丛中擦伤了皮肤。我的辛劳没有白费，最终我有了大量大孔雀蝶虫茧，其中十二只比较大，比较重。我由此而了解到这些就是雌大孔雀蝶茧。

可是，失望和挫折在等着我。第二年五月到来了，这个月份气候变幻莫测，把我的种种准备工作化为了乌有。很快，冬天又来到了。干寒而强劲的北风呼啸着撕碎了法国梧桐的新叶，它们撒得遍地都是。这是严寒的腊月，夜里必须燃起旺火，才能提供大孔雀蝶孵化的温度。

我的大孔雀蝶也饱尝了艰辛。卵孵化得很晚，结果为我孵出了一些麻木迟钝的虫子。这个时候，在钟形罩的周围很少或者压根儿就没有一只来自外面的雄大孔雀蝶。雌大孔雀蝶轮流在罩子里等待，根据出生的先后次序，今天一只，明天一只。雄大孔雀蝶一旦孵化出来，我就将它们放到花园里。它们不管远在天边，还是近在眼前，都很少来拜访雌大孔雀蝶，即使来了也没有丝毫激情。它们进来一会儿，接着就杳无踪迹，一去不复返。

看来，热恋者的感情冷却了。

也许提供信息的气味受温度的制约，炎热会大大增强气味，寒冷则会大大减弱气味。我一年的努力白费了。唉，这种实验受季节以及一些不可知因素的影响，是多么艰难啊。

困难没有使我退缩，我又一次开始为实验做准备。我跑遍田野寻找毛虫回家饲养。当下一年的五月到来时，我得到了一定数量的虫茧。今年的这个季节天气晴美，非常合我心意。终于，我又看到了我首次实验时，使我震惊的大群雄大孔雀蝶。

每天晚上，雄大孔雀蝶成群结队地飞到钟形罩周围，而罩里面的那只雌蝶只是紧紧抓住钟形罩的金丝网，一动不动地待在那里，好像对外面乱哄哄的世界漠不关心似的。但是，它又好像是在等待着什么。这时，我的家人中鼻子最灵敏的，也没有嗅出任何气味来；那些被叫来当证人的家人中耳朵最灵敏的，也没有听出一丁点儿声响来。

有时候，几只雄大孔雀蝶一起扑向钟形罩的圆顶，在上面盘旋着。虽然这几只大孔雀蝶是情敌，但不见它们争风吃醋、互相拼杀。每一只雄蝶都竭力想钻进那钟形的网罩，但是经过种种尝试，它们发现所做的一切都是徒劳的，根本就不能与罩里的新娘亲密接触，最后只得悻悻地离开了。

在钟形罩的顶上，直到十点左右，不断有新的蝶群飞来。它们很快就感到厌倦，被其他蝶群替代。

钟形罩每天晚上都被挪动地方，我把它放在北边或者南边，放在寓所右厢房底楼或者二楼，放在寓所左边五十米以外，放在露天或者偏僻的房间。突然的搬迁可能会把研究人员弄得晕头转向，但丝毫没有难倒雄大孔雀蝶。我用来欺骗它们的这些伎俩都是白费力气。

对地点的记忆不起什么作用。例如，前一天晚上雌大孔雀蝶在寓处的一个房间安顿下来，雄大孔雀蝶到那儿飞来飞去，转了两个小时，一些甚至在那儿过夜。第二天当我转移钟形罩时，房间里已经没有雄大孔雀蝶了。新到的大孔

雀蝶虽然生命短暂，却也有能力进行第二次、第三次夜间远征。这些昙花一现的小生命，它们飞到哪儿去了呢？

难道它们已经知道昨晚会合的准确地点，也就是雌大孔雀蝶待的房间？我以为它们将在记忆的指引下返回那儿，可情况大大出乎我的意料，完全不是这么回事。

昨天晚上雄大孔雀蝶络绎不绝，频繁前往的那个地点，压根儿就没有一只大孔雀蝶出现。由此看来，它们并不是凭着记忆来旧地勘探一番，发现钟形罩不见了才转而飞向新的地方的，应该有一个比记忆更可靠的向导指引它们找到钟形罩的位置。

直到现在，雌大孔雀蝶仍然暴露在金属网罩里。前来探访的求爱者在黑暗中目光敏锐，能够凭着一点儿亮光看见这只雌大孔雀蝶。如果我把这只雌蝶关在一个半透明的网罩里，又会发生什么事呢？这个网罩能够让提供信息的某种物质自由传播或者阻止它传播吗？

今天，物理学家为我们制作出了利用电磁波的无线电报。大孔雀蝶已经在这条路上先于我们一步了吗？为了让周围的异性同类激动起来，为了告知远在几千米之外的求爱者，刚刚孵化出的正值婚龄的雌大孔雀蝶，难道拥有已知的或者未知的电磁波吗？这电磁波会被某个屏障拦截，却又能穿透另一个屏障吗？一句话，它用自己的方式使用某种无线电吗？对此我看不出有什么不可能。昆虫的世界总是奇妙无穷的。

我又做了一项实验，把雌大孔雀蝶放在不同材质的盒子里。这些盒子有白铁的、木质的、硬纸的，全都关得严严实实，甚至还用含油的胶泥封固。钟形罩里也放有一只雌蝶，只不过罩子外面又加了绝缘的玻璃罩。

结果，在这样严格封闭的条件下，不管夜晚的甜美和宁静多么逗人喜爱，却从来没有哪怕一只雄大孔雀蝶飞来。不管封闭的罩子是什么材质——金属的、玻璃的、木质的还是硬纸的，都对具有通信作用的某种物质形成了不可逾越的障碍。

甚至一层两根指头厚的棉花也有同样的效力。我把雌大孔雀蝶放在一只短颈大口瓶里，用绳子扎了一团棉花放在瓶口当瓶盖，结果没有一只雄蝶飞来。

相反，若我使用关得不严、微微打开的盒子，甚至把盒子藏在抽屉里，衣橱里，尽管增多了这些障碍，雄大孔雀蝶仍然成群飞来，数量就像金属钟形网

罩那儿一样多。

这样看来，还是无法证明大孔雀蝶们是通过无线电波进行信息传递的。因为，只要存在一道屏障，无论它的传导性能好不好，都会阻断雌蝶发出的信号。要想使信号传递出去，就必须使关押雌蝶的容器不完全封闭，容器内外的空气必须可以相互流通。可是这样的话，问题又回到了气味的可能性上，然而这一可能性已在前面的柏油实验中被否定了。

我的大孔雀蝶茧资源已经枯竭，可问题仍然没有水落石出。我要继续第四年的研究工作吗？我放弃了，因为要深入跟踪参加夜间婚礼的大孔雀蝶，对它们进行观察是非常困难的。它们的婚礼是在夜间进行的，我必须借着烛光才能看到它们。而烛火总是会被那些盘旋飞舞的大孔雀蝶扑灭，即使烛火没有被扑灭，也会把大孔雀蝶身上的绒毛烧坏，这样一来，它们会因烧伤而变得惊慌失措，也就无法提供可靠的证据了。即使没有被烧到，它们也会停留在火光边，一动不动，就像着了魔一样。

一天晚上，我把囚禁雌蝶的钟形罩放在饭厅的桌子上，桌子面对着打开的窗子。屋里亮着一盏煤油灯，这盏灯装有宽大的白色搪瓷反射器，悬挂在天花板上。不一会儿，雄大孔雀蝶纷纷飞来，其中有两只在钟形罩顶上停下，急急忙忙奔向被囚禁的雌蝶。另外七只飞来向雌蝶致意了一下，又到油灯那儿盘旋了一会儿，然后因为受到搪瓷反射器发出的灿烂光辉的迷惑，就停在了反射器下面，一动不动。

这时，小保尔举起手来想捕捉它们。我说："就让它们那样，就让它们那样。别打扰这些来到光明的圣龛前进香的朝圣者。"

整个晚上，那七只大孔雀蝶一只也没有动一动。第二天它们还待在那儿。对烛光的迷醉使它们忘掉了爱情的甜蜜。

观察需要灯具，有了灯具就会引来这样一些对灯火的亮光狂热着迷的大孔雀蝶。有了这些不解风情的蝴蝶，准确和长时间的实验就无法进行。既然如此，我便放弃了观察大孔雀蝶和它们夜间举行的婚礼。我需要一种习性不同的蝴蝶，它们既要像大孔雀蝶那样在婚恋幽会的行动中灵活能干，又得在白天活动才行。

具备这些条件的实验对象到底让我得到了——一只小孔雀蝶。

有人从一个我不知道的地方带给我一只漂亮的茧，茧外面裹着宽大的白色

丝套。从这个不规则的皱巴巴的丝套里，很容易就可以抽离出一只外形类似大孔雀蝶茧但要小得多的茧来。丝套的前端让我看出这是大孔雀蝶的亲属——纺织品带着"纱厂主"的标记嘛。

这个精致的茧让我得到了一只雌小孔雀蝶。我立刻把它监禁在实验室里的金属钟形网罩下面。我打开窗户，让秘密泄露在田野里。被囚禁的这只蝴蝶抓住金属网纱，整个星期都一动不动。

我的雌小孔雀蝶囚徒穿着有波纹的棕色天鹅绒衣服，非常漂亮。它的脖子围着皮毛，上部翅膀尖有胭脂红的斑点。翅膀上有只大大的"眼睛"，在这只"眼睛"里，像同心的月牙那样聚集着黑色、白色、红色和赭色。这种身材和服装都非常漂亮的蝴蝶，我一生中遇到过三四次。我从来没有见过雄小孔雀蝶。我从书本上只知道它比雌小孔雀蝶小一半，体色更加鲜艳，更加花哨，下部翅膀呈橘黄色。

那优雅漂亮的陌生客人——我还不了解的昆虫——在我居住的地区寥若晨星的雄小孔雀蝶会到来吗？它们在遥远的篱笆中会得到信息，知道在我的实验室的桌子上，有只正值婚龄的雌小孔雀蝶在等待它们吗？我相信会的。果不其然，优雅漂亮的陌生客人终于到来了，甚至来得比我预想的还要早。

大钟敲过十二点，我们午餐的时间到了。小保尔关心可能发生的事，还没有到饭厅来。我们刚准备进餐，他突然跑了进来，脸上洋溢着兴奋的神色。一只美丽的蝴蝶在他的手指中间扑打着翅膀。这只蝴蝶在我的实验室对面飞翔时被他抓住了。

他指给我看这只蝴蝶，用目光询问我。我高兴地说道："太好了，这正是我们等待的进香客呀。把餐巾折起来吧，去瞧瞧是怎么回事。我们过些时候再吃饭吧。"

面对这个奇迹，大家连饭也忘了吃。一些装饰着羽毛的雄小孔雀蝶在被囚禁的雌蝶魔法般的召唤下奔来，及时得令人难以想象。它们曲曲折折地飞翔，接连不断地抵达。

它们全都是从北方突然飞来的。这个细节很有研究价值。的确，严冬归来，北风呼啸，如同风暴来临，这对扁桃树轻率冒失地开放的花朵是致命的。这是一场无情的风暴，风暴通常是春天的前奏。今天天气突然回暖，但是北风依旧很猛烈。

法布尔昆虫记全集

然而，所有奔向被囚禁的雌小孔雀蝶的雄蝶都是从北面进入荒石园的。它们顺着气流飞来，谁也不逆流飞翔。假如它们有与我们类似的嗅觉作为指针，假如它们是被分解在空气中的有气味的微粒引导，它们就应该从相反的方向飞来。假如它们来自南方，人们会相信是风卷带气味向它们提供了信息。可它们是来自北方，在这样干寒而猛烈的北风里，怎么能够在长距离之外感觉到雌小孔雀蝶的气味呢？在我看来，这是完全不可能的。

在两个小时内，在灿烂的阳光下，这些求爱者在我的实验室前面飞来飞去。它们在努力寻找爱人，探测高墙，掠过地面。它们那样犹豫不决，好像是在为发现爱人的确切地点而感到为难。它们从遥远的地方飞来，没有发生差错，但似乎在爱人的具体位置上受到了不准确的引导。然而，或早或晚，它们终究会飞进房间向被囚禁的雌蝶致意，但不会待在那儿不走。在两个钟头内，一切都结束了。

这次飞来了十只雄小孔雀蝶。

整整一个星期，每天将近中午，在光照最强烈的时刻，雄小孔雀蝶都会飞来，但越来越少。前前后后总共飞来了将近四十只雄小孔雀蝶。我认为重复实验已无必要，它对我已经了解到的情况不会添加任何资料。

现在我完全可以确认，小孔雀蝶是昼间活动的，也就是说，它们在大白天炫目的光照中举行婚礼，它们需要充足明朗的阳光。而大孔雀蝶的情况正好相反，上半夜几个钟头的黑暗对它们来说是必不可少的。将来谁能解释这种奇特的对立习性，谁就能解释这个现象。

小条纹蝶的 "婚礼"

放弃了对大孔雀蝶和小孔雀蝶观察之后的某一天，一个卖菜的小男孩送给我一只非常漂亮的茧。那茧子呈浅黄褐色，是钝圆形的，看上去很坚固。我初步判断这是橡树蛾的茧，如果真是这样的话，那对我而言便是个意外的收获了。

其实，橡树蛾还有一个名字，那就是小条纹蝶，这个名字来自于雄蝶的外衣：浅红色的大衣看起来就像僧侣的长袍；大衣上有横向的条纹，前面的两瓣翅膀上还长着像眼睛一样的小白点。

小条纹蝶在我住的这一带并不常见。如果你一时心血来潮，带上网兜去捕捉这种蝴蝶，真不一定能捉到它。就连我在这里生活了二十多年，也从来不曾在村庄周围，特别是我的花园里看见过它。我曾经发动所有的朋友和邻居，让他们帮我找这种茧，我自己也时常在枯叶堆里、乱石丛中搜寻，可是都没有找到这种珍贵的茧。

后来，那个漂亮的茧里果然孵出了一只雌小条纹蝶。它大腹便便，穿着和雄蝶一样，只是那个袍子的颜色要稍微雅一些，呈米黄色。我把这只孵化出来的雌小条纹蝶关进了钟形的金属网罩中。实验室有两扇朝向花园的窗户，一扇关着，另一扇则不分昼夜地开着。两扇窗相距四五米，阳光正好从窗口照射进来，小条纹蝶就置于两个窗口之间，处于半明半暗之中。

小条纹蝶孵出后的当天以及第二天，没有发生什么值得记述的事。它只是用前爪紧紧地抓着纱网，静止不动，就跟那只被囚禁的雌大孔雀蝶一样。它的翅膀没有丝毫的摆动，触角也没有抖动一下。第三天，这只小条纹蝶开始活动了。它似乎已做好了出嫁的准备，它那隆重的婚礼就要揭开序幕了。

下午三点多钟的时候，我正在花园里漫步，突然看到一群蝴蝶在那扇开着

的窗口前盘旋。我赶忙跑进实验室，又看到了像大孔雀蝶来袭时一样的令人眼花缭乱的景象。一群雄小条纹蝶在实验室里混乱地飞舞着。我估算，它们大约有六十只。它们有的围着钟形罩转几圈，飞出窗外，不过很快又飞回来。性子急躁的则停留在罩子上，用脚爪相互骚扰推搡，希望自己能占一个好的位置。而在罩子里被囚禁的那只雌蝶，无动于衷地望着外面发生的一切，似乎那些争吵和喧闹跟它都毫无关系。

眼看太阳就要落山了，很多雄蝶飞走了。剩下的那些就像前些日子的大孔雀蝶一样，停在窗户的横档上，它们是想找一个地方停留下来，好为第二天的狂欢养精蓄锐。然而，令我困窘的是，舞会没有在第二天晚上顺利举行，这是因为我的过错。

当天晚上，我顺手把别人送我的一只非常瘦小的螳螂放进了关雌小条纹蝶的那个钟形网罩里。没想到，这个小举动却给雌小条纹蝶带来了意想不到的灾难。第二天，我发现那只小螳螂正在吞食雌小条纹蝶，蝴蝶的头和胸部以上的部分已经没有踪影了。为此，我感到万分的惊讶和痛苦，但是已经无法挽回了，我不得不中止了对小条纹蝶的观察和研究。

这个刚刚开始便又迅速夭折的实验让我有了一点儿微薄的收获。在这样一个小条纹蝶极为罕见的地区，仅仅因为有一只雌蝶的引诱，就有那么多只雄蝶来赶赴这场婚礼，这不得不让我思考，它们是从哪里来的？毫无疑问，它们是从遥远的地方来的，至于说它们从多远的地方来，那我就不敢说了。

又过了三年，我还是幸运地得到了两只小条纹蝶的茧。在八月的中旬，两只茧中相继孵出了两只雌性小条纹蝶。于是，我可以用它们来重复和变换在大孔雀蝶身上的实验了。小条纹蝶跟那些大孔雀蝶一样聪明灵巧，它们能识破我的种种计谋。无论我把钟形罩放在哪个位置，它们都能够找到，并直接飞向被关在里面的雌蝴蝶。

我把雌蝴蝶放在各种盒子里，只要盒子没有被封严，那些雄蝴蝶就能毫不费劲地找到雌蝴蝶。不过，如果把盒子盖得非常严实，雄蝴蝶就得不到信息，也就不会前来了。即使把封死的盒子放在显而易见的地方，也没有一只雄蝴蝶飞向它。这种结果，让我那关于气味的疑问又重新萌发了。

我曾经对大孔雀蝶做过实验，我原以为柏油的气味很浓烈，可以掩盖住雌蝴蝶的气味，现在我要在小条纹蝶身上再做一次气味实验。这次，我把药箱里所有能够散发香味或臭味的东西统统拿了出来，并把这些东西分放在十几只小碟子里面。我把一部分小碟子放在关押雌蝴蝶的钟形网罩里，另一部分放在钟形网罩周围。小碟子里面盛有樟脑、薰衣草精油、石油，还有一些散发臭鸡蛋气味的硫化物。我一大早就把这些东西布置好了，这样在那些雄蝴蝶赶来之前，这些气味便可以充分弥散开来。

下午的时候，我的实验室里洋溢着各种气味，既有沁人心脾的芳香，也有令人作呕的恶臭。这些纷繁的气味混合在一起，能不能让那些雄性小条纹蝶迷失方向呢？实验的结果证实上面那个问题的答案是否定的。雄蝴蝶们依然蜂拥而至，飞向被囚禁的雌蝴蝶。这个实验失败后，照理说我应该放弃气味指引雄蝴蝶找到配偶的猜想，可是一次偶然的发现，让我更加坚定了原来的猜想。

一天下午，我本来想知道雄小条纹蝶是不是受视觉的指导才找到雌小条纹蝶的，于是我把雌蝴蝶放到一个透明玻璃罩里，并让它栖息在一段带枯叶的橡树枝上。我把玻璃罩放在桌上，它的位置正对着打开的窗户。这样一来，当雄蝴蝶飞进屋时，肯定能看到那个玻璃罩中的雌蝴蝶。

前一天的晚上和今天的上午，那只雌蝴蝶一直待在金属罩里的一个铺满细沙的瓦罐中，现在我觉得那个金属罩和瓦罐有些碍事，就随手将它们放在了房间的一个半明半暗的角落里，那里离窗户有十几步远。

这一切准备工作做好后，我就静静地等待那些雄蝴蝶。可是，事情的发展跟我想象的完全不一样。来访的雄蝴蝶们竟没有一只停留在玻璃罩前，它们对玻璃罩里的那只雌蝴蝶竟视而不见，连瞧都不瞧它一眼。这些雄蝴蝶全都飞到房间的另一端，飞到了那个放钟形网罩和瓦罐的昏暗角落里。它们在金属网罩的顶上拍打着翅膀，不停地探寻着。整个下午，那些雄蝴蝶一直在金属网罩周围喧闹不已，就好像雌蝴蝶真的在里面似的。

这个结果让我产生了新的思考。昨天晚上和今天上午，雌蝴蝶一直都待在金属网罩里，时而趴在纱网上，时而又伏在瓦罐的沙土上。它所接触过的东西，特别是它那大肚子碰过的东西上，一定是渗透了某种特殊的气味，这气味在沙土里能够保持一段时间，并散发到周围空气中。而那些雄蝴蝶正是受了这种气味的引诱才到达这里的。所以，是嗅觉在指引小条纹蝶。

虽然玻璃罩被放在十分显眼的位置，但是罩子内外的空气是不流通的，所以，雄蝴蝶嗅不到气味，也就不会上前。然而，当我把玻璃罩稍稍垫高，让它

和下面的玻璃板之间留有一点点缝隙时，雄蝴蝶们一开始仍没有马上飞来。不过等上半个小时，那些雄蝴蝶便好像收到了什么指令似的，纷纷飞向了玻璃罩。

这个发现让我非常兴奋，于是接下来我又进行了一些实验。早上，我把雌蝴蝶关进金属网罩，还是让它栖息在那段橡树枝上。很长时间以后，树枝上的那堆枯叶已经浸满了雌蝴蝶的气味。当那些雄蝴蝶快要到来时，我把橡树枝拿出来放在离窗口不远的一把椅子上，把雌蝴蝶继续关在金属罩里面。

雄蝴蝶们来了，它们进进出出，上上下下，始终在窗口附近飞舞，它们都向放橡树枝的那把椅子靠近，竟没有一只飞向放金属网罩的大桌子。雄蝴蝶们在橡树枝周围不停地扑腾着翅膀，坚定不移地搜寻、探索，并抬起、移动那段树枝，最后竟把树枝弄到了地上。就在这时，又有两位新的访客到来了，它们径直飞向了刚才放树枝的那把椅子，并在上面急切地寻找着。又到了夕阳西下的时候，那些来访者纷纷离开了，再也没有新的访客飞来。

接下来，我又用不同的材料来代替橡树枝，为雌蝴蝶做了呢子、法兰绒、棉絮、纸、木头、玻璃、大理石和金属等各种材料的床。我让雌蝴蝶在这些床上待一段时间之后，它们对雄蝴蝶的吸引力都不亚于雌蝴蝶本身。只不过因材料的质地不同，其保持吸引力的时间有长有短而已。

经过这些实验，我的假设得到了确认。为了吸引周围的雄蝴蝶来参加婚礼，正值婚龄的雌蝴蝶会散发出一种气味。这种气味极其细微，人类根本闻不到，却可以传递给数千米之外的雄蝴蝶。并且，曾有雌蝴蝶栖息过一段时间的物体也会沾染上这种气味，只要这种气味没有挥发殆尽，那么沾染这种气味的物体就会像雌蝴蝶本身一样，对雄蝴蝶产生极强的吸引力。几乎没有任何看得见的证据能证实这种气味诱饵的存在，但它又确实存在着。

诱饵的制作需要一定的过程和时间。如果把雌蝴蝶从它的栖息物上拿开，那么它就会暂时失去对雄蝶的吸引力。相反，它所栖息的物体却因沾染上了它的气味，而成为雄蝴蝶们追逐的目标。根据蝴蝶种类的不同，它们具备传送气味本领的时间也有早有晚。刚孵化出来的雌蝴蝶需要一段时间的成熟期，才能够发出气味信号。

有时，雌大孔雀蝶早上孵化出来，当天晚上就可以引来雄蝴蝶，不过通常情况下，它们要等到第二天才能做到这一点。雌小条纹蝶招引雄蝴蝶的时间则比较迟，它们孵化出的两三天后才能向求婚者发出信号。

法布尔昆虫记全集

"隐士村庄"

蝎子就像是沉默寡言的隐士，生活得极其隐秘，所以没有太多人愿意去关注它们。目前，我们仅能了解的就是关于蝎子的解剖学知识，而关于蝎子的习性却几乎无人知晓。我觉得，我应该走近这种离群索居的"隐士"，讲述它们的生活和它们身上所发生的故事。因为，在节肢动物中，蝎子是最值得人们去观察的动物。民间传说中有很多关于蝎子的故事，所以蝎子占据了黄道十二宫①中的一席，在天上受到众星的赞美。

在这里，我想讲述的对象是朗格多克蝎子。在半个多世纪以前，我就已经认识朗格多克蝎子了。那时我还在读书，每到周四的时候，我就会来到罗讷河畔，爬到阿维尼翁对面的维勒尼弗山冈上，翻开每一块石头找寻蜈蚣，因为蜈蚣是我博士论文的主题。在找蜈蚣的过程中，很多时候，我在石头下看到的不是蜈蚣，而是另一位"隐士"，那就是外表非常可怕、不招人喜欢的蝎子。受到惊吓的蝎子会把螯钳顶在洞口，高高地卷起尾巴，尾部的毒针滴出毒液，一副准备开战的样子。真是太可怕了！于是，我把翻开的石头重新压到洞口上，然后快步离开。

傍晚时分，我满载蜈蚣而归，虽然身体很疲劳，但心中充满了喜悦。因为，我有蜈蚣了，对于那时单纯的我来说，还有什么比这更能让我满足的呢？我带走蜈蚣，把蝎子留下，但那时我就有一种预感，终有一天我将回过头去重新审视这种动物。

---

①黄道十二宫：古代巴比伦人把整个黄道圈从春分点开始均分为12段，每段均称为宫，各以其所含黄道带星座命名，总称黄道十二宫。

时光荏苒，五十多年之后，这一天终于到来了。在研究了许多其他昆虫之后，我觉得应该去研究研究蝎子了。在我家附近的塞里昂山冈上，有很多朗格多克蝎子，我从未见过一个地方能有如此多的蝎子。在山冈朝阳的一面斜坡上，有很多光洁的岩石，为怕冷的蝎子提供了适宜的高温，而且沙土的土质很易于蝎子挖掘洞穴。我想，这里可能是蝎子向北迁徙的最后一站。

蝎子是一种非常怕冷的动物，它们喜欢生活在植物比较稀少、日晒比较充足的地方。在塞里昂山冈，整个朝阳的一面斜坡，全部都是蝎子的殖民地，就像是同一个家族的成员不断迁居、扩散而形成了一个部落。但是，这里绝对不存在群居现象，因为蝎子非常注重隐私，喜欢独居生活。这是我从多年的观察经验中得出来的，虽然我见过很多蝎子，但从来没有在同一块石头下面看到过两只蝎子，蝎子总是独处一室。当一块石头下面有两只蝎子时，就只有一种情况：婚礼刚刚结束，雌蝎子正在吞食雄蝎子。在以后的篇章中，我将会讲到这一点，这是凶残的女"隐士"结束婚礼的独特方式。

蝎子的洞穴很好找，一般都是在较大、较为扁平的石头下面，洞口大概有一个广口瓶颈那么粗。有时候，蝎子就待在洞口附近，只要你俯身察看，就能看到它挥舞着两只螯钳，高翘着尾巴，摆出防御的姿势。有时候，蝎子会躲在洞里面，这就需要我用随身携带的小铲子挖开洞穴，将蝎子引到亮处。

洞口被挖开，蝎子爬了上来，挥舞着螯钳。这时，我必须小心自己的手指，千万不能被螯钳夹到。我小心地用镊子夹住蝎子的尾巴，把它头朝下放进一个结实的纸袋里，然后再放进一个白铁皮盒子里面。这么一来，携带和收集的时候，我就非常安全了。当然，每一个纸袋里面只能放一只蝎子，在保证我自己安全的同时，我也要保证每一个俘虏的安全。我之所以收集这么多朗格多克蝎子，是想在家中建立一处"隐士"村庄，以便观察和了解蝎子的习性。

在安顿好这些蝎子之前，请允许我简明扼要地讲述一下它们的外形特征。

朗格多克蝎子广泛分布在地中海沿岸，是一种十分吓人、却不为人所详知的蝎子。与另外一种同样广泛分布在地中海沿岸的黑蝎子相比，朗格多克蝎子喜欢远离人烟、荒凉僻静的地方，而黑蝎子在秋季多雨的时候会跑到人们的家里，甚至会出现在人们的被窝里，十分令人讨厌。朗格多克蝎子的体形比较大，最大的能长到八九厘米，全身是金黄色的。

朗格多克蝎子的武器是尾部的毒针。说是尾部，其实应该算是它们的腹部——由五节棱锥组成，就像五个用桶板拼接成的一棱一棱的小酒桶。它们的触肢和身体其他部位也有同样的棱凸纹，看上去就像一层坚固的铠甲，而这也是朗格多克蝎子的外形特点。

蝎尾的最后是一个光滑的袋状尾节，呈葫芦状，是制造和储存毒液的地方。尾节的尾端有一根深色的弯钩形毒针，又硬又锋利。针尖略向下处有一个张开的小孔，毒液就是通过这个小孔注入受害者伤口的。

基本上，不管是行进时，还是休息时，蝎子都保持着一种姿势——把尾巴翘在脊背上。这种姿势是为了能够发挥毒针的作用。如果尾部平伸，呈弯钩形的毒针朝下，也就是朝向蝎子的背部，它就不能发挥作用了。只有把尾巴翘起来，毒针才能向前伸出，刺伤抓住自己螯钳的敌人。于是，高翘尾巴，尾巴自下而上向身体前部拍打，就成了蝎子固定不变的战术。

那对巨大而醒目的螯钳，具有很多用途。首先，螯钳是嘴巴的帮手。当蝎子需要细细品尝猎物时，螯钳便起着手的作用，把猎物夹住送到嘴里。其次，螯钳可用于打探情报和作战。爬行时，蝎子把螯钳伸向前方，两指张开，以便摸清前面有什么东西；需要攻击时，螯钳便会牢牢地抓住敌人，使其不能动弹，然后尾部的毒针从背后向前刺过去。所以，对于如此重要的螯钳，蝎子非常爱惜，从不将其用于行走、平衡身体和挖掘。诸如行走、平衡、挖掘等小事情，全都由步足负责。

跟狼蛛一样，蝎子也有八只眼睛，分为三组，其中两只大眼睛位于头胸部的中间。这两只大眼睛向外突出，就像极度近视的近视眼，曲线形的结节状脊线构成了睫毛，使得蝎子看起来很凶狠；近乎是指向水平方向的光轴，差不多只能让蝎子看到两侧的物体。另外六只眼睛分为两组，位置更靠前，几乎是在嘴巴上方弯拱楣的平切边上，很小，向外突出，光轴射向两侧。总之，虽然有这么多眼睛，但蝎子仍然看不清前方的物体。

那么，蝎子是怎么走路的呢？蝎子是摸索着前进的，就像瞎子一样，向前方伸开的螯肢起到了手的作用，可以探知前面的情况。观察饲养在荒石园露天网罩里的蝎子时，我看到了这样的一幕。两只正在散步的蝎子一前一后地行进着，因为高度近视和严重斜视，后面的一只没有看到前方的那一只，一直向前走着。后来，它的螯肢碰到了对方，哆嗦了一下，就像受到惊吓似的，随即迅速后退并且变换了一条行进路线。蝎子与同类相遇，会发生不太愉快的事情，

为了证实这一点，我当时应该再触动它一下。只是，我并没有那么做。

好了，现在让我来安排一下我的俘虏的住宿吧！为了能够让朗格多克蝎子详细讲述它们的生活和习性，我只能采取就近饲养的方法。那么，如何饲养呢？我在荒石园里建立了一座蝎子"村庄"。这是我自认为最为有效的方法，它既能给蝎子完全的生活自由，又能够免去我人工喂养的劳累，还能够让我随时随地地进行观察。我觉得这个方法好极了，可以称得上是最好的方法，我相信我的饲养一定能够成功。

这座"隐士村庄"就建立在荒石园比较僻静、朝阳的地方，背后还有一道厚厚的迷迭香丛，可以为蝎子们挡住寒冷的北风。唯一的缺点是这里不是沙土地，而是掺杂着石子的黏性红土。

挽救的方法很简单，因为蝎子不爱出门，我只要为蝎子提供一部分可以挖洞的沙土就行了。

在红土地上，我挖了很多坑，不用太大，几立方分米就行，然后运来蝎子老家的那种沙土将坑填满，再压实，以防蝎子挖洞时发生坍塌事故。在压实的沙土表面，我挖了一个浅浅的洞，这将是蝎子继续挖掘洞穴的基础。然后，我又在洞上面盖上一块石板，石板要比洞大一些，并在石板上挖开一个口，通往石板下的洞。一切准备就绪之后，我把一只移民来的蝎子放到洞口旁边。蝎子爬了进去，没有出来，这说明它对这个家很满意，就像满意它所熟悉的那个家一样。

就这样，一座有二十户居民的"小村庄"建成了，居民都是年富力强的成年蝎子。就算是在晚上，在提灯的昏暗灯光下，我也能清楚地看到"村庄"里面发生的事情。至于食物，我一点都不担心，这地方可供捕猎的昆虫有很多，居民们能够自己找到食物。

当然，仅此一个殖民地是远远不够的，有些观察课题是需要在完全封闭的环境下进行的，于是，我在实验室里建立了第二个"村庄"。这个村庄坐落在我实验室的大桌子上，上面已经有好几处其他昆虫的"村庄"了，略显拥挤。我仍旧用了大玻璃罐子，这是我习惯采用的实验仪器。每个罐子里都装满了沙子，还有两块瓦片，半埋在沙土中作为石头的替代品，最后罩上圆拱形的纱罩。这样一来，每个罐子里都可以放上两只蝎子。

随后，我在每一个罐子里放入一只雌蝎子和一只雄蝎子。当然，我是依靠自己的主观判断来配对的，把肚子大的蝎子当作雌性，把肚子小的当作雄性。据我所知，蝎子的性别是无法从外部特征上区分的，除非先把蝎子的肚子剖开看看，但那样做将会毁掉我的实验。既然没有别的办法，我只能根据它们的身材来判断雌雄。不过，肚子的大小与年龄也有一定的关系，因此难免会有失误。我总是把一只肥胖一些、颜色较深的蝎子，和另一只身材略显苗条、呈金黄色的蝎子搭配在一起。我相信，在这么多对蝎子中，一定会有真正的配偶。

在此，我还想讲述一些细节，希望能够帮助到那些今后打算从事同样研究的人。饲养动物需要多多学习，尤其饲养危险动物，多吸取他人的经验是没有坏处的。

在饲养危险动物的时候，防范措施必须要严格，稍有不慎，让其中一只囚犯溜了出去，倒霉的肯定是你。为了能够在拥挤的实验环境中安全地度过几年的时间，我使用了这样的防范措施：把圆顶网罩一直插到玻璃罐子的底部，在网罩和容器之间的空隙中填满黏土，加水夯实。如此一来，网罩嵌入泥土中，蝎子就不能摇动网罩，又使得容器中不会出现细缝，让蝎子有跑出来的可能。另一方面，这样蝎子从它所占有的那块地的边缘无论向何处挖掘，都不是碰到网罩就是碰到容器，这些都是无法逾越的障碍。有了这些防范措施，我们就不用担心蝎子跑出来了。

当然，仅仅考虑饲养者的安全，这是不够的，我们也应当考虑被饲养者是否生活得舒适。蝎子的住所需要保持卫生，并且便于携带，可以随时放到阳光下或阴暗处，以满足观察时的需要。还有一点，住所里不能缺少食物，尽管蝎子比较抗饥饿，那也不能永远禁食。为了在供应食物时不必把网罩拿掉，我在纱网的中间开了一个小孔。每当喂食的时候，我就从那个小孔把抓到的活猎物放进去，之后再用一个棉团把小孔堵上。

在露天的"小村庄"里，我在每块石头下都挖好一个浅坑，给蝎子们打好洞穴的基础。在网罩下，我没有做这项工作，这使我发现这里的移民比露天地里的移民更能干，并且让我有机会看到了蝎子们挖掘工作的详细步骤和细节。朗格多克蝎子是能干的建筑家，它们能住上自己建的小房子。

在每个玻璃罐里，每一只蝎子都拥有一块瓦片，这是房屋的屋顶。半埋到沙子里面的瓦片构成了一个地道口，一条简单的拱形裂缝充当着房屋的门厅。接下来，就得依靠蝎子自己往下挖掘，并按自己喜欢的方式安排了。

朗格多克蝎子被放到罐子里之后，马上开始了工作，因为白天的太阳会让它们觉得不舒服。蝎子在挖洞的时候，用第四对步足支撑着身体，其他三对步足负责耙土、耕地，轻巧敏捷地把土块碾碎、刨松，这使我不禁想到了小狗刨土埋骨头时的麻利劲儿。把土碾碎之后，蝎子便开始用尾巴做清扫工作，平伸贴在地面上的尾巴可以把土堆向后推，就像人类用胳膊肘推开障碍物一样。

蝎子全身上下的工具都在工作，只有螯钳例外，强有力的螯钳连往外拣一粒沙的工作也没做，似乎这项工作与它毫无关系。这其中是有原因的，螯钳是负责吃饭、打仗和探听信息的工具，如果用它去干这么重的活儿，是会破坏其灵敏度的。

就这样，步足交替挖土，尾巴推土，蝎子很快便隐身于瓦片之下。洞口处，堆积起一个小沙丘，沙丘一直在震动，因为从上面不时地滚落下一些沙子，这说明挖掘工作还在继续。瓦片下面的石砾不断被推出来，看来，蝎子会一直挖到自己需要的宽度和深度。虽然洞口被挡住了，但是不用担心，当主人想从洞里出来时，可以毫不费力地把障碍物推倒。

与技艺娴熟的朗格多克蝎子相比，我们房屋里常见的那种黑蝎子就逊色多了。黑蝎子没有建造洞穴的本领，它们只会寻找、利用现成的洞穴，比如在墙根下脱落的沙浆灰里，或者在因受潮而裂开的护墙细板里，又或者在阴暗处的废墟堆里，并且不会加以改建，从而让自己住得更舒服一些。黑蝎子不会挖土，可能是因为它们的尾巴又细又光，没有力气去做清扫工作；而朗格多克蝎子的尾巴不但粗壮，而且还长着粗硬的高低不平的圆齿状叶缘。

在荒石园里的蝎子村庄里，我在每一块石板下面都挖了一个浅洞，作为粗加工制品提供给蝎子们。蝎子们的工作就是继续挖掘，完成整个工程。它们在洞里努力地挖着，洞口逐渐堆积起一座小沙丘。让我们留给移民一些时间，等几天再来欣赏石板下的庄园吧。

蝎子的洞穴有十几厘米深，虽然蝎子不喜欢在白天出来活动，但在通常情况下，我们只要掀开石板就能看到它们，尤其是在天气不好的时候。

石板下，就是整个住宅的门厅。每当一天中最炎热的时候，蝎子就会来到门厅，在里面静静地享受透过石板慢慢蒸腾进来的热气。翻开石板，正在享受蒸汽浴的主人受到了惊吓，于是一边用尾巴恐吓入侵者，一边退入黑暗的洞穴里面。当然，这样的惊扰不会吓退蝎子享受蒸汽浴的欲望，只要我们把石板盖上，半个小时之后再去看，就会发现它又回到了门厅。只要太阳还在烘烤着屋顶，门厅里就会暖暖的。

不论是在荒石园里的自由"小村庄"里，还是在网罩下狭小的蝎子园里，这些"隐士"在冬季会一直保持这种极为单调的生活方式，不管白天还是黑夜都不会出门，因为洞口的小沙丘丝毫没有被挪开的迹象。

蝎子是不是也会冬眠呢？每当我好奇地翻看石板，就会看到翘着尾巴、摆出防御姿势的蝎子，它们的精神状态很好，没有一点儿犯困的样子，看来蝎子不会冬眠。也许，"隐士"们的生活就是这样，天气凉爽时退回到洞底，天气晴朗时就来到洞口，依靠晒热的石板取暖。而在这段日子里，"隐士"们最经常做的事情就是静思，在潮湿的洞穴里，在房屋的挡板下，在沙丘后面。

到了四月，突然发生了异样的情况。在网罩里的蝎子园中，蝎子们纷纷爬出洞穴，在罐子的边缘绕来绕去，然后爬上网罩，甚至待在上面一整天也不下来。它们难道不想回家，想待在外面玩耍？

荒石园里的自由"小村庄"里，情况更加糟糕。最开始，几只小蝎子离家出走了，我不知道它们是出于什么目的，只能猜想它们一定会回来的，因为荒石园里的其他地方再也找不到适合它们挖洞的石头了。可是，我错了。离家出走的小蝎子再也没有回来，而且，这种坏习气很快传染给了大蝎子，它们也纷纷搬走了。

它们到底搬到哪里去了呢？我不知道，四处都找遍了，也没有发现一只蝎子的身影。就这样，我曾寄予美好希望的自由"小村庄"，很快就成了没有居民的死城。再见了，我倾注了大量心血的方案！

为了保住网罩下的居民，我决定给它们另选一个更加舒适的居住场所。网罩里的空间太小，不能满足蝎子的生活需要；在扩充空间的同时，还需要增加一堵防止蝎子逃跑的围墙。这次，我选中了一个存放肉质植物的花棚，花棚的墙基深一米，墙壁上粗粗地涂了一层灰浆。为了防止蝎子翻墙逃跑，我尽可能地将墙面涂抹光滑，然后在地上铺上了细沙，并分散着放了几块大石板。准备工作做好之后，我把剩下的蝎子和新抓来的蝎子，一只一只分别放在棚子里的石头下。这一次，这个垂直的屏障能留住我的蝎子吗？曾经发生的出逃事件，还会发生吗？

答案是肯定的，出逃事件再次上演了。第二天，当我来到花棚的时候，我

发现蝎子们全都不见了，这里原本一共有十二只蝎子的，可是如今一只都没有了。天啊！我考虑得太不周全了。

对于这种情况，我早就应该想到的。每当雨季和秋季到来的时候，地面和地下的潮气就会变大，蝎子是不喜欢潮气的，它们会爬到高处。我就曾经见过黑蝎子顺着墙壁缝隙爬到我的家里面，一直爬到了二楼。黑蝎子是攀登高手，为了躲避那一点点的潮气，它们就可以依靠泥灰粗糙的小颗粒在垂直的墙面上攀登。这种场景我见过很多次，可为什么没有联想到朗格多克蝎子呢？

虽然身体略胖一些，但朗格多克蝎子也是不折不扣的攀登高手。朗格多克蝎子步足上有一组弯曲的活动小爪，与小爪相对应的是一根短而细的尖刺，上面布满了粗毛。小爪和尖刺构成了一个极妙的钩爪。这就是为什么沉重、笨拙的蝎子能够在纱罩的纱网上爬，而且还能在垂直的墙壁上爬的原因。而花棚里的这面围墙如此光滑，高达一米，竟然没有阻挡住一只朗格多克蝎子，看来朗格多克蝎子的攀爬能力更强。

通过这次的失败教训，我发现即使在有围墙的露天里饲养蝎子，也是不太可行的。当然，我还没有完全失望，因为实验室的网罩下面还有我最后的资源。就这样，我陪着玻璃罐里的蝎子居民度过了整整一年的时间。为了看守这十几只罐子，我不敢外出，生怕那些夜猫子会来搅乱蝎子们的平静生活。

虽然我对网罩下面的居民寄予了很多希望，但由于数量有限，而且每只蝎子能够享受到的空间很小，没有邻里的陪伴，没有在家乡的山冈上能享受到的强烈日照，它们好像患上了相思病。不管是在瓦片下蒸蒸汽浴的时候，还是在纱网上爬行的时候，它们都一副无精打采的样子，似乎在幻想着如何获得自由。

这些了无生气的蝎子远远不能满足我观察的需要，从它们身上观察到的东西实在有限。我要想得到更有价值的资料，就必须营建一个更好的养殖场所。虽然我付出了很多努力，想出了很多对策，可是一年过去了，我仍然几乎一无所获。

最后，我想出了造玻璃围墙的办法。光滑至极的玻璃，应该没有蝎子攀爬落脚的地方了吧？这新的饲养场所位于荒石园的露天长凳上，我请木匠搭建了木制的框架，然后由玻璃匠在框架上安上玻璃。从外表看来，这座饲养场就像一个横放的窗框。为了避免蝎子攀着木框逃跑，我又在木框上涂上了柏油。

饲养场的地面是一块铺着沙土的宽木板，上面建造着二十四座瓦片房，每一个房间里都有一个主人，这些房间都足够宽敞；而且饲养场里的道路也十分宽敞，一点儿不拥挤。这座饲养场的顶盖，可以根据天气情况开大或者关小，以给居民提供适宜的温度，而且不用担心雨水的侵袭。

事实证明，玻璃围墙也不是一劳永逸的方法，如果不能适时加以改善，这座玻璃蝎子园仍旧会发生居民逃逸事件。

蝎子不能在玻璃上攀爬，这一点是肯定的。我的那些蝎子在玻璃上乱抓，依靠尾巴作支撑，直立了起来，可一旦离开地面，它们便重重地摔了下来。可当它们发现木框的时候，情况就不太妙了。虽然木框很窄，而且被我涂上了柏油，但那些顽强的蝎子还是可以沿着木框往上爬，只不过会很吃力，速度也比较慢。

当我发现的时候，有一些蝎子已经爬到了木框的顶端，马上就能够翻墙逃跑了，我只得用镊子把它们请回去。在一天的大部分时间里，玻璃蝎子园的顶盖都是敞开着的，要不然里面的蝎子就会被闷死，所以我必须随时前来察看，防止集体逃逸事件再次上演。

后来，我又在木头上涂上了油和肥皂的混合物，木框变得更加光滑了，但这只能减慢蝎子攀爬的速度，并不能彻底阻止它们逃离。蝎子尖细的小爪子能够穿透涂料，插入木头的小孔里，有了这落脚的地方，它们就可以攀登了。我也尝试着在木头上贴上一层玻璃纸，这种没有细孔的玻璃纸成了大腹便便的蝎子无法逾越的障碍，但还是没能阻止那些身形矫健的家伙。再到后来，我在玻璃纸上又涂上了一层厚厚的油脂，这才将蝎子们彻底制伏。

从此之后，玻璃蝎子园里再也没有发生过逃跑事件，虽然里面的居民每天都在尝试着想要逃跑。与同行黑蝎子一样，朗格多克蝎子是高超的攀登运动员，然而这么肥胖的家伙竟然有攀登光滑墙壁的能耐，这还真是出乎我的预料。

如今，我拥有了三座"隐士村庄"：荒石园里的自由"小村庄"，实验室里的网罩蝎子园，最后是玻璃蝎子园。这三个处所各有利弊，我需要挨个儿对它们进行巡视，特别是玻璃蝎子园。那个豪华的玻璃宫殿，如同蝎子的卢浮宫，成了我们家的收藏品，我们一家人从那儿经过时，都会不由自主地瞧它一眼。就这样，我把在蝎子的发源地翻石头时所得到的一点儿零星材料，与在三个处所中得到的资料综合起来，对朗格多克蝎子有了一些认识。

沉默寡言的"隐士"啊，你能开口说话了吗？

爱情进行曲

四月，当燕子归来，布谷鸟唱出第一个音符时，荒石园那个一直都很平静的"小村庄"里发生了一场革命。夜幕降临时，许多蝎子离开它们的住所去朝圣了，并且再也没有回家。更严重的是，有许多次，我发现在同一块石头下有两只蝎子，一只蝎子正在吞食另一只。难道一开春就习惯游荡的蝎子不小心闯入了邻居的家，从而引发同类相食了吗？如果闯入者相对弱小，就会在那儿丧生。在接下来的几天里，送上门的美食会被主人心安理得地、一小口一小口地吃掉，就好像这是一个普通的猎物似的。

然而，有一点引起了我的注意，那就是被吞食的蝎子一律是中等个儿。它们身体的颜色较浅，肚子较小，这种身份特征表明它们是雄蝎子。而另外一些个头儿较大、比较肥胖、肤色很深的雌蝎子却没有落得这样悲惨的下场。因此，这可能不是邻里间的打斗，它们并不是因为渴望独居才加害拜访者，把它们吃掉。这应该是一种结婚仪式，不过婚礼结束后，肥胖的雌蝎子为仪式安排了一个悲惨的结局。可是，直到第二年我也没有为这种怀疑找到根据，因为我的设备太差了。

又一年的春天到了。事先我已经准备好了宽敞的玻璃宫，里面有二十五位朗格多克蝎子居民，它们各自占据着一块瓦片。自四月中旬起，每天夜幕降临后，约摸八九点钟，玻璃宫里便热闹起来。大白天显得很冷清的玻璃宫变成了欢乐的舞台。

白天有各种各样的烦恼事情，因此晚上看蝎子们表演成了我们一家的一种消遣，对我们来说，这就像看戏一样。

在玻璃墙边微弱的灯光照亮的那个区域里，很快形成了好几个蝎子团体。

那些随处可见的孤独的散步者，在灯光的吸引下也离开黑暗处，跑到柔和温馨的灯光下。瞧，又有一些新来者加入了进来。而前台有一些则放弃了嬉戏，回到暗处，休息片刻之后，它们再次充满激情地回到灯光下。

这种乱哄哄的场面和狂欢时可怕的喧闹具有莫名的吸引力。有的蝎子神情严肃地从阴暗处走出来，然后突然迅速而轻柔地一跃，做了一个滑步动作，走向灯光下的那群蝎子。它们希望相互结交，可刚和对方的指头碰了一下就赶紧逃走，好像彼此都被烫着了似的。另一些已经和同伴纠缠在一起的蝎子，也赶紧脱身逃走，它们在黑暗中定了定神，然后又返回来。

混乱的场面不时出现：蝎子们的步足纠缠不清地踩来踩去，几只螯钳咬在了一起，卷起的尾巴相互碰撞，也不知道是表示威胁还是亲昵。

从有利的光线入射角度可以看到，在混乱中有一对对亮点闪闪发光，看上去就像深红色的宝石。人们或许会把它们当成是蝎子眼睛射出的光，实际上这是蝎子额前的两个复眼，它们像反射镜一样光亮。

不论大小，所有的蝎子都参与了斗殴，就好像在进行一场关乎生死存亡的搏杀。不久，这伙气势汹汹的蝎子就散伙了，迅速分散到各个角落，战场上既没有尸体，参战者身上也没有受伤的痕迹。

过了一阵子，勇士们重新聚集在灯光底下。它们来来去去，走了又来，常常迎面相撞。最匆忙的那位甚至从别人的背上踏了过去，被踏的那只蝎子只是动了一下臀部，并没有表示更多的抗议——反击的时候还没到。相互碰撞的蝎子也至多用尾巴拍对方一下，没有像之前那样拳脚相加。在它们的圈子里，这种拍打是没有恶意的，因为没有使用毒针，这就像我们平常拍拍肩头一样。

除了乱踩和挥舞尾巴外，也有一些离奇的行为方式。瞧，两只蝎子额头对额头，螯钳顶着螯钳，仅靠上身支撑，下半身笔直地竖了起来，就像一棵突然生长出来的树。它们的尾巴垂直竖起，不住地相互磨擦、触摸；尾巴尖也勾在了一起，轻柔地、反复地连接起来又分开。但没过多久，这棵树就倒塌了，两只蝎子匆匆离去，不讲任何礼数。

两位斗士为什么要摆出这种姿势呢？是敌对双方在搏斗吗？看样子不是，因为这种接触是和平的。接下来的观察告诉我们：它们是在调情，为了表白自己的爱情，两只蝎子才倒立成一棵笔直的树。

呀，这又是怎么一回事？四月二十五日那天，我发现两只蝎子竟然面对

法布尔昆虫记全集

面，伸出螯钳，友好地握住对方的"指头"。这是两只异性蝎子，身体较胖、颜色较深的那只是雌蝎子；另一只相对瘦一些、颜色也较浅的是雄蝎子。它们将尾巴盘成很漂亮的螺旋形，迈着整齐的步伐沿着玻璃墙散步。雄蝎子倒退着走在前面，稳稳当当的，看起来没有一点儿阻力。雌蝎子顺从地跟着，它面对着雄蝎子，"手指"被雄蝎子牢牢地握住。

它们走走停停，但始终"手"拉着"手"，一会儿走到这里，一会儿走到那里；从围墙的这一头走到那一头，似乎根本就没有目的地。它们是在漫步，在跳舞，肯定还在暗送秋波。就像礼拜天的晚祷后，我们村里的小伙子各自带着心上人，在树篱边散步一样。

散步者经常改变方向，但不管往哪个方向走，雄蝎子总是决定者。要变换方向的时候，它紧紧地握住雌蝎子的"手"，一个优雅的侧转身，和它的伴侣侧面相对。然后，它用平放下来的尾巴轻柔地抚摸一下雌蝎子的背。很快，雌蝎子也跟着改变了方向。

整整一小时，我毫不懈怠地注视着这对情侣没完没了地来回走。尽管时间很晚了，该休息了，我的注意力仍然非常集中，不想放过任何一个重要的细节，这对我来说是很辛苦的。

最后，大约十点钟时，蝎子的散步结束了。那只雄蝎子来到一块瓦片旁——似乎这是个合适的隐蔽所，它放开了同伴的一只"手"，另一只"手"仍然牢牢地牵着对方。它用腿扒了几下，又用尾巴扫了几下土，一个地洞打开了。雄蝎子先钻进去，然后缓慢地、动作轻柔地把耐心等在外面的雌蝎子带进洞里。很快，我就什么也看不见了。沙堆封闭了洞口，这对情侣进入了洞房。

这时候去打扰它们是很愚蠢的行为，要想看到瓦片下面发生了什么事，现在还不是时候，为时过早。蝎子交尾前的准备工作可能会持续大半夜，而长时间的熬夜已使我这个八旬老翁感到力不从心了。我的腿开始发软，眼皮也直打架。我还是睡觉去吧！

第二天拂晓时，我掀开了那块瓦片。下面只剩下形单影只的雌蝎子，雄蝎子不知所踪，它既不在洞穴里，也不在附近。第一次观察就遇到挫折，以后又会怎样呢？

五月七日，晚上快要到七点时，天空布满了乌云，大雨即将来临。在玻璃屋里，一对蝎子静静地待在一块瓦片下，它们面对面，"手"拉"手"。我小心翼翼地掀起瓦片，让里面的蝎子暴露出来，好让我能够自始至终地监视它们的幽会。然而，天黑后，随之而来的阵雨迫使我撤离了那儿。蝎子的家安在玻璃罩里，用不着避雨，它们会做什么呢？它们还会照样忙它们的事儿吗？可是它们的床没有顶盖怎么办？

一个小时后，雨停了，我又回到玻璃罩旁。那对蝎子已经离开了没有屋顶的家，选择了旁边的一块瓦片。它们牵着手，雌蝎子等候在外面，雄蝎子在洞里收拾房间。为了不错过蝎子交配的那一刻，我们全家轮流守候着，每十分钟换一班。我原以为可以看到期待的那一幕，可结果我们的努力又白费了。八点左右，夜幕已经完全降临，这对情侣因为不满意那个地点，"手"拉着"手"，打算换一个住处。雄蝎子倒退着在前面引路，雌蝎子顺从地跟随着。这和我在四月二十五日看到的情形完全相同。

最后，它们总算找到了一块满意的瓦片。雄蝎子先钻进去，它没有松开伴侣的"手"，只是用尾巴简单地扫了几下，就把新房收拾好了。在温柔的雄蝎子的引导下，雌蝎子也钻了进去。

两小时后，我去看望它们，以为这段时间它们已经做完交尾前的准备工作了。当我掀开瓦片，却发现它们还是老样子，面对面，"手"拉"手"。看来，今天我是不可能看到更多的情况了。

第二天，还是没什么进展。它们面对面，一动也不动，勾着"手指"在瓦片下继续着没完没了的深情凝望。傍晚，太阳在落山时，经过二十四小时的幽会之后，这对情侣的爱情以分手而告终了。雄蝎子离开了瓦片，雌蝎子还待在那儿，不知道在想些什么。

通过这一次的观察，我得出了两点结论。订婚散步之后，这对情侣需要一个秘密安静的藏身所。它们绝不会在露天的情况下、在晃动的人群中、在众目睽睽之下完婚。不管白天还是晚上，当洞顶的瓦片被掀掉时，这对未婚夫妇为了谨慎起见，都会选择离开，去另寻一个住所。而且，它们还得在新住所里停留很长时间，以确定它的可靠性。我们之前看到它们在新家停留了二十四小时，结果还是选择了放弃。

五月十二日晚上，我又一次进行了观察。今晚我们会看到什么情况呢？天气很热，风平浪静，正适合蝎子们夜间嬉戏。有一对情侣结成了，它们是如何开始的，我不了解。这一次，雄蝎子的个头儿比肚子肥胖的雌蝎子要矮小得

多。但矮小瘦弱的雄蝎子仍然勇敢地履行自己的职责，牵着雌蝎子的"手"，倒着走，双方的尾巴卷成喇叭形。它们沿着玻璃围墙散步，转了一圈又一圈，时而朝某个方向走，时而又掉头朝着相反的方向走。

散步时，它们会经常停下来，这时两只蝎子的额头挨在一起，头时而偏向左边，时而偏向右边，好像在说悄悄话。它们细小的前足不停地晃动，像是在相互狂热地抚摸。这是什么意思？怎样才能用言语翻译出它们无声的甜言蜜语呢？

我们全家人都来看这对奇怪地抱在一起的蝎子，我们的出现丝毫没有打扰它们。它们那半透明的身体在灯光下闪着光，仿佛是用黄色的琥珀雕刻而成的雕塑，看起来优美极了。过了一会儿，它们动作缓慢地，看一步走一步，又开始了长途旅行。

什么也打断不了它们。一个夜间出来乘凉的蝎子在路上与它们相遇了，它本来也是沿着墙根走的，可一旦察觉了前面有一对散步的恋人，它便闪身让它们自由地通过。最后，终于有一块瓦片下的洞穴接纳了这对散步者。这时已到了晚上九点。

可没想到，之前还是柔情蜜意，难分难舍，夜里就转化成了恐怖的悲剧。第二天早晨，雌蝎子还在昨晚的那块瓦片下，瘦小的雄蝎子也在，但它已经遇害，而且身体残缺不全——它的头部、一只螯钳和两条腿已经被吃掉了。我把尸体拿出来放在洞口比较显眼的地方，整整一天，那位凶手都没去动它一下。当夜幕降临时，凶手终于出来了，它在经过的路上碰到了丈夫的尸体，便将尸体搬到远处，以便体面地安葬——即把丈夫吃光。

这种吞食同类的行为和去年我在荒石园露天"小村庄"里看到的情况完全一致。在一些石头底下，我常常发现一只雌蝎子正逍遥自在地像吃家常便饭似的蚕食昨夜的伴侣。我猜想，雄蝎子完成了自己的职责之后，如果不及时脱身，就会被整个儿或部分吞食掉。我眼前正好有确凿的证据。我昨晚看见一对情侣完成了惯常的前奏——散步之后进入了洞房，今天早晨当我去查看时，妻子正在啃食它的丈夫。

看来那只不幸的雄蝎子已经完成了使命。需要它传种的时候，雌蝎子是不会吃它的。可是为什么有些蝎子情侣情意绵绵，互相表达了爱意，并经过二十四小时的深思熟虑之后，并没缔结良缘呢？也许一些无法确定的因素，如周围的环境、气压、温度和蝎子本身的热情等，在很大程度上加快或减缓了交

配的完成。

那为什么雌蝎子在交尾完毕后要吃掉自己的丈夫呢？我可以肯定不是饥饿的原因。对于蝎子而言，夜晚要想在周围找到食物不费吹灰之力。五月十四日，我为这群忙碌的蝎子提供了丰富的食品，所选的都是它们喜欢的食物，有肉质细嫩的小蝗虫、直翅目昆虫中味道最鲜美的小螽斯，还有截去翅膀的尺蠖蛾。

这么丰盛的食物却没有引起蝎子们的兴趣，谁也没有去注意这些食物。蝗虫在跳，折了翅的尺蠖蛾在拍打着地面，螽斯在哆嗦，但路过它们身边的蝎子对此熟视无睹。它们践踏着食物，将食物踢翻，用尾巴把它们扫到一边去。看起来，它们不需要这些食物，它们心里想的是别的东西。

蝎子们几乎全都沿着玻璃围墙走，有些固执的家伙还企图越狱。它们用尾巴支撑着站起来，慢慢地往墙上爬，脚下一滑摔下来后，又在别的地方重新开始。它们甚至伸出"拳头"去砸玻璃，似乎不惜任何代价也要出去。这个蝎子园已经很大了，所有住户都有自己的空间，里面还有长长的小径可供它们散步，尽管如此，它们还是想到远方去流浪。如果是自由身，它们就会云游四方。去年也是在这个时期，荒石园里的移民们全都离开了"小村庄"，我从此再也没见到它们。

春天，到了交尾期，它们必须要去旅行。一向喜欢离群索居的蝎子现在要抛弃它们的斗室，去完成爱情之旅。它们不思茶饭，要去寻找自己的伴侣——在它们居所附近的石头下常有同类聚集，它们应该有择偶的机会。若不是怕天黑摔断腿，我真想到满是岩石的山冈上去，参加蝎子们在自由欢快的气氛中举行的婚礼。

雄蝎子邀请雌蝎子散步的那一幕场景，不是很容易就可以看到的。好些蝎子从石头底下出来，就已经结成对了。我不知道它们是在什么时候，也不知道是怎样开始约会的。有的蝎子意外地在很难进行监视的僻静的路上相遇，当我发现它们时，已经太迟了，它们已经"手"拉"手"走在了一起。

五月二十日这天，机会女神终于向我露出了微笑，一对蝎子在我的眼皮底下，在灯光的照耀下结成了对子。一只雄蝎子兴高采烈地从一群蝎子中间匆匆穿过时，突然与一位路过的雌蝎子打了个照面，它对对方一见钟情，对方没有拒绝，于是，事情像我前面描述的那样有了飞快的进展。

两只蝎子额头碰额头，螯钳勾在一块儿；尾巴使劲地摇摆着，垂直竖起，然后勾在一起，轻轻地摩挲，看起来就像一棵笔直的树。很快，这棵树就从中间分开了。没有更多的表示，它们立刻开始下一个流程——"手"拉"手"去散步。这种大树造型是两只蝎子结合的前奏。这种姿势并不少见，当同性相遇时，也会做出这种姿势来，不过没有那么标准，更主要的是没有那么郑重其事。在那种情况下，这一姿势是表示不耐烦，而不是表达爱情，两条相交的尾巴是相互撞击而不是相互抚摸。

再看看那只雄蝎子，它匆匆地转过身来倒退着，带着胜利者的骄傲神情，牵着爱侣的"手"开始了漫步。路上，它们遇到了其他一些雌蝎子。那些雌蝎子用好奇的、也许是妒嫉的眼光瞧着这对情侣，其中一只扑向被雄蝎子牵着的雌蝎子，抱住它的腿，拼命地想阻止它们的结合。为克服阻力，雄蝎子累得筋疲力尽，它推不动，也拉不动，举步维艰。不过它并没有为意外的事件而感到不快，后来它索性放弃了争夺。这时身边正好有一只雌蝎子，这一回雄蝎子没有做任何表白，便直截了当地上前拉住姑娘的"手"，邀请它去散步，哪成想姑娘不愿意，挣脱出来逃走了。

雄蝎子又以同样直率的方式向那群好奇者中的另一位发出邀请，这位姑娘接受了邀请，但它在路上还是逃离了这个勾引者。对这个轻浮的小子来说，这又算得了什么！姑娘有的是，跑了一个，可以再找一个。它到底找了谁呢？接下来的路上碰到的第一个姑娘。

它成功地摘取了那个姑娘的芳心，现在它带着被征服的姑娘来了。它们走进了被灯光照亮的区域。不过，有时候姑娘会拒绝前进，这时它就会用尽全力一下一下地硬拽着对方走；有时姑娘表现得很顺从，这时它的动作就很轻柔。这样走着可能太累了，中途它们常常要停下来歇歇脚，有时会停很久。

有时走着走着，雄蝎子会突然专心致志地进行起奇怪的操练。它收回螯钳，然后再向前伸直，并迫使对方也和它一样交替地做着这个动作。这对蝎子组成了一个四边形的活动架，反复地收拢，打开。做完柔体训练之后，这个器械便收缩起来，停止不动了。

现在它们的额头碰在了一起，两张嘴贴在一块儿，互相倾诉着爱慕之情。为了表述这种亲密，我脑海里涌现出接吻、拥抱等字眼，但这些字眼又不太合适，因为蝎子没有头、脸、唇和面颊。它那像被刀削过似的平截面上，甚至连吻端也没有。我们只能找到一张由丑陋的下颌构成的脸。

可是对蝎子来说，那个部位再美不过了！雄蝎子用纤细的前腿轻轻地拍着对方那张在它看来美丽绝伦的脸蛋，怀着一种快意轻轻地咬着；雌蝎子也用下颌抚弄着雄蝎子那张同样丑陋的嘴脸，真是温柔纯真到了极点。

雌蝎子听任摆布，完全处于被动，但它心中不是没有溜走的念头。怎么溜呢？很简单，它只需用尾巴当棍子，拍打在过于亲热的同伴的"手腕"上，对方就会立刻松开"手"，这意味着断交。不过，明天赌气的姑娘消了气，一切又将继续进行。

这种用棍子驱赶的方式告诉我们，最初顺从听话的新娘也有任性的时候，它会断然拒绝雄蝎子的求爱，还会突然闹离婚。我来举个例子吧。

五月二十五日这一天晚上，有一对蝎子情侣打扮得漂漂亮亮的，正在散步，随后，它们找到了一块瓦片，看来挺适合做婚房。为了行动方便些，雄蝎子放开了一只螯钳，用腿和尾巴把门口打扫干净，然后钻进瓦片下面。随着洞穴渐渐地挖成，新娘似乎是心甘情愿地跟着往里走。

可刚钻进身子，可能是房间里的情况不太合意，新娘又反悔了。它倒退着爬出半截身子。可对方硬是将它朝身边拉，这使得它不得不与里面的新郎展开搏斗。它们争执得很激烈，一个极力往里拉，另一个则使劲儿往外挣脱，双方展开了拉锯战。最后，力气大的一方获得了胜利，雌蝎子猛地用力，把它的配偶拽了出来。

这一对情侣露出地面后并没有断交，而是继续散步。它们沿着玻璃围墙走了整整一小时，一会儿拐到这个方向，一会儿拐到另一个方向，最后又回到刚才那块瓦片旁。道路已经开通，雄蝎子毫不迟疑地钻下去，并迫不及待地把新娘往里拽。雌蝎子拼命反抗，它把腿绷直了不动，脚在地上划出道道痕迹，尾巴用力靠在拱起的瓦片上，怎么也不愿意进去。

最后，在雄蝎子软硬兼施的诱骗下，倔强的雌蝎子到底还是进入了洞房。这时刚过了十点。我觉得下半夜应该守着，等到适当的时候掀开瓦片看看下面发生的情况。好机会很难得，应该好好利用。我将会看到什么呢？

什么也不会看到，刚过了半小时，获得了自由的抗婚者就从洞穴里爬出来，迅捷地逃之夭夭。另一位急忙追出洞来，它在洞口停下脚步，四处张望，可是新娘已经不见踪影了。雄蝎子只好灰溜溜地回家去了。它的感情被欺骗了，我也一样。

地下剧毒杀手

人类对蜘蛛的印象从来就不是很好，在很多人的印象中，蜘蛛是一种很可怕的动物，甚至一看到它们，就想把它们立刻踩死。这也许是因为它们那狰狞恐怖的外表令人不由得心惊肉跳。而且，人们还认为蜘蛛都是有毒的，所以总是对它们敬而远之。

不过，对于热爱观察昆虫的我来说，人们的那种结论是十分草率的。事实上，蜘蛛技艺高超，是织网的能手，而且是天生的捕猎好手，它们的生活习性十分有趣。所以，即使不从科学的角度看，蜘蛛也是一种十分值得人们仔细观察的小动物。

至于说有毒——蜘蛛的坏名声很大程度来源于此，的确，蜘蛛有两颗毒牙，看上去确实很可怕。这种武器可以立刻把它们的猎物置于死地。不过，大多数蜘蛛的毒性对人类来说显得微不足道，很多时候甚至还没有被蚊子叮一口的后果严重。所以，认为所有蜘蛛都有很大的毒性，这种看法对大部分无辜的蜘蛛而言是非常不公平的，至少在我们这个地区，大多数蜘蛛都是没有太大毒性的。

但是，有少数种类的蜘蛛确实是有剧毒的。比如说红带蜘蛛，这种蜘蛛是瑞士博物学家莱昂·杜尔福在西班牙东北部加泰罗尼亚的山区发现的。据说，一旦被它咬伤，后果将十分严重，有时甚至会危及生命。

另外一种可怕的蜘蛛就是狼蛛。意大利人曾流传一种说法：人被狼蛛刺一下就会全身痉挛，甚至疯狂地跳起舞来。要想治疗这种病，没有什么灵丹妙药，只有音乐，而且仅有固定的几首曲子比较有疗效。有人还专门记录下了这些音乐的曲谱以防万一。

　　这种说法听起来似乎很可笑，不过，仔细想想还是有点儿道理的。狼蛛的毒可能会给身体虚弱或比较敏感的人造成一定程度的神经紊乱，音乐可以舒缓神经，使人镇静下来。同时，剧烈的舞蹈可以让人大量地出汗，也就把身体里的毒很快地排出来了，从而减缓病情。

　　我们这一带最为厉害的蜘蛛是黑腹狼蛛，我们可以通过观察它们来了解蜘蛛的毒性有多大。我养了几只黑腹狼蛛，它们就住在我实验室窗台上的大玻璃罐子里，我们在一起生活了三年。下面，就让我把它们介绍给大家，了解一下狼蛛的习性。

　　这种狼蛛的腹部长着黑色的绒毛和褐色的条纹，腿上有一圈圈灰白相间的条纹。它们最喜欢待在干燥并且石头遍布的沙地里。我的一块荒地正好符合它们的要求，如今，那一片沙地上有二十多个黑腹狼蛛的洞穴。我每次朝一个洞里望去，总能看到四只闪着钻石般光芒的大眼睛。这种狼蛛另外还有四只眼睛，因为太小了，所以不容易看到。

　　如果我想看到更多的狼蛛，只要走出家门，再走上几百步，便能来到另外一个狼蛛乐园。这是一块高地，原本是茂密的森林，但由于人类的滥伐和滥用，如今成了一片荒芜的不毛之地，只有生命力极其顽强的禾本植物生长在一堆堆的乱石中。不过，这倒正好成了狼蛛的乐园，上百只狼蛛快乐地生活在这里。

　　狼蛛的洞穴大约宽三厘米、深三十厘米，是用它们的那两颗毒牙挖成的。这个洞一开始是直的，到了下面便渐渐弯曲起来。洞的边缘还有一堵矮围墙，是用稻草、小石子和一些杂物的碎片建成的，由蛛丝固定着，看上去有些简陋，不仔细看还看不出来。有时候这种围墙有三厘米高，有时候却仅仅高出地面一点。至于建筑围墙采用什么材料，完全由环境决定，狼蛛别无选择：不管是什么材料，离得近的就是好材料。

　　我打算捉几只狼蛛带回家进行观察。于是，我拾起一根小草穗，在狼蛛的洞口不停地挥舞着，这声音很像蜜蜂的"嗡嗡"声。我本以为狼蛛会把它当成是猎物自投罗网，马上冲出来，但我的计划失败了。狼蛛只是试探着往上爬了一些，当它感觉到这不是猎物而是一个陷阱时，便一动不动地停住了。它很小心地望着洞外，就是不出来。

　　计划落空了，我只得找来一只活的土蜂做诱饵。我把一只不幸落网的土蜂装进一个瓶子，瓶口和狼蛛的洞口一样大，然后把瓶口罩在狼蛛的洞口上。土

蜂是一种很强悍的生物，它"嗡嗡"叫着，不知疲倦地撞击着玻璃牢房，想拼命冲出去。一阵徒劳的冲撞之后，土蜂发现了那个洞口，看上去是那么像它自己的洞口。于是，它高高兴兴地飞了进去，却不知由此走上了一条不归路。

当土蜂往洞里飞的时候，狼蛛正匆匆忙忙地往洞外走，于是，它们相遇了。很快，洞中传来一阵死亡的惨叫声，然后就是很长一段时间的沉默。可怜的小土蜂哦！我心里默念着，把瓶子挪开，然后用钳子伸进洞口，把那只死土蜂夹了出来。它已经死了，正如我所预想的那样。战斗的胜利者当然不甘心这到嘴边的肥肉溜走了，便不顾一切地跟出了洞口。这时，我赶紧用石子把洞口堵住。这突然的变化让狼蛛有点惊慌失措，傻傻地站在那儿，不知道该怎么办才好。趁着这会儿工夫，我用一根稻草将它拨进一个纸袋，于是胜利者被俘了。

用同样的方法，我捉到了一群狼蛛，高兴地把它们带回了实验室。

狼蛛的居所是一个个高三十厘米的大玻璃罐子，我在里面放入了一些含有大量碎石子的黏性红土——这是狼蛛喜欢的土质。我的客人看起来很喜欢这新的住所，很快就建好了自己的房间。为了防止它们逃跑，我用金属纱网罩在泥土上，然而事实证明，狼蛛是如此的容易满足，它们根本没有逃跑的意图。需要补充的是，每一个罐子里只能有一只狼蛛。因为狼蛛是独居主义者，极为排斥异己，对它们来说，邻居就意味着猎物。开始时，我并不了解这一点，以致发生了很多残酷事件。

当然，用土蜂去引诱狼蛛不仅仅是为了捕捉它们，我还想看看它们是怎样猎食的。我知道狼蛛每天都要吃新鲜的食物，而不是像甲虫那样吃母亲为自己储藏的食物，或者像黄蜂那样借助神奇的麻醉术将猎物的新鲜程度保持两星期之久。可以说，狼蛛是一个冷酷的杀手，它们会毫不犹豫地将到手的猎物杀死，然后大口大口地吃掉。

然而，狼蛛要想得到鲜活的猎物，并不十分容易。牙齿坚硬的蚱蜢和带毒刺的蜂都有可能飞进狼蛛的洞中，而狼蛛的武器只有两颗毒牙。与蚱蜢和蜂较量起来，狼蛛并不一定会占上风。究竟谁更胜一筹呢？狼蛛不能像条纹蜘蛛那样放出丝来捆住敌人，唯一的办法就是扑到敌人身上，立刻把敌人杀死。它必须把毒牙刺入敌人最致命的地方。尽管它们的毒牙很厉害，可我不相信它在任何地方轻轻一刺就能取了敌人的性命。

虽然，我已经看到了狼蛛如何猎杀土蜂，但还是不能满足我的好奇心，我想看看它与别的昆虫作战的情景。于是，我找来一只木匠蜂，这应该算是一个强大的对手。

木匠蜂全身长着黑绒毛，翅膀上嵌着长长的丝线。它的刺很厉害，若是被它蜇到，不但会感觉很痛，还会肿起一块，那肿块要经过很长时间才能慢慢消退。我之所以这么清楚，是因为我曾经被木匠蜂蜇过，至今还记忆犹新。

我捉来了好几只木匠蜂，将它们分别装在几个大玻璃瓶子里，这样进行实验足够了。

首先，我挑选出了一只又大又凶狠的狼蛛，它正处于极度的饥饿状态，然后把一只玻璃瓶的瓶口罩在狼蛛的洞口上。木匠蜂在玻璃瓶里"嗡嗡"地叫着，它被吓坏了，急切地想要逃出去，然而它不知道这声音正好惊动了洞里的狼蛛。狼蛛爬到洞口，不过只露出半个身子，它警惕地观察着四周，然后在那里静静地待着，并不敢贸然行动。

十五分钟过去了，半个小时过去了，这只狼蛛竟然回到洞里去了。可能是因为周围太过平静了，反而让狼蛛觉得不放心了吧！于是，我又到别的洞口去尝试。我相信，面对这样的美味，总有一只狼蛛会怦然心动。

最后，我成功了。终于有一只狼蛛——它好像是太饥饿了——一听到洞口外面有动静，便猛地冲了出来。一眨眼的工夫，那只强壮的木匠蜂就被杀死了，战斗瞬间结束。狼蛛击中了木匠蜂的哪里呢？我一下子就看出来了：狼蛛的毒牙刺到了木匠蜂头部的后面，那里应该是木匠蜂的致命弱点——神经中枢，要不它为何一点儿都没有挣扎呢？难道狼蛛有一种特殊的本领，可以知道哪里是对手的要害吗？对此，我实在是百思不得其解。

在后来的几次实验中，狼蛛也总是能干净利落地把对手干掉，杀敌的手法是那么的相似：它们先是在洞里静静地观察洞口的猎物，迟迟不敢出击。但是，一旦等到机会，只要木匠蜂的正面对着它，狼蛛便会立刻出洞，以迅雷不及掩耳之势用毒牙刺向猎物的头部。它们的等待是有道理的，面对如此强大的猎物，贸然出击的胜算是很小的。如果木匠蜂没有被击中要害部位，那么就可以有几个小时的存活时间，这几个小时足够木匠蜂发动反击了。如此一来，狼蛛面临的风险自然要大很多。

那么，狼蛛的毒素究竟有多厉害呢？

我曾经做过一个实验，让一只狼蛛去咬一只羽毛未丰的小麻雀。小麻雀的

一条腿被咬伤了，流出一滴血来，伤口有一个红红的圈，很快又变成了紫色。小麻雀用另一条腿蹦跳着前行，看来那条受伤的腿已经使不上劲了。不过它的胃口还是很好的，我的女儿喂了它一些苍蝇、面包和杏酱，它都吃了。照这样看来，这只小麻雀很快便可以痊愈——我这么对女儿保证，这也是我们全家人的希望。十几个小时过去了，一切都还很正常，小麻雀的情况很乐观。可惜的是，两天之后，小麻雀便不再进食了，它的羽毛凌乱不堪，身体缩成一团，还不时地出现一阵阵痉挛。女儿心疼地把它捧在手里，呵着气，希望给它温暖。然而，小麻雀痉挛的频率越来越高，越来越厉害。最终，它还是离开了这个世界。

那天晚上吃饭的时候，我感到了一股寒气，家人的目光中充满了对我的谴责和抗议。我知道，他们都认为我太残忍了，竟然残害一个弱小的生命。我自己也对此深感歉意，没想到为了解答一个小问题而付出如此大的代价。

尽管如此，我后来还是又做了一次实验。那次的被实验者是一只鼹鼠，它是在偷采园里的莴苣时被我捉住的。我把鼹鼠放进笼子里，为它提供了各种甲虫、蚱蜢，把它养得肥肥的。然后，我让它跟一只狼蛛做了一次亲密接触。

狼蛛咬了鼹鼠的鼻尖。回到自己的笼子之后，鼹鼠就不停地用爪子挠自己的鼻子。看来，伤口正在疼痛、发痒。在被咬的第一个晚上，鼹鼠就开始食欲不振，饭量急剧减少，行动也变得迟缓，好像全身都不舒服。第二天晚上，鼹鼠滴水不进了。又过了一天，鼹鼠死了，笼子里还有很多我喂它的虫子。这说明它并不是饿死的，而是被毒死的。

看来，狼蛛的毒牙不仅可以使昆虫致死，就是大一点儿的小动物也会在它的毒素作用下很快结束生命。这一点从麻雀和鼹鼠的实验中得到了证实。那么，它还能毒死什么动物呢？我的实验没有继续下去，所以不知道答案。不过，根据我所观察到的情况，狼蛛的毒对于人类来说是不会有大碍的。

自从将几只狼蛛带回实验室饲养之后，我看到了它们猎食时的详细情形。

在我的精心饲养下，这些狼蛛生长得很健壮。每天，当太阳将热热的阳光洒向地面时，狼蛛就会冒着酷暑，慢慢地从地下的洞穴里爬出来，准备开始捕猎。这时，它们的姿势美极了：身体隐藏在洞穴里，探出脑袋，明亮的眼睛四处张望着，强健的腿紧缩在一起，好像随时准备起跳。它们保持着这样的姿势，在阳光下静静地守候着，可以持续一两个小时。

如果看到一只可作为猎物的昆虫经过，狼蛛就会马上从洞里冲出来，如箭一般迅猛地跳起来，用它的毒牙狠狠地咬住猎物的头部，把猎物咬死，然后露出满意又快乐的神情。就这样，那些倒霉的蝗虫、蜻蜓和其他许多昆虫还没有明白过来是怎么回事，便做了狼蛛的盘中美餐。在捕获猎物之后，狼蛛会马上拖着猎物回到洞穴里，从不让我有机会欣赏到它进餐时的样子，只把那高超的技巧和敏捷的身手留给我慢慢回味。也许，狼蛛觉得在家里用餐比较舒服吧。

只要猎物处于较近的位置，一跃身就可以扑到，狼蛛极少有失手的时候。但是，如果猎物的位置比较远，狼蛛是不会理睬它们的。狼蛛只是静静地监视着，等待着猎物进入伏击圈，然后突然跃起，成功偷袭。看来，狼蛛不是一个贪得无厌的家伙，不会落得"鸟为食亡"的下场。

从这一点，我相信狼蛛是一种非常有理性，而且很有耐性的生物。因为，如果是其他没有耐心和毅力的动物，肯定守候不了多长时间就要回去睡大觉了，哪里会这样坚持不懈地"守株待兔"？对于狼蛛而言，没有任何可以帮助它们狩猎的工具，只有静静地守候并默默地给自己打气：今天没有猎物不要紧，明天一定会有；明天如果没有，那么将来一定会有。在这块土地上，有那么多的蝗虫、蜻蜓之类的美味昆虫，并且它们又总是那么不谨慎，总有机会刚好来到我的领地里散步。所以只需耐心等待，时机一到，就可以蹿上去捉住它将其杀死，或是当场吃掉，或者拖回去慢慢享受。

虽然很多时候狼蛛等不到猎物，但饥饿感不会对它们造成太大的影响。因为狼蛛有一个很强健的胃，可以在很长一段时间内不吃东西而不感到饥饿。比如我实验室里的狼蛛，有时候我会连续一个星期忘了喂它们东西，但它们看上去照样气色很好。即使饿了很长一段时间后，它们也不会变得憔悴、没有生气，只是变得极其贪婪，就像狼一样。

在幼年时期，狼蛛尚不会挖洞，不能躲在洞里"守株待兔"，等待食物自己送上门来，不过它们有另外一种捕猎的方法，那才称得上是"狩猎"。那时，狼蛛身体是灰色的，跟成年的大狼蛛一样，只是没有黑绒围裙——那要等到结婚的年龄时才能拥有。小狼蛛在草丛里徘徊着，寻觅着。当它看到一种自己想吃的昆虫时，狩猎就开始了。这个时候，小狼蛛会凶猛地冲过去，蛮横地把可怜的昆虫赶出巢穴，然后紧追不舍，那亡命之徒刚准备起飞逃走，就发现来不及了——小狼蛛已经扑上来把它逮住了。

在我的实验室里，我最喜欢欣赏小狼蛛捕捉苍蝇的场景，这些年轻好胜的

小家伙所具有的那种敏捷的动作、优美的姿态，常常令我叹为观止。虽然苍蝇常常歇在六七厘米高的草叶上，可是小狼蛛只要猛然一跃，就能把它捉住。我觉得猫捉老鼠都没有那么敏捷。

不过，这只是在狼蛛小时候才发生的事，因为小狼蛛的身体比较轻巧，行动不受任何限制，可以随心所欲。等它们长大了，要带着卵跑，就不能任意地东跳西蹿了。那时，它们就会给自己挖一个舒服的洞穴，然后整天在洞口守候着。这便是成年狼蛛的猎食方式。

那么，狼蛛是在什么时候开始穴居生活的呢？是在天气转凉的秋天，就像蟋蟀一样。在将近九月的时候，狼蛛的身上便会穿上黑绒围裙，这预示着它们进入了婚嫁时期。夜晚，在美丽的月光下，分散在四处的狼蛛们聚集在一起，互相调情，然后约会。虽然在婚礼之后就会上演雄狼蛛被吞食的悲剧，但这丝毫没有影响狼蛛们恋爱的兴致。

八月底的一个清晨，我看到一只雌狼蛛正在地上织网，那网和人的手掌差不多大。这个网既不精细也不美观，很粗糙，不过很坚固，它将狼蛛与沙地隔开。这将是狼蛛未来一段时间的工作场所。

网织好后，狼蛛又在上面用最好的白丝织成一小片席子，那席子有一枚硬币那么大。接着，狼蛛又把席子的边缘加厚，织起一条又平又宽的边，使席子成为一个碗的形状。然后，狼蛛便在里面产下卵，并用丝将卵盖好。这看上去就像一个圆球放在一条丝毯上面。下一步，狼蛛便用后腿将攀在圆席上的那些丝抽出来，把圆席的边卷上来，盖住中间的球，形成了一个袋子。之后，它会用牙齿和后腿用力将藏着卵的袋子从丝网上拉下来。这可是一项费神费力的工作。

这个袋子是一个白色的丝球，跟樱桃差不多大，摸上去很软又很黏。仔细观察，袋子的中央还有一道折痕，那里面可以插进一根针而不致把袋子刺破。这道折痕便是圆席的那条边。圆席把袋子的下半部都包住了，而上半部则是狼蛛的幼虫出来的地方，只覆盖着一层薄丝，没有其他任何遮盖物。这个袋子里除了卵之外，就没有其他东西了，不像条纹蜘蛛那样里面有红色的柔软的丝。因为狼蛛的卵在冬天来临之前就已经孵化出来了，所以不必担心寒冷的气候会对袋子里的卵产生什么影响。

雌狼蛛要花一早上的时间才能把这个袋子编织好。现在，它累了，便抱着这个宝贝袋子，静静地休息着，补充体力。它抱得是那样的紧，好像生怕被人抢走或者一不留神弄丢似的。到第二天早上，我再去问候这位年轻的母亲时，发现它已经把那个袋子挂到自己身后的丝囊上。这样，它走到哪里，就把小宝贝们带到哪里。

在接下来的三个多星期里，雌狼蛛总是拖着那沉重的袋子。不管是爬到洞口的矮墙上的时候，还是在遇到了危险急急退入洞穴的时候，或者是在地面上散步的时候，它从不肯放下它万分宝贝的小袋子。如果有什么意外的情况使这个小袋子脱离它的怀抱，它就会立刻疯狂地扑上去，紧紧地把袋子抱住，并准备反击抢它宝贝的敌人。如果战斗没有打响，它便飞快地把小袋子挂到丝囊上，很不安地带着宝贝匆匆离开这个是非之地。有时候，我会扮演一个强盗的角色，用镊子去拉扯雌狼蛛的小袋子，这时，雌狼蛛的毒牙就会紧紧地咬住镊子。在争夺过程中，我甚至能听到毒牙和镊子摩擦所发出的尖利刺耳的声音。

在夏天就要结束的时候，当太阳把地面烤得热热的时候，雌狼蛛总会带着它的小袋子爬到洞口，然后静静地趴在那里，享受阳光，睡个舒服的午觉。这是做母亲的习惯。

初夏的时候，狼蛛们也常常在太阳高挂的时候爬到洞口，沐浴着阳光，打个盹儿。不过，那时狼蛛爬到洞口晒太阳是为了自己，它躺在矮墙上，前半身伸出洞外，后半身藏在洞里，让太阳光照到眼睛上，而身体仍在黑暗中。

现在，雌狼蛛这么做完全是为了另外一个目的，它晒太阳的姿势也刚好相反：此时，它的后半身在洞外，前半身还在洞里。它用后腿将小袋子举到洞口，并轻轻地转动，好让每一部分都充分接受阳光的照射。就这样，直到太阳落山，雌狼蛛一直在洞口趴着，耐心地做着这项工作。这项需要很大耐心的工作并不是只要一两天就行，而是在接下来的三四个星期里，它每一天都要坚持做。这就像母鸡用体温来孵蛋一样，雌狼蛛则要让自己的卵长时间吸收太阳的热量来孵化。不得不说，此时的雌狼蛛真是很值得人敬佩。

到了九月，雌狼蛛的辛苦终于得到回报了——小狼蛛出巢了。当它们准备从巢里出来的时候，小袋子就会沿着那道折痕裂开。小袋子是怎么裂开的呢？是雌狼蛛觉察到里面有动静，所以在一个适当的时候把它打开了？还是那小袋子到了一定时间自己裂开的，就像条纹蜘蛛的袋子一样？小条纹蜘蛛出巢的时候，它们的母亲早已过世多时了，所以只有靠巢的自动裂开，它们才能出来。对于这个问题，我目前还没有得到明确的答案。

　　小狼蛛出来以后，就会爬到母亲的背上。它们紧紧地挤在一起，有几百只，多的时候，它们会叠成两三层。当背上实在挤不下的时候，它们会往前爬，爬到母亲的腹部、前胸，甚至头部，这时雌狼蛛身上就像包了一块树皮，只露出两只眼睛。而此时，那个装卵的袋子也自动从丝囊上脱落，被无情地抛在一边，雌狼蛛不会再看它一眼。

　　小狼蛛们在母亲的背上乖乖地待着，不乱动，也不会把别人推开。它们只是静静地歇着。雌狼蛛背着它们到处逛，不管是去外面晒太阳，还是回到洞里休息，它总是背着一大堆孩子，从不会把它们当成沉重的负担甩掉。

　　那么，小狼蛛什么时候才会离开母亲，独立生活呢？在三月的时候，我看到雌狼蛛仍然背着那些小狼蛛。这样看来，小狼蛛们在母亲的身上至少会待上五六个月。著名的背负专家美洲负鼠也不过把孩子们背上几个星期，它们和狼蛛比起来，实在是小巫见大巫。

　　雌狼蛛背着小狼蛛们出征，这对那些小家伙来说应该是很危险的，因为它们难免会被路上的草叶、枝条拨到地上。如果有一只小狼蛛跌落到地上，它将会遭遇什么命运呢？它的母亲会不会注意到它，帮它爬上来呢？要知道，一只雌狼蛛需要照顾几百只小狼蛛，每只小狼蛛只能分得极少的一点爱，所以不管是一只、几只或是全部小狼蛛从它背上摔下来，它也决不为它们费心。它不会让孩子们依靠别人的帮助解决难题，它只是静静地等着，等孩子们自己去解决困难。事实上，这困难不但能解决，而是往往解决得很迅速、很利落。

　　曾经，我尝试着用笔将一只雌狼蛛背上的小狼蛛刮下来，那只雌狼蛛并没有什么反应，仍若无其事地往前爬，丝毫没有要帮助那些小狼蛛的意思。那些落在地上的小狼蛛在沙地上爬了一会儿，便陆续攀住母亲的脚，有的在这里攀住了一只脚，有的在那里攀住一只脚，好在它们的母亲有不少脚，而且撑得很开。然后，小狼蛛们便快速地顺着母亲的脚往背上爬。不一会儿，它们就一个不落地齐聚到母亲的背上了，好像什么事都没有发生似的。看来，这些小狼蛛很会照顾自己，不需要母亲为它们费太多的心。

　　还有一次，我将一只雌狼蛛背上的小狼蛛扫落到另外一只雌狼蛛的身边，想看看会发生什么事情。结果，那些摔下去的小狼蛛毫不犹豫地攀着另外一个母亲的腿，爬了上去。这位母亲没有任何反应，平静地接受了，而它背上的孩子们也没有抗拒这外来的"入侵者"，反而高高兴兴地接纳了它们。明知这只

雌狼蛛已经超载，但好奇心正盛的我又把第三只雌狼蛛的一些孩子强加给了它。这群孩子也被平静地接受了。只是拥挤的情况更加严重了，这只雌狼蛛变得面目全非，不时有小狼蛛从上面掉下来，攀上去，再掉下来，再攀上去……我就此罢手了，把随意取来的小狼蛛还给了它们各自的母亲。

当然，我可不能保证把每一只小狼蛛都正确地还回去。因为，我正在关心另外一件事情。

如前面所说，小狼蛛们通常会在母亲的背上待上五六个月，那么这段时间内它们吃不吃东西呢？雌狼蛛会不会把猎取的食物分给自己的孩子吃呢？

最开始，我以为慈爱的母亲一定是这样做的，所以特别留心雌狼蛛吃东西时的情形，想看看它怎样把食物分给那么多的孩子。通常，雌狼蛛总是在洞里吃东西，不过偶尔也到门口用餐。那时，我看到的是这样的情形：当母亲吃东西的时候，小狼蛛们并不下来吃饭，连一点要爬下来分享美餐的意思都没有。它们的母亲也不客气，没给它们留下任何食物。母亲在下面吃着，孩子们在上面张望着。不，确切地说，它们仍然伏在妈妈的背上，似乎根本不知道有"吃东西"这么一回事儿。在它们的母亲狼吞虎咽的时候，它们安安静静地待在母亲的身上，似乎那美味对它们没有丝毫的诱惑力，这也表明了它们的胃不需要食物。

那么，在这五六个月的时间里，小狼蛛们是靠什么来维持生命的呢？它们会不会是从雌狼蛛的皮肤里吸收营养的呢？就像寄生虫从寄主的身上吸取养分，慢慢地将寄主榨干一样。可是根据我的观察，那些小狼蛛并没有用嘴巴贴在雌狼蛛的身上吮吸，雌狼蛛也没有因为失去营养而变得消瘦，它还是和以往一样神采奕奕，甚至比以前更健硕了。

难道小狼蛛之前在卵里吸收了足够的养料？如果说小狼蛛在卵里便吸取了养料，那么那些养料也太微乎其微了，别说不能帮它们造出丝来，就连维持那么长时间的生命所需都很困难。所以，我始终认为小狼蛛们的身体里一定有另一种能量。

如果小狼蛛们始终一动不动，那就很容易理解它们为什么不需要食物了。因为完全静止就相当于没有生命，所以也就不用耗费能量，不再需要养料了。然而，事实并不是这样。它们虽然常常一动不动地趴在雌狼蛛的背上，但当它们被草叶拨到地上时，还是会迅速地运动起来，爬回雌狼蛛的背上。所以，它们并不是像冬眠一样处于静止状态。

从生理学角度看，我们知道每一块肌肉的运动都需要消耗能量，必须有产生热量的食物，才能使动物跑、跳、游泳、飞跃，或是做其他各种运动。任何运动都少不了能量。

再来谈一谈这些小狼蛛，它们从出生到离开母亲的背之前，根本没有长大。七个月的小狼蛛和刚刚出生的小狼蛛完全一样大。卵供给了它们足够的养料，为它们的体质打下了一个良好的基础。它们后来不再长大，因此也不再需要吸收制造纤维的养料，这一点我们是能够理解的。但它们是在运动的，并且运动得很敏捷呀！它们是从哪里取得能量的呢？

不管植物还是动物，归根结底都是靠着太阳的能量来生存的。太阳是能量的最高赐予者，有了太阳，地球上才有了生命。所以，除了通过进食来获取和增加能量之外，动物们会不会直接接受太阳的照射，而在自身体内产生能量呢？就像蓄电池充电那样。

据此推想，将来我们可以通过人工食物来维持生命。那个时候，所有的农田都变成了工厂和实验室，化学家们的工作就是配置人工纤维食物和可以产生能量的食物；物理学家们则设计一些精巧的仪器，通过它们将太阳能直接注射进我们的身体。那样我们就可以不吃东西，只要吃太阳的光线，就可以获得能量，从而维持生命，进行各种活动了。那将是一个多么奇妙的世界啊！

到第二年三月底的时候，小狼蛛们就该跟母亲告别了。这个时候，雌狼蛛常常会在洞口的矮墙上蹲着，它好像早就预料到有离别的这一天，所以很坦然地任由孩子们离去。自此以后，那些小狼蛛的命运便真正由它们自己掌握了，雌狼蛛再也不需要对它们负任何责任了。

小狼蛛们三三两两地从雌狼蛛的身上爬下来，它们先在沙地上爬一会儿，接着就急匆匆地爬到我的实验室的纱网上。与它们的母亲喜欢住在地下的习性恰恰相反，这些小狼蛛特别喜欢往高处爬。那个纱网的架子上有一个竖着的环，小狼蛛们就顺着这个环爬到了架子上。就在那里，小狼蛛们开始快活地抽着丝、搓着绳。只见它们的腿在空中不停地伸展着，就像是杂技演员一样，看样子它们还想爬到更高、更远的地方。

我明白了它们的心思，便在环上插了一根树枝。那些小狼蛛立即顺着树枝往上爬，直至爬到那根树枝的顶端。在那里，它们又抽出丝来，搭在周围的

物体上，很快，它们就搭成了一座吊桥。小狼蛛在那座吊桥上走来走去，看起来十分忙碌。但是它们此时似乎并没有满足，还一个劲儿地想往上爬。于是，我又在架子上插了一根很高的芦梗，芦梗的顶端还有几根细枝。那些小狼蛛发现了这根芦梗后，便迅速地攀爬了上去，一直爬到细枝的末梢，随后，它们又大张旗鼓地抽丝、搭桥。不过，它们这回抽出的丝非常细，要不是有阳光的照射，是很难看清楚的。这种丝又细又长，在空中飘浮着，只要轻轻地吹上一口气，就会剧烈地抖动起来。那些小狼蛛攀附在上面，便好像是随风舞动一样。

忽然，一阵微风吹来，那细丝被吹断了，断掉的丝便在空中随风飘扬。小狼蛛们吊在断了的丝上，也跟着荡来荡去，一直等到风停了才能着陆。如果风再大一些的话，小狼蛛们和那断了的丝就会被吹到很远的地方。那样小狼蛛便会在那个陌生的地方安家了。

小狼蛛们爬到高处忙碌地抽丝、织网，这种情形要持续好多天。不过，一般都是在天气晴朗的时候，它们才热火朝天地工作。到了阴天，它们就会慵懒地躲在一旁，动都不想动，大概是没有阳光提供能量，它们就不能精力充沛地自由活动了吧。

不久，那些小狼蛛便纷纷离开这个庞大的家族，它们随着飘浮的丝分散到了各个地方。而那个曾经背着一大群孩子的雌狼蛛此时已变得孤苦无依。不过，它并没有因为失去孩子而感到痛苦和沮丧，倒像是卸去了沉重的负担，变得轻松起来。它又精神焕发地到处去觅食了。这么好的胃口告诉我，这只狼蛛很健康，它的寿命还很长，如果它快死了，是不会有胃口吃东西的。

曾经，我看到一些背负着孩子的大个头雌狼蛛，以及一些背负着孩子的小个头雌狼蛛，我猜它们是一家三代。我的实验者们做祖母了，再过一段时间也许还会做曾祖母。这完全是有可能的，因为一只狼蛛的寿命可以长达好几年。

从前面的观察中我们可以看出，小狼蛛在刚离开母亲的背时，有一种攀高的本能。不过，等它们流浪了几天以后，便不再兴致勃勃地攀高了，而是开始在地上挖洞。此后，它们再也不会爬到很高的地方去了。它们的母亲不知道自己的孩子曾有这样的本事，孩子们不久以后也会彻底地忘记。而它们一开始那样轻松地爬到高处，只不过是想在尽可能高的地方搭上一根长长的丝，然后借着风力让自己飘到远方，在那里安一个新家而已。

天才建筑家——迷宫蛛

很多蜘蛛都善于结网，称得上是纺织能手，因为它们需要用蛛网来猎取自投罗网的小虫子们，养活自己，抚育后代。但是，还有许多其他种类的蜘蛛，它们不结网，而是利用别的方法很聪明地猎取食物。其中有几种蜘蛛在这方面很有造诣，几乎所有有关昆虫的书都提到了它们。

经常被人称颂的是一种美洲狼蛛，和我之前讲过的黑腹狼蛛一样，这种狼蛛也是穴居动物，但是它们的洞穴要精致考究得多。黑腹狼蛛的洞口只有一圈简陋的矮墙，用小石子、丝和废料堆成，而美洲狼蛛会在洞口修筑一扇活动的小门，小门由一块圆板、一个槽和一个栓子组成。当美洲狼蛛回洞以后，门就会落进槽里，自动关上。如果有谁想把门掀起来，美洲狼蛛就会用它的小爪子抓住栓子，然后身子紧紧地贴在洞壁上，将门紧紧地关闭。这真的很聪明吧！

另外一种就是水蛛。它们可以在水中用丝织成一个潜水袋，那袋里储存着空气。水蛛就在这个袋里一边避暑，一边窥伺猎物，伺机而动。在太阳像大火炉一样炙烤着大地的日子里，这地方的确是一个舒适又凉爽的避暑胜地。人类也曾用石头在水下建造宫殿，比如古罗马的一位暴君生前就曾叫人为他造了一座水下宫殿，供自己寻欢作乐。可是，那座宫殿只能给人留下令人憎恶的回忆。而水蛛的水晶宫却能够长久地散发着灿烂的光辉。

如果能有机会亲眼观察一下这些水蛛的话，我一定能在它们的生命史上添上一些未经记载的事迹，但是我们这一带没有水蛛，所以我只能放弃这个想法。至于美洲狼蛛，我也只是偶尔在路旁看到过一次。但那时候我恰巧有别的事情要办，没时间去仔仔细细地观察它，错失了这个良机，后来也就一直没再见到。

　　我们还是从比较常见、适于跟踪研究的蜘蛛入手吧！普通与平凡并不等于无足轻重，也并不代表毫无价值，只要能给予高度的重视，我们仍然可以从中发现很多有趣的事情和有价值的东西。再不起眼的生物也是构成生活乐章不可或缺的音符。所以说，生活中缺少的不是精彩，而是善于发现的眼睛。

　　我拖着有些疲乏的脚步在周围的田野里走着，眼睛却在警惕地搜索，结果我看见了那种普通的不能再普通的迷宫蛛。在我家附近的树林中，最常见的就是这种小生物，它们是能干的纺织女工。它们不会躲在牧场里，也不会隐藏在幽暗的篱笆下，而是生活在空旷的荒野里，比如高矮不平的丘陵地带，或者砍柴人经常光顾的山坡上。在这些地方，遍布着蔷薇、熏衣草、腊菊和一丛丛的迷迭香，这些都是迷宫蛛迷恋的场所。

　　于是，迷宫蛛成了我的最佳观察对象，而它们也确实让我受益颇多。

　　进入七月，我每星期都要去树林里好几次，一般都是在清晨，那时的太阳温暖地照在我的额头上，不会像正午那样火辣辣地炙烤着我的额头和脖颈。孩子们也都愿意跟着我一起去，他们每人还会带上一个橘子，这在口渴的时候能够派上很大用场。正好，我也可以充分利用孩子们敏锐的眼睛和灵活的手脚，让每次的探险都能收获颇丰。

　　走进树林不久，我们就发现了许多高悬的丝网，丝线上还串着不少晶莹的露珠，在太阳光的照射下闪闪发光，就好像皇宫里的稀世珍宝一般。孩子们被这些美丽的闪光丝网惊呆了，几乎忘记了他们的橘子。当然，我和他们一样高兴。晨曦中挂满露珠的蛛网犹如水晶宫一般，为了这番美景，起个大早是很值得的。

　　半个小时之后，露珠在太阳光的照射下蒸发了，神奇的闪光也随之一起消失。现在，我要仔细地观察蛛网了。我选择了其中一张织得比较好的作为观察对象。

　　这张蛛网建筑在一大丛蔷薇花上，大概有一块手帕那么大，密布的丝线将网牢牢地固定在荆棘丛中。那丝线不是简单地缠绕在杂乱的荆棘丛中，而是在荆棘丛中纵横交错、绕来绕去，荆棘丛中每一根突出的细枝都成了蛛网的一个支撑点，它们将蛛网固定在空中。

　　从外形上看，迷宫蛛的蛛网就像一个喇叭。网的四周是平的，越往中间越凹陷，到了最中间就成了一个圆锥形的管子，大约有三十厘米深，直直地插入茂密的叶丛。

　　这网的主人就隐藏在管子的入口处，静静地待着，对我们的贸然出现似乎没有丁点儿惊讶。它的身体是灰色的，胸部有两条很宽的黑带，腹部还有两条细带，细带上点缀着一些白色和棕色的斑点。在它的尾部还具有奇特的"双尾"，也就是说它的腹部末端长着两个小小的、能活动的附属器官。这在其他蜘蛛中是很少见的。

　　仔细观察，你可以发现，那个攀附在树枝上的蛛网是采用不同方法编织成的。它的边缘是用稀疏的丝线织成的纱网；到中间就变成了轻柔的绸缎；到很陡的地方又成了近似菱形的格子网，这里是管子的颈部，是迷宫蛛最常待的地方。

　　我曾经猜想，在这蛛网的管子底部，一定有一个铺设得非常柔软舒适的小房间，作为迷宫蛛的休息室。但事实上，那里并没有什么小房间，只有一个像门一样的东西，并且一直是敞开着的。当受到外来攻击时，迷宫蛛就会向管子底部撤退，从"门口"逃到荆棘丛中去。那时，再到杂乱的荆棘丛里去搜寻它，就不是那么容易了。因为迷宫蛛的动作极为敏捷，尤其是在逃跑的时候，人眼是很难跟踪到的。

　　如果想要在不伤害它的前提下抓到这能干的纺织女工，那就必须熟悉这个迷宫的构造。但如果不用暴力，成功的机会仍旧非常小，所以必须要采用计谋。

　　我发现那只蜘蛛来到了管口附近，这可是采取行动的好时机。于是，我捏紧了管子的底部。当蜘蛛发现后路被切断时，立刻变得惊慌失措，自然而然地就钻进了我为它准备的圆锥形纸袋中。如果蜘蛛没有自己钻进纸袋，那么只需要用一根树枝刺激它几下，就可以把它逼到纸袋里去。我就是采用这种方法抓到了一些神气十足的迷宫蛛，把它们好好儿地带回了我的实验室。

　　其实，蜘蛛网上的那个"漏斗"算不上真正的陷阱，从这里经过的昆虫不小心落入其中的机会，严格来说是有的，但会很少。如果要抓住会蹦跳和飞行的猎物，还需要一个更加有力的捕猎器。圆网蛛有凶险的黏网，而荆棘丛里的迷宫蛛则设置了迷宫。

　　迷宫蛛的整个网犹如一艘抛下锚的船，周围遍布的丝线，就像被暴风袭击后的船舶上的缆索。那些丝线差不多与附近的每一根小细枝相连，有的长，有的短，有的松，有的紧，有的垂直，有的倾斜，总之是很杂乱地交叉着伸向高

处，吊着那个网。这确实称得上是一个迷宫。我想，除了最强大的虫子外，谁都不能打破它，逃脱它的束缚。

迷宫蛛的网不像其他蜘蛛的网那样可以粘住猎物，它的丝是没有黏性的，只是重重交错，就像迷宫一样，其妙处就在于它的迷乱。为了展示这迷宫的妙处，我把一只小蝗虫扔到了迷宫蛛的网上。

小蝗虫刚在网上落脚，那网便摇晃起来，使得小蝗虫失去了平衡。在慌乱中，站不稳脚跟的蝗虫一下子就陷进了"漏斗"的管子里，它开始急切地挣扎。它疯狂地乱蹦乱跳，可越是挣扎，它便陷得越深，好像掉进了可怕的深渊一样。而迷宫蛛就静静地待在管子底部张望着，看着那倒霉的小蝗虫垂死挣扎，并没有贸然冲上去捕捉那个绝望的家伙，因为它知道这个猎物马上会掉到管子底部，成为它的盘中美餐。

果然，一切如它所料，蝗虫掉了下来，迷宫蛛于是不慌不忙地扑到猎物身上。这样的进攻不是毫无危险的，蝗虫的腿上只不过缠着几根丝线，它还有机会反抗。大胆的迷宫蛛没有理会这些潜在的危险，它不会像圆网蛛那样用蛛网将猎物包裹起来，而是直接用牙去咬，然后得意扬扬地慢慢享用起来。至于那只蝗虫，在迷宫蛛咬它第一口的时候，就在毒液的作用下一命呜呼了。这对蝗虫来说，要比活着被撕成碎片舒服多了。接下来的整个食用过程，迷宫蛛都表现得相当从容。

我发现，迷宫蛛一般都会咬住猎物大腿的根部。我猜想，或许是因为这个地方比较细嫩，更容易被咬伤；或者因为这个地方的味道比较好。我又观察了好几个蛛网，发现了双翅目昆虫、小蝶蛾、蝗虫等昆虫，所有这些死去的昆虫都没有了前腿，至少是没有了其中一条。在蜘蛛网的边缘，我常常能发现被丝线吊着的蝗虫，它们的内脏被掏空了，只剩下空空的一层外壳。

从很小的时候，我就了解了这一点：蝗虫的前腿确实很好吃，就像是螃蟹和龙虾的螯那样，只不过小了点儿。刚刚被我扔进"迷宫"的蝗虫，就是被迷宫蛛咬住了前腿。迷宫蛛一旦咬住猎物，就不会松口，直到吸干了这一处的血肉为止，然后再换一处继续吮吸。吃第二条腿的时候更是如此，以至于猎物成了保持着原形的空壳。所以，迷宫蛛每次的进餐时间都很长，虽然时间长，但绝对安全，因为它的毒液可以立刻把猎物毒死。

吃完之后，迷宫蛛会立刻把猎物扔到网外，而不是像圆网蛛那样实行分餐制。圆网蛛将猎物杀死之后，总是先喝干猎物的体液。在细细地消化几个小时之后，它们会把被吸干的猎物放入嘴里再次咀嚼，嚼成软软的一团，好像吃饭后甜点一样。迷宫蛛可没有这份闲情逸致在饭桌上没完没了地消磨时间。

从艺术品的角度而言，迷宫蛛的网远不如圆网蛛的网，圆网蛛的网具有高度对称的结构。所以，尽管这个丝织迷宫很精细、巧妙，但迷宫蛛并没有受到人们的高度称赞，很多人都会觉得那迷宫只不过是一个不成形的捕猎器，是建造者随心所欲建造的。但依我的观点，迷宫蛛还是有自己的审美原则的，只要仔细观察一下那个安置着漂亮纱网的"漏斗"，你就会认同这一点。而通常被看作母亲的杰作的卵袋，将向我们作充分的展示。

到了快要产卵的时候，迷宫蛛就要搬家了，那张近乎完美的大网就这样被它永远地遗弃了。它必须忍痛割爱，而且以后也不再回来了，因为它必须另觅新地建筑巢房，以备产下蛛卵。它会把巢建在什么地方呢？迷宫蛛自己当然知道得很清楚，而我却一点儿头绪也没有，实在猜想不出它会把巢造在哪儿。于是，我花了整个早晨的时间在支撑蛛网的荆棘丛中搜索，结果一无所获。

我没有放弃，又花了好几个早晨去寻找。这次，我把视线放到了附近低矮的植物丛中。工夫不负有心人，我最终发现了迷宫蛛的秘密基地。

在离蛛网相当远的一个树丛里，迷宫蛛造好了它的新巢。这个巢草率而杂乱地纠缠在一堆枯柴中间，看起来有点儿脏。就在这简陋的遮盖物之下，有一个比较精致的丝囊，丝囊里就装着迷宫蛛的卵。

那样简单的巢似乎跟迷宫蛛的建筑风格有些不相符，我有点儿失望。但后来我想通了，也许是因为在破烂不堪的环境里，只有一堆枯枝烂叶，迷宫蛛根本没有条件去精织细作。

生物学知识告诉我们：在建筑中，昆虫会表现出一定的建筑规范，这种规范具有高度的稳定性，每一个群体都按自己的原则进行建造，自然美的原则在此得到遵守；但是，许多时候建筑者会受到外在环境因素的影响，空间、场地的不规则，材料的不同，以及其他意想不到的原因，都会在一定程度上影响建筑者，使得它的建筑风格和结构发生变化。

研究各类生物在不受干扰的情况下所采用的建筑造型，是个很有趣的选题。在空地上和行动不太受限制的稀疏的树杈上，彩带圆网蛛会把巢织成一个很精美的小球；在具有同样的行动自由之下，圆网丝蛛织造的巢呈现出月牙

边，不失为优雅之作。那么，这位堪称纺织高手的迷宫蛛，难道在织婴儿帐篷时就如此不讲究美观吗？这难道就是它所能达到的水准吗？我是如此的不解，也不甘心就此下结论。

我希望，在条件许可的情况下，迷宫蛛会做得更好些。只要在稠密的矮林里，在枯叶和细树枝堆里，它们就会织出很不规正的织品来。但如果给它们提供一个不受束缚的工作场所，我确信，它们就可以不受拘束地将才能发挥出来，来证明自己精通编织优美蛛巢的艺术。

为了证实这个推想，我把六只快要产卵的迷宫蛛带回家，放在实验室的沙罐里。沙罐外面用一层金属纱网罩着，里面插着一根百里香的树枝，以使每一个蛛巢都有攀附的地方。除此之外，里面没有一片枯树叶，我完全断绝了雌迷宫蛛使用枯树叶的可能。

一切准备就绪后，我便等着它们大显身手。同时，每天我都会提供给它们蝗虫，这些肉质鲜嫩、小个子的美食，让我的实验者们十分高兴。

后来，这个实验获得了极大的成功。到了七月底的时候，我的那些沙罐里果然有了十只雪白、精巧的丝囊。迷宫蛛在这样一个舒适的环境里工作，活干得自然细致了许多。让我们来尽情地观察吧！

迷宫蛛的丝囊是由白纱编织而成的，呈卵形半透明状，有一个鸡蛋那么大。丝囊两端是敞开的，前面的洞口长而宽阔；后面的洞口细细长长，就像是漏斗的颈部。这个颈部有什么作用，我目前还不知道答案。至于前面比较宽大的那部分，我认为是供迷宫蛛捕食的。因为，我经常看见雌蛛在那里停留，窥视着被我扔进去的蝗虫。雌蛛一般在丝囊的外面吃东西，以免玷污了那洁白的宫殿。

和迷宫蛛的网很相似，丝囊的内部构造也很迷乱，那个像漏斗一样细长的后门通向附近的地面，作为危急时刻使用的出口；前面宽阔的洞口中遍布丝线，就像是以前用来捕猎的陷阱。看来这种建筑风格在迷宫蛛的脑子里已经根深蒂固了，所以无论在什么环境、什么条件下，迷宫蛛的建筑物都会呈现出迷乱无章的特点。每一种动物都会采用一种固定的建筑式样，哪怕是外在条件发生了变化。我觉得，动物只精通自己的本行，不会创新，也学不会其他动物的本领。

不过，这个布满丝的迷宫只是一个防护室。在这乳白色的半透明的丝墙里面隐藏着真正的宝贝，那是一个宽大、灰白色的卵袋，形状有点儿像骑士的十字荣誉勋章，被圆柱一样的丝线固定在巢的中央。这种圆柱中间细、两头粗，

一一相对，大约有十二个，在丝囊中构建起一个白色的围廊。这走廊四通八达，可以通向卵袋周围的任何一个地方。雌迷宫蛛就在这个围廊里巡视着，一会儿在这儿停停，一会儿又在那儿停停，不时把耳朵贴在卵袋上，仔细聆听着里面的动静。这姿态活像一个在产室外面焦急地等待着聆听孩子第一声啼哭的父亲。

为了进一步了解卵袋里面的情况，我找来了一个坏了的蛛巢，当然这是由于自然原因造成的。卵袋的形状呈倒圆锥形，表皮的丝层很有韧性，我用了很大力气才把它撕破。这个卵袋里面大约隐藏着一百颗淡黄色的卵，看上去就像是琥珀做成的小珍珠。当我把覆盖着的丝绒揭开时，它们纷纷滚落了下来，看来卵与卵之间是没有连接物的。后来，我把这些卵装进了玻璃试管，想好好儿观察一下它们孵化的情况。

现在，让我们再简单回顾一下。雌迷宫蛛在即将产卵的时候会放弃原来的巢穴，放弃那个自己精心构建起来的迷宫，放弃那个猎物可以自动滚落下来的"漏斗"，并且搬到遥远的地方去建立一个新家，去陌生的地方抚养自己的孩子。这是为什么呢？它们为什么要背井离乡呢？

如果在巢穴的附近生育，就可以继续利用原有的蛛网捕获猎物。可一面监护卵袋，一面轻松地获得食物，这样不是一举两得吗？毕竟，在生养小蛛的几个月时间里，食物是不可缺少的。很显然，迷宫蛛不这么认为，那它们究竟是怎么想的呢？

思考了很长时间，我得出了结论。

那悬挂在高处的丝网，设置在猎物经常出没的道路上，在太阳光下是如此的光洁耀眼，在很远的地方就能看到，能把苍蝇和蝴蝶轻易地吸引过来，就像是我家里的电灯和捉鸟人用的镜子一样，能把猎物吸引过来。谁要是跑到这个光芒四射的迷宫里，就一定会因为好奇心而付出生命的代价。这闪光的物体比任何其他东西更能使来往的过路者掉以轻心，然而，这一点也恰恰成了对家庭安全的最大威胁。

许多昆虫会被这个完全暴露在绿色灌木上的迷宫吸引过来，这其中有猎物，当然也会有捕猎者，保不齐有一两个聪明的捕猎者顺着网线找到迷宫蛛的宝贝卵袋。只要有一条外来的虫子跑入卵袋里面，这个家就会被彻底毁掉。关于这些吃蛛卵的虫子，我没有足够的研究材料，所以对它们还不是很熟悉。

这是我从彩带圆网蛛的身上吸取的教训。彩带圆网蛛对自己纺织品的结实程度非常有自信，把巢张扬地建在荆棘上，没有采取任何隐蔽措施，结果它吃了大亏。一只怀孕的姬蜂钻进了彩带圆网蛛的卵袋中，把彩带圆网蛛的卵作为了自己孩子的食物。结果，小桶似的卵袋中只剩下了一些空壳，一百多条小生命全部被杀死。除此之外，我知道还有其他一些昆虫也热衷于掠夺蜘蛛的卵袋，对它们的孩子而言，蜘蛛的卵袋就是一篮子鲜蛋，美味而富有营养。

在这一点上，迷宫蛛的选择就聪明多了。就如我所观察的那一只，它事先预想到了这种可能发生的情况，为了远离那些可怕的捕猎者，它便抛弃了那过于张扬的蛛网，而选择了一个远离蛛网的简陋的隐蔽处。

当察觉到卵快要成熟的时候，雌迷宫蛛就准备搬家了。它会在夜晚出去，四处勘察，寻找危险性最小的隐蔽处。那些落满枝叶的低矮灌木丛是最理想的地方，即使是在寒冷的冬天，那里也会铺满厚厚的落叶，既能保暖，又可以获取充足的养分。尤其是在茂密的迷迭香丛中，我常常能发现迷宫蛛的巢穴，当然这需要仔细的观察和寻找，因为它们藏得是那样的隐密。

也许，保护巢穴是迷宫蛛母亲的天性。所有的迷宫蛛母亲都不会忽略这一点，都会有所提防，谨慎地把家安置好。大家按照各自的方式和方法把盛有卵的巢隐藏起来，尽可能地远离那些贪嘴的捕猎者。

在对卵采取的保护措施中，迷宫蛛还有一点做得比较好。那就是，它们会守护在孩子身边。有些蜘蛛一旦发现安全的隐蔽处，产卵之后就会把卵遗弃在那里，听凭命运的安排。但迷宫蛛极富责任感和母性，会坚守到孩子出生的那一刻。

在这一点上，蟹蛛同样值得敬佩。蟹蛛会在卵袋的上面用树叶建一个小防卫室，从排卵开始，就一刻不离地守在那里。在这期间，它们不会吃一丁点东西，所以消瘦得特别厉害。但即使消瘦，它也会顽强地支撑下去，勇敢地攻击入侵者，不会表现出一丝软弱。最后，小蟹蛛们出生了，离开母亲去独自生活了，瘦到只剩下一层皱巴巴的皮的母亲于是安然地死去。

迷宫蛛则不然。产卵之后，雌蛛不但不会变得消瘦，反而保持着健壮的身形，肚子略微有些鼓凸。这是因为它们的胃口十分好，每天都要进行捕猎。故而，正如我们在前面详细描述过的那个巢穴那样，迷宫蛛在被看护的卵袋旁边，需要一个打猎的地方——那个比较宽敞的前洞。

　　我们来回忆一下那个精工细作的卵袋。卵袋被十二根圆柱子悬在中央，两头向前后延伸。每每透过那半透明的丝墙，我都可以看到慈祥的迷宫蛛母亲在走廊里巡视，不时地停下来听听孩子的反应。如果这时我用小麦秆轻轻地触碰一个地方，雌蛛就会马上奔赴那里，察看敌情。如此高度的警惕是否能震慑住姬蜂和其他爱吃蜘蛛卵的敌人呢？也许吧！但是就算这种灾祸可以避免，其他灾祸也会在雌蛛不在时降临，这就是自然的严酷。

　　为了嘉奖这位勤劳的母亲，我会不时地把蝗虫放进沙罐里面——寸步不离的监视并没有使它忘记吃食物。一只蝗虫恰好落在蛛网的前洞里，被蛛丝缠住了手脚，雌蛛快速地奔过来，一口咬住了这个可怜家伙的大腿，将最精华的部分吃掉，至于吃不吃其他部分，就要看它的胃口好坏了。

　　雌迷宫蛛是在守护室的外面吃东西的，而不是在里面。对于它而言，吃东西可不是为了打发难熬的守护生活，这是重要的事情，每一顿都是正餐，而且菜谱还要经常更新。这么好的胃口，真是令我大吃一惊。曾经，可怜的蟹蛛拒绝了我送上门去的蜜蜂，让自己饿死。那我眼前的这位母亲，有必要吃下这么多东西吗？我想，它有这个必要，而且是必须的。

　　建造新的巢将会消耗大量的蛛丝，这个庞大的建筑需要足够的空间，才能让母亲和孩子都住在里面。完工之后，在接下来的一个月时间里，迷宫蛛还会一层一层地加厚巢穴的表层和中间的卵袋，它似乎总是觉得墙壁不够结实，不停地在那儿织了又织。那透明的丝墙最后被加厚得严严实实的，让我不能再轻易地看到里面的情况。这巨大的消耗，使得迷宫蛛只有通过不停地进食来补充能量，才能继续出产更多的丝。

　　到了九月中旬，小蜘蛛们出生了，它们仍旧留在卵袋里，它们将盖着暖和的棉被度过寒冷的冬天。母亲依然守在旁边，不停地吐丝加固房间，但是它的体力明显下降了，胃口越来越差，隔好长一段时间才会吃下一只蝗虫。到了后来，它对我扔进去的美食完全不屑一顾了。吃不下东西，它的工作效率和节奏都明显下降了。最后，它不再吐丝了，只是仍旧不停地巡视着，跟小宝贝们低声细语，每次一听到卵袋里新生的小蛛在活泼地爬来爬去，它便感到无限的满足和快慰。到了十月底，雌迷宫蛛死去了，死的时候手臂还紧紧地抓着孩子们的房间。它已经尽到了母亲的责任，剩下的事情就要全凭上天来安排了。当春天到来的时候，小迷宫蛛们就会从温暖的被窝里爬出来，乘着被风吹走的丝飞行，疏散到四面八方，并且将在茂密的荆棘丛中织出属于自己的迷宫。

尽管在实验室里，迷宫蛛筑的巢结构是那么的周正，织出的丝质绸缎是那么的纯正，让我获得了很多研究成果，但我仍旧没有满足，我觉得应该回过头去看看野外的情况。

在孩子们的帮助下，我开始了新的研究。我们沿着陡坡下一条长满灌木丛的小路搜索着，仔细地翻看每一片迷迭香的枝叶，寻找那勤劳的母亲。终于，我们的劳动获得了回报，在两个小时之内就找到了好几个蜘蛛窝，可是它们都已经遭到了自然力的破坏，恶劣的风雨把它们弄得面目全非。

只见一个难看的蛛巢挂在一根树枝上，躺在受到雨水冲击的泥沙堆里，它的外层是用橡树叶胡乱拼接起来的，房顶则是一片比较宽大的叶子。如果不是看到了里面的蛛丝，如果不是在把树叶剥离时感到了一点儿韧性，我根本不敢相信这是迷宫蛛的作品。这与实验室里那洁白、精致的杰作是如此的天差地别。

虽然外表令我十分失望，但我还是进一步观察了这个变了形的蛛巢：这儿是一个大房间，是雌迷宫蛛的卧室，在剥开树叶的时候，它被我撕破了；那儿是雌迷宫蛛巡视时走过的走廊，有十二根圆柱子。所有的一切都是用洁白的蛛丝编织起来的，由于有枯树叶的保护，房间没有被潮湿的泥土玷污。

我把外面的白丝墙轻轻扯下，看到了一件奇怪的东西——一个泥墙包裹的小核，那是用丝线夹杂着小沙子做成的。这些小沙子是怎么进来的呢？是跟着雨水渗进来的吗？应该不是，因为外面的丝墙非常干净，白得没有一个斑点，更不用说什么水迹了，看来绝不是从这墙上渗进来的。后来，我才发现这是雌蛛故意搬进去的。迷宫蛛母亲为了怕卵受到寄生虫的侵犯，所以特地把小沙子掺在丝线里面，做成一层坚固的墙。

剥去这层泥制外壳，我看到了卵袋，一层丝套裹在卵袋外面。我接着撕开最后一层保护层，顿时，一窝小蜘蛛飞快地蹿了出来，惊慌而又敏捷地四处逃散开来。在昏沉沉的寒冷季节，这一幕是如此的特别。

现在我知道了，当迷宫蛛在野外养育孩子的时候，会在卵袋的周围，在两层丝套之间，用许多沙粒和蛛丝混合建起一堵防护墙，保护孩子远离姬蜂的螫针和其他害虫的牙齿。难道你还能找出比这由坚硬的沙子和柔软的蛛丝相结合的防护系统更好的方法吗？

这种防护措施似乎在蜘蛛家族中很常见。生活在我们房屋中的家蛛，会把

产下的卵装进一个小球，外面裹着一层用丝和墙粉混合制成的硬壳。其他一些生活在野外小石子堆下的蜘蛛，也会采用类似的方法，把产下的卵包裹在用丝黏合的矿物质外壳里。也许是出于同样的忧虑和不安，所以母亲们想出了同样的保护方法。

那么，被我养在网罩里的六只雌迷宫蛛为什么都没采用这种方法呢？在那个纱罩下的罐子里装满了沙子，沙子是取之不尽的。此外，在稠密的荆棘丛里，我也发现过没有这种保护层的卵袋，它们远离地面，在枝头高高地悬挂着。而那些包了一层沙的卵带则躺在地上。

后来，我从泥瓦匠的工作中得到了一些启发，这种差别也许来自工作步骤的不同。泥瓦匠使用的混凝土是用石子和沙浆搅拌而成的，同样，迷宫蛛需要不停地纺出丝来跟沙粒搅拌，才能做成沙浆。这需要纺丝器不停地喷出丝来，同时，爪子要在从附近采集来的沙粒中不停搅拌。这项工作要求所有的材料都是现成的，如果每搅拌完一粒沙子就停止喷丝，再到远处去寻找沙粒，"混凝土"就不可能制成。如果没有唾手可得的材料，迷宫蛛是不会进行这道工序的，它们会老老实实地照原样建造自己的巢穴。

在实验室的网罩里，迷宫蛛把窝建筑在了百里香的枝叶上，离沙子有相当远的一段距离，如果要取沙，迷宫蛛就得从上面爬下来。聪明的纺织能手预想到了这样重复地爬上爬下，会给吐丝造成很大的难度，所以它放弃了。在野外，当迷宫蛛把巢穴安置在荆棘丛中的一定高度时，也会放弃这道工序，这里面的原因到底是不是这样，我还不得而知。目前，我唯一可以肯定的就是，只要巢穴能够接触到地面，迷宫蛛就不会省略掉这道工序。

由此，我想到了另外一个问题：我们是否可以证明动物的本能是可变的呢？不论从哪一方面考虑，我都无法得出结论。这些迷宫蛛仅仅告诉我们：要使本能得到发挥，需要有便利的物质条件，否则就只能是一种潜能；本能能否发挥，这要依特定时期的特定条件而定。

观察得来的所有结果都证明了一点，指望迷宫蛛作出其他革新，从根本上改变家族的手工技艺，那是不明智的。它们不会抛弃有着两个洞口的巢和倒圆锥形的卵袋，而去编织彩带圆网蛛那样的梨形巢穴。

美丽的潜伏者——蟹蛛

蟹蛛有一副美丽的外表。它们的皮肤像缎子一样美丽，有的是乳白色，有的是柠檬色；腿上有粉红色的圆环；背上有深红色的花纹；有的在胸的左边或右边还有一条淡绿色的带子。这身外衣虽然比不上条纹蜘蛛的服装华丽，但由于它的花纹特别细致，颜色搭配又很协调，所以更显典雅、高贵。

很多见了别种蜘蛛都躲得远远的人，见到美丽的蟹蛛却怎么也怕不起来，因为它们长得实在太漂亮、太可爱了。如果它们是一些不会动的、全身长满绒毛的小玩具，大家一定会对它们爱不释手。

虽然蟹蛛有件美丽的外衣，但是它们的身材并不怎么好。它们的肚子看上去就像一个又矮又胖的锥体，而且底部两侧还各有一块稍稍隆起的肉，就像驼峰一样。

蟹蛛走路的时候跟螃蟹一样是横向的，也是前足比后足粗壮结实，所以人们才称它们为蟹蛛。

蟹蛛是一种不会织网的蜘蛛，它们不会用网去猎取食物，而是有自己独特的捕食方式：伏击，然后掐住猎物的脖子。

蟹蛛很偏爱一种名叫岩蔷薇的灌木丛，经常会埋伏在那里等待猎物的出现，只要猎物从身边经过，它们就会扑上去在猎物的颈部轻轻一刺，很快，那猎物就一命呜呼了。在观察中，我发现蟹蛛最喜欢的猎物是蜜蜂。

勤劳的蜜蜂在采蜜的时候是非常用心的，它们从不三心二意、左顾右盼。当一只蜜蜂在花蕊上聚精会神地工作，正心满意足地把自己的"花篮"装满花粉时，蟹蛛常常会悄悄地爬出来，慢慢逼近蜜蜂的背后，然后猛冲上去，咬住蜜蜂的颈背。

这一咬正中蜜蜂颈背部的神经中枢①。可怜的蜜蜂虽然拼命反抗，螫针乱扎乱刺，但由于神经中枢被麻痹，不一会儿就不能动弹了。这个小生命就这样在不知不觉中结束了。蟹蛛则心满意足地吮吸着蜜蜂的液汁，吸完以后便把那具遗骸无情地抛弃在原地，大摇大摆地离开了。然后，它们重新潜伏起来，继续等候下一个猎物的到来。

每当发现花朵上有一只一动不动的蜜蜂时，我第一时间赶过去，就会在旁边发现蟹蛛的身影。这位刚刚得手的捕猎者，正在享用自己的美餐。

虽然蟹蛛捕杀蜜蜂是如此的残忍，但它们对待自己的孩子，却是那么的富有母性和责任感，这种反差不得不让人惊叹。

一天，我看到一只蟹蛛正在一丛花中间筑巢。蟹蛛喜欢选择枯萎的岩蔷薇枝，在位置高高的地方建立育儿房，这样可以尽情享受阳光的热量。那巢是一个白色的丝袋，样子像个圆锥。丝袋的一部分露在外面，一部分隐藏在树叶里面，这就是蟹蛛卵居住的地方。

在丝袋的口上，也就是蛛巢的顶部，有一个用绒线织成的圆盖子，那绒线里还夹杂着一些凋谢的花瓣。这个盖子就是蟹蛛的瞭望台。就在这个瞭望台上，蟹蛛会一直守望着四周，像个卫兵一样，为巢里的卵宝宝站岗放哨。

自从开始产卵后，蟹蛛就慢慢地消瘦下去，但精神不会放松，时刻紧张地在瞭望台上注意周围的动静。一旦巢穴周围有一丝风吹草动，蟹蛛就会全身紧张，投入战备状态，挥着一条腿威吓来惊扰它的不速之客。它激动地做着手势，叫对方赶紧滚开，否则后果自负。它那狰狞的样子和激动的动作，的确能把那些怀有恶意或无辜的外来者吓一大跳。把那些鬼鬼祟祟的家伙赶走以后，蟹蛛便心满意足地回到自己的岗位上，继续严阵以待。在这一点上，蟹蛛和狼蛛有着相似的勇敢、忠诚和母性。

有一次，我拿着一根草棍去挑逗一只蟹蛛，它的反应非常激烈，拼命用腿击打草棍，就像一个拳击选手在击打沙袋似的。后来，我尝试着想让它挪个地方，用了好大力气才把它拖出来，但我一松手，它马上又回到了自己的岗位上。很明显，蟹蛛是不会离开自己的孩子的。

---

①神经中枢：在中枢神经系统中，对机体某一特定的生理机能具有调节和控制神经反射作用的神经细胞群组织。又称反射中枢。

　　此外，我还尝试过把一些蚕茧的碎片放到蟹蛛的巢上，企图迷惑这个忠于职守的母亲。我曾用这个方法成功地迷惑住了狼蛛，狼蛛把这些碎片当成了自己的卵袋，带在身上走来走去。狼蛛分不清自己的卵和别人的卵，也分不清别人的巢穴和自己的巢穴。但这次我失败了，被迁移到蚕茧碎片上的蟹蛛坚决不肯接受这些东西，不肯在此安营扎寨。蟹蛛是不是比狼蛛聪明呢？也许是，但也可能是因为我的仿制品太过粗糙了。

　　到了五月底，产卵期结束了。蟹蛛便舒展开自己的身体，把它的卵遮住，一天到晚守在巢上，不离开半步。这时，它已经非常孱弱，似乎一阵风吹来，就能把它卷走。于是，我挑选了几只鲜美的蜜蜂给它，但蟹蛛理都没理那些"嗡嗡"乱叫的蜜蜂，美食失去了吸引力。它不吃不喝，不眠不休，只是静静地待在卵袋上，一刻不离地守护着小宝贝们。

　　蟹蛛用身体来遮蔽它的卵，等待着它们孵化，这让我联想起母鸡孵蛋。母鸡在孵蛋的时候也是让卵待在自己的身体下面，把身体的温度传导到卵上，从而使卵得以孵化。而蟹蛛母亲并不向卵提供什么热量，即使它有这份心，也已经没有能力了，因为此时雌蟹蛛的生命已经很微弱了，而且蜘蛛的卵只需靠太阳的热量就足够了。所以，雌蟹蛛在此守候的目的并不是孵化蛛卵。那它等待的又是什么呢？

　　这样大概过了两三个星期，雌蟹蛛因为一点儿东西都没有吃，所以一天比一天消瘦。但是，它仍然无怨无悔地守护着巢里的卵。它为何要苦苦地支撑着呢？是什么值得这只雌蟹蛛坚强地支撑着自己活下去呢？它是想亲眼看到自己的孩子们出世吗？

　　我们知道，雌条纹蛛非常勤快地为它的孩子们造了一个安乐窝，之后便一去不回头。因为它的寿命太短了，所以再也不能顾家了。它在第一次寒流来袭的时候，生命就会结束，而它的卵则要到来年春天才能孵化出来。条纹蛛的孩子们离开那个气球形状的巢时，没有谁来帮它们把巢打破，因为它们的母亲早已离开这个世界了。幼小的条纹蛛又没有能力自己破巢而出，所以只能等到巢自动裂开时，它们才可以爬出来。

　　但蟹蛛的巢不像条纹蛛的巢，顶上的盖子不会自动裂开，那小蟹蛛们是怎样从这封闭得很严密的巢中爬出来的呢？在它们爬出来之前雌蟹蛛已经耗尽了生命，谁帮它们来打破巢呢？

在小蟹蛛们孵化出来以后，我发现在巢的盖子边缘有一个小洞。这个洞并不是早就有的，显然是谁悄悄地在那里咬了一个孔，为的就是让里面的小蛛们可以通过这个孔钻出来。

蟹蛛的巢四壁又厚又粗，那些柔弱的小蛛们绝对没有力量把它咬破。所以，我猜想，这个小孔肯定是雌蟹蛛在生命垂危的时候打通的。它一边为巢里的孩子们站岗放哨，一边静静地感受里面那些小生命的举动。等那些小生命开始躁动不安时，雌蟹蛛就知道它们要出来了，所以用尽最后一点儿力气，在盖子上打通了那个小孔。此后，它便安心地死去了。

虽然，雌蟹蛛虚弱得随时可能死掉，可是为了这最后一个愿望，它一直顽强地支撑了几个星期。雌蟹蛛死的时候非常平静，胸前还死死地抱着那个巢，身体慢慢缩成僵硬的一团。

多么伟大的母亲啊！之前我曾不止一次地被雌蚁的牺牲精神所感动，可是它们和雌蟹蛛相比，似乎还略逊一筹。

七月的时候，实验室里的小蟹蛛们纷纷从巢里爬了出来。

我知道它们有攀绳的嗜好，便把一捆细树枝插在它们的笼子上。果然，它们立刻沿着铁笼很快地爬到树枝的顶端，又很快地用交叉的丝线织成互相交错的网，这便是它们的空中"沙发"。它们安静地在这"沙发"上休息了几天，随后就开始搭起"吊桥"来。

我把爬着许多小蟹蛛的树枝拿到窗口的一张桌子上，然后把窗户打开。不久，小蟹蛛们便纺线做起它们的飞行工具来。不过它们做得很慢，因为它们总是三心二意的，一会儿爬到树枝下面，一会儿又回到顶上，好像不知道自己要干什么，又不知道该怎么干。

照这种速度，它们在那儿忙活半天也不会有什么成果。它们都急于要飞出去，可就是没胆量。在中午十一点钟的时候，我把载着小蟹蛛的树枝拿到窗栏上，让太阳照射到它们的身体上。几分钟以后，太阳的光和热在它们的身体里积聚起来，成为一个小发动机，驱使它们纷纷活跃起来。只见它们的动作越来越快，越来越敏捷，都一个劲儿地往树枝的顶上爬去。到达树梢后，它们飞快地纺起丝线，蓄势待发。

突然起了一阵风。啊呀，那些蟹蛛是那样的轻巧，它们编的丝又那么细，风会把它们卷走吗？

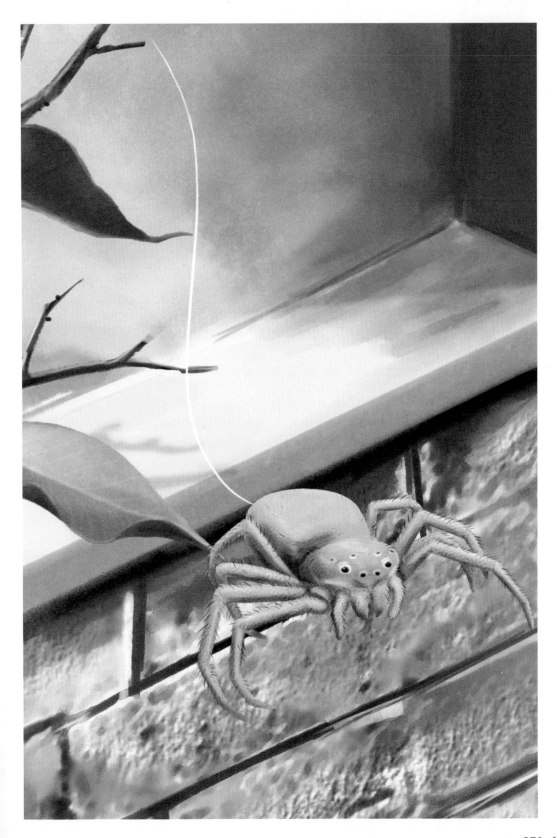

我仔细地看了看，风的确猝然把细丝扯断了，有几只小蟹蛛顺着风在空中飘荡了一会儿，便随着它们的降落伞——断丝飘走了。它们越飞越高，越飞越远，飞到又黑又暗的叶丛中，犹如一颗颗闪亮的明星。我静静地望着它们离去的背影，直到它们在我的视野里消失。

最初，只有极少部分小蟹蛛飞了出去。它们有的飞得很高，有的飞得很低；有的飞往这边，有的飞往那边，最终都找到了自己的安身立命之处。

最后，所有的小蟹蛛都准备起飞了。这时已不是开始的时候那样三三两两地飞出，而是呈放射线状一队一队地飞出了，也许几个先锋的英雄行为感染、激励了它们。不久它们就陆续安全着陆了，有的在远处，有的在近处。丝线这个简单的降落伞成功地完成了它们的使命。

关于后来发生在小蟹蛛们身上的故事，我就不知道了。它们怎么捕食小虫子呢？小虫子和小蟹蛛争斗的话，谁又会占上风呢？它们会受哪些天敌的威胁呢？我都不得而知。

不过，等到明年夏天，我们是一定可以看到它们已经长得很肥很大，纷纷躲在花丛里偷袭那些勤劳采蜜的蜜蜂了。

圆网蛛织网记

即使在最小的花园里，我们也能看到圆网蛛的踪迹。圆网蛛是会织网的蜘蛛中的佼佼者，它们的纺织技术绝对算得上一流。

就手段的巧妙这一点而言，圆网蛛的网毫不逊色于人类的捕鸟网。而且，深度研究之后，我们还可以发现：圆网蛛的蛛网是那样的完美，比人类织的网还要先进很多。仅仅为了捕捉几只昆虫，竟然需要练就如此卓越巧妙的纺织技术！如果你读了下面的文章，肯定会深有同感。

首先，我必须要亲眼看到圆网蛛是如何织网的，而且需要看了再看，因为织网的过程是如此的复杂，只有把所有的过程都记录完整，才能最终汇总。今天了解了一个细节，第二天又了解了一个细节，我们才能获得一些新的知识。在不断的观察中，每一次，某个事实证明了某个猜测，或者启发我们从另外一个角度去思考问题，那么，我们的知识就会越来越充实。

为了更好地观察，我在荒石园里准备了几种最有名的圆网蛛：彩带圆网蛛、圆网丝蛛、角形圆网蛛、苍白圆网蛛、冠冕圆网蛛和漏斗圆网蛛。这六种圆网蛛的身材都比较大，而且擅长纺织。

在天气比较好的时候，我可以随时观察它们，密切关注它们的工作。只不过，根据当天的情况，有时候是这只，有时候是那只。如果某一天的观察没能取得进展，我可以在第二天或者以后的随便哪一天，在更好的条件下再次观察，直到把情况完全弄清楚为止。

每天黄昏，在荒石园中散步时，我很容易就可以在迷迭香丛里找到一只圆网蛛。如果时间比较充裕，我就索性坐在灌木丛下，选择一个光线比较充足的地点，不知疲倦地观察圆网蛛的一举一动。每次的观察都会有收获，都能填补

我之前知识中的空白。

我所选择的那几种观察对象有着相同的工作方法，编织的蛛网看起来也比较相似，所以，我将不一一叙述它们各自的工作步骤，而是将它们共性的特点作一个综述。

这些被观察的对象都是年幼的圆网蛛，体形不太肥壮，那装满蛛丝的小肚子只有梨的种子那么大。但是，我们千万不能因此就低估它们的本领。要知道，圆网蛛的才能不会随年龄的增长而增长，那些肥大的成年圆网蛛的织网本领还不如这些小圆网蛛呢！

对于观察者来说，观察小圆网蛛的好处是：它们都是在白天工作，甚至是在太阳底下工作的，而成年的圆网蛛只在黑夜里秘密地进行纺织工作。所以说，这些小圆网蛛比成年圆网蛛慷慨多了，它们毫无保留地把纺织的秘密告诉了我。

七月末，小圆网蛛们便在太阳下山前两小时左右开始工作了。

这时，小纺织工人纷纷离开它们白天待的居所，各自选定一个地盘，在那里纺起线来。它们分散开来，各干各的，互不打扰。我曾跟踪过一只小圆网蛛，细细观察了它工作的情况。

这只小圆网蛛的工作似乎没有明确的次序。它先在迷迭香的花上爬来爬去，从这根枝爬到那根枝，在大约三十平方厘米的一小片范围内忙忙碌碌。渐渐地，它开始用梳子似的后腿从身体里拉出丝来，放在一个地方作为"地基"。然后，它便毫无规律地一会儿爬上，一会儿爬下。这样奔忙了一阵子后，枝叶间就出现了一个丝架子。这是一个垂直的扁平的"地基"，看起来是那么的不规则，然而，正因为它是错综交叉的，因此很牢固。

不过，这个"地基"存在的时间不是很长，因为小圆网蛛织的网比较娇嫩，经受不住猎物的拼命挣扎，所以小圆网蛛每天傍晚都要修补蛛网。修补时，它们会更加用心。

那只小圆网蛛在原先的地基表面上横着拉出一根特殊的丝，非常细，却是不可缺少的。这根丝与其他丝线有着明显的不同，与任何可能妨碍它延伸的树枝都隔开了一段距离。同时，这根丝的中央有一个小白片，它是一个丝垫子，就像是整个建筑的中心点，可以使圆网蛛在混乱中按部就班地开展工作。

接下来，小圆网蛛就开始正式织那张捕捉猎物的网了。它先从中央的白色

丝垫开始，沿着横的细丝快速爬到丝架的边缘。然后，它又迅速地从边缘爬回中央。小圆网蛛就这样在中央白垫子和丝架边缘之间往复地爬着。它爬的速度非常快，一会儿上，一会儿下，一会儿左，一会儿右，一边爬还一边抽着丝。所以，它每走一趟就在丝架上做成了一根辐。不一会儿，丝架上就有了很多辐，但是这些辐并不均匀，也没有次序，看上去有点儿散乱。

不管是谁，如果看到圆网蛛那张成型的整洁而有规则的网，一定会以为圆网蛛在做辐的时候是按着次序一根根地织过去的。然而事实正好相反，圆网蛛的织网工作是没有次序的，但是它知道怎样使成品更加完美。

在同一个方向安置了几根辐后，它很快又会往另一个方向补上几根，从不偏爱某个方向。它这样突然地变换方向是有道理的：如果它先把某一边的辐都安置好，那么这些辐的重量就会使网的重心偏移，从而使网扭曲，变成很不规则的形状。所以，它在一边安放了几根辐后，立刻又要到另一边去，为的是时刻保持网的平衡。

说到这里，相信你们一定不会认同这一点，像这样毫无次序又不是一挥而就的工作，怎么可能造出一个规则的网呢？可是，事实就是如此。蛛网的辐与辐之间都是等距离的，形成一个很完整的圆。在观察中，我发现不同种类的圆网蛛其蛛网的辐的数目也不同，比如，角形圆网蛛的网有二十一根辐，彩带圆网蛛的网有三十二根辐，而圆网丝蛛的网有四十二根辐。这种数目不是绝对的，但基本上变化不大，因此，我们可以根据蛛网上辐条的数目来判定这是哪种圆网蛛的网。

想想看，人类中有谁能做到这一点：不使用仪器，不经过练习，而能一下子把一个圆等分？圆网蛛就有这种本领。尽管它身上背着一个很重的丝袋，踩在软软的蛛网上，那蛛网还随风飘荡，摇曳不定，但它就是能够不用思考而将一个圆极为精细地等分。它的工作看上去杂乱无序，完全不合乎几何学的原理，但它就是能从不规则的工作中得出有规则的成果来。

当然，这所谓等分也只是大致相等，经不起精密仪器的精确测量。不过，我不会在乎这一点。对于圆网蛛取得的成绩，我已经惊叹不已了。它怎么能用那么特别的方法完成这么困难的工作呢？这一点，我至今还在思考。

做好辐的铺设工作之后，圆网蛛又回到中央的丝垫上。现在，它要开始另一项精细的工作了。从这一点出发，圆网蛛踏着辐，编织起了螺旋形的圈子。

它用极细的线在辐上排出密密的线圈。这是网的中心，让我们把它叫作"休息室"吧。在成年圆网蛛的蛛网上，这"休息室"的面积能有巴掌大小，而在小圆网蛛的蛛网上，"休息室"的面积会非常小。

在编织螺旋形圈子时，越往外使用的线越粗，最内圈的丝线几乎看不出来，第二圈丝线就清晰可见了。同时，圈与圈之间的距离也越来越大。圆网蛛就这样马不停蹄地绕着，每经过一根辐，它都把丝绕在辐上粘住。最后，它在"地基"的下边结束了工作。

有一点需要强调一下，这些螺旋形的线圈并不是曲线。在圆网蛛的工作中，没有曲线，只有直线和折线。这线圈其实是辐与辐之间的横档所连成的，我把它们称为"辅助螺旋丝"。

使用这种螺旋形丝线的目的是制造横梁，来作为整个建筑的支架，尤其是在辐射丝相隔太远的边缘地区，更需要这种横梁作为支架。

用来做支撑的树枝分布得很不规则，从而导致辐射丝空间上的分布也很没有规律，这会破坏编织工作的秩序。而圆网蛛需要一个适宜的空间，让它可以有规律地把螺旋丝安放上去；另外，还不能留下空隙，让猎物找到逃出去的地方。

圆网蛛非常清楚这一点，它是不会放过这些空隙的。在修补这些空隙的时候，圆网蛛的动作极为快捷且复杂多变，包括一连串的跳跃、摇摆和弯曲，使人看得眼花缭乱。我经过了坚持不懈的观察和反复考察，才稍微弄明白它的工作程序。

如果将圆网蛛的动作分解，可以看到它的其中两条腿在不停地动着：一条腿把丝拖出来传给另外一条腿，另一条腿则把这丝安在辐上。由于丝本身有黏性，所以新的线很容易粘上去。

就这样，圆网蛛不停地绕着圈，一边绕一边把丝粘在辐上。圆网蛛在这种螺旋形圈子上要花费至少半个小时，有些成年圆网蛛甚至会花费整整一个小时。基本上，圆网丝蛛会架设五十多圈螺旋形丝线，彩带圆网蛛、角形圆网蛛的蛛网上则有三十多圈。

到最后，圆网蛛到达了那个被我们称作"休息室"的边缘了。这时，它会突然结束绕圈运动，尽管剩余的空间还能再绕上几圈。那么，它为什么要突然停止呢？很快，你就能看到答案。

圆网蛛会扑向中央的丝垫子，把它扯下来，卷成一个小球。不论是哪一种圆网蛛，也不论是小圆网蛛还是成年圆网蛛，它们都会这么做。那么，它们是要把这个丝垫小球扔掉吗？当然不是，我们的圆网蛛非常节约，是不会把这点材料浪费的，它会把小球吃下去。

吃下小球，织网的工作便结束了。接下来，圆网蛛稳稳地坐在蛛网的中央，头向下，为即将到来的狩猎做起了准备。

在观察中，我发现蛛网中用来做螺旋圈的丝是一种极为精致的东西，它和那种用来做辐和"地基"的丝不同。它在阳光中闪闪发光，看上去就像一条编成的丝带。

我取了一些丝回家，放在显微镜下观察，竟然发现了惊人的秘密：那根本来就细得几乎连肉眼都看不出来的细丝，居然是由几根更细的丝线缠合而成的。更使人惊异的是，这种丝线是空心的，里面充满极为黏稠的黏液。这种黏液通过丝线的管壁渗透出来，几乎使得整个蛛网都具有了黏性，而且黏度非常的高。

通过一个小实验，我测试了黏液的黏性：我用一根细麦秸轻轻地去碰触一段蛛丝，麦秸立刻就被粘住了。我把麦秸拿起来，蛛丝便被拉长，扩展为原来的一至两倍。我又持续地拉伸麦秸，蛛丝继续扩展，直到最后因为绷得太紧，才从麦秸上掉落下来，但是没有断，而是恢复了原样。

看来，这种螺旋圈丝是一种纤细如发丝的细管，它卷成螺旋状，因而具有很好的弹性，哪怕掉落到蛛网上的猎物拼命挣扎，它也不会折断。同时，丝管里的黏液会不断地渗透出来，使得蛛网不会因为长时间暴露在空气中而减少黏附力。这真是太神奇了！

现在，我们已经了解，圆网蛛捕捉猎物并不是靠围追堵截，而是完全依靠具有黏性的网，这张网几乎能粘住所有的猎物。可是，又有一个问题出来了：圆网蛛自己为什么不会被粘住呢？

我想其中一个原因是，圆网蛛大部分时间是坐在网中央的"休息室"里的，那里的丝是完全没有黏性的。不过这个说法不能自圆其说。圆网蛛不是一辈子都坐在网中央不动的，当猎物被蛛网粘住时，它必须飞快地赶过去，吐出丝缠住猎物。那么，在那充满黏性的网上行走时，圆网蛛是怎么使自己不被粘住的呢？

　　我想起了小时候的经历。每当周四那天，我和小伙伴们都会去抓金翅雀。捕捉工具是涂了黏胶的细竹竿，为了避免自己的手被粘住，我们会事先在手指上涂抹一些油。那么，圆网蛛是不是在脚上涂了什么油呢？

　　抱着这个疑问，我在麦秸上擦了一些油，然后又把麦秸放到了蛛网上，这次麦秸没有被粘住。看来，原因被我找到了。

　　为了证明我的推论，我取下了一只活圆网蛛的一条腿，跟具有黏性的蛛丝接触，蜘蛛腿也没有被粘住。在任何情况下，圆网蛛都不会被粘住，我应该早就想到的。

　　接下来，我又做了一个实验，这次的结果大大不同。我把那只蛛腿放在二硫化碳①里浸了一个小时，又用同样在二硫化碳里浸过的刷子把这条腿小心地刷了一遍。我们知道，二硫化碳是能溶解油脂物的，如果那条断腿上有油的话，这一洗油就会完全被洗掉。之后，我把这条腿放到了蛛网上，结果，它被牢牢地粘住了。由此，我知道了，圆网蛛的身体上有一种特殊的油脂，能使它在网上自由地走动而不被粘住。

　　但即使有这种油脂的保护，圆网蛛也不能在黏丝上久留；如果在黏丝上停留的时间太长，就会引起黏附，从而影响圆网蛛的行动。为了能够尽可能迅速地抓住落入蛛网的猎物，圆网蛛必须远离黏丝，保持行动的敏捷，所以它大部分时间都会待在自己的"休息室"里，那里是完全不具黏性的。

　　在接下来的实验中，我们将会看到这种黏丝的另一个特性。

　　我把一块玻璃片穿过蛛网，收集到了一些呈平行线排列的黏丝，然后把玻璃片放在水面上，上面罩上了一个罩子。我发现，在充满潮气的环境中，蛛丝逐渐伸展、变细，最后，里面的黏液全部消失了。

　　这说明圆网蛛的黏丝对空气湿度非常敏感，在湿度很大的环境中，黏丝里面的黏液会吸收大量的水分，然后从丝管中渗透出来。这也就解释了，为什么成年的彩带圆网蛛和圆网丝蛛在天没亮之前便开始织网。如果那天出现大雾，它们就会停止工作。

　　但是，雾天不会影响它们建设蛛网的"地基"和铺设辐射丝，这些部分不

---

①二硫化碳：一种无色液体。纯的二硫化碳有类似氯仿的芳香甜味，混有其他硫化物的则具有令人不愉快的烂萝卜味。二硫化碳可用于制造人造丝、杀虫剂、促进剂等，也用作溶剂。

法布尔昆虫记全集

会因为湿度过大而受到损坏。它们唯一不会在雾天进行的工作是编织黏性的捕猎网，因为捕猎网受潮后会失去作用。如果天气条件允许的话，已经开始的编织工作就会在第二天夜里完成。

虽然捕猎网对湿度非常敏感，会带来一定的不便，但好处还是有很多的。彩带圆网蛛和圆网丝蛛习惯于白天捕猎——昆虫们大多在白天活动，不可避免地，蛛网要经受烈日的炙烤。在炎热的盛夏，如果没有专门的防护措施，捕猎网就会被晒干，变得僵硬，从而失去作用。正是有了这种黏液，即使在最炎热的时候，捕猎网也会具有弹性，而且黏附力会越来越强。

这是为什么呢？因为空气中总会有一定的湿气，湿气会慢慢渗透到黏丝里面，将里面的黏液稀释，然后从丝管中渗透出来，使蛛网保持黏性。哪一个捕鸟者在做网的时候，在艺术上和技术上能比得上圆网蛛呢？而圆网蛛织这么精致的网只是为了捕一只小虫！真是有点大材小用了！

不仅如此，圆网蛛还是一个热忱积极的劳动者。我曾计算过，角形圆网蛛每做一个网需制造大约二十米长的丝，圆网丝蛛更是可以制造出三十多米长的丝。在我饲养圆网蛛的两个月中，角形圆网蛛几乎每夜都要修补它的网。因此，在这个时期中，它就得从那娇小瘦弱的身体中绵绵不断地抽出上千米这种管状的富有弹性的丝。

我不禁又要怀疑，圆网蛛小小的身体怎么能产出那么多蛛丝？它是如何把这些丝搓成管状，又是如何在里面灌上黏液的呢？还有，它为什么能有时制出普通的丝，而有时能造出极有黏性的丝呢？这些问题一直在我的脑子里盘绕，使我百思而不得其解。看来，只好把这些问题留给解剖学家和生物学家去研究了。

神奇的"电报线"

在夏季，许多蜘蛛都受不了阳光的暴晒，所以白天时它们会找一个隐蔽的地方躲起来，等到晚上再露面。在我经常观察的六种圆网蛛中，只有彩带圆网蛛和圆网丝蛛会坚持待在网上，不怕烈日的灼晒。其他几种蜘蛛则不会在大白天趴在网上，它们会在离蛛网不远的地方找一个隐蔽的场所，然后在那里用叶片和丝线做一个窝，就在那窝里面静静地埋伏着。

在阳光明媚的白天，蜘蛛们感到头晕目眩，但昆虫们却异常活跃：蜻蜓们快活地飞来飞去，追逐嬉戏着；蝗虫们活泼地在园子里跳跃着……这时候，正是蜘蛛们捕食的好时机。如果有一些粗心愚蠢的昆虫碰到蛛网，被粘住了，躲在别处的蜘蛛是否会知道呢？不要为蜘蛛会错失良机而担心，只要网上一有动静，它们便会闪电般地冲过来。

可是，除了彩带圆网蛛和圆网丝蛛一直在网上等待，其他几种圆网蛛都在阴凉地里悠闲地避暑呢！它们能知道自己的网上已经捕获了猎物吗？它们是怎样知道网上发生了什么事情的呢？难道它们看到猎物已经落网了吗？让我来解释吧！

让蜘蛛知道网上有猎物的不是蜘蛛的眼睛，而是网的振动。

为了证明这一点，我分别把几只死蝗虫轻轻地放在不同的蜘蛛网上，摆放在非常明显的位置。这时，有几只蜘蛛正趴在网上，有的则躲在隐蔽的窝里，但它们都没有发现网上的死蝗虫。我又把死蝗虫拿到它们的面前，可是它们仍然无动于衷，就好像没有看到似的。或许真的没有看到什么，它们的眼睛没有起到什么作用。

终于，我实在没有耐心再等下去了，于是用一根长麦秸轻轻地拨了拨死蝗虫，蛛网也跟着振动起来。这回，停在网中央的蜘蛛立刻向死蝗虫扑过来，而那些隐藏起来的蜘蛛也纷纷赶到自己的网上，它们熟练地抽出丝将死蝗虫死死地缠了起来。它们就像对待活的猎物一样，毫不吝惜自己宝贵的丝线，直到觉得猎物再也无法逃脱了才停止捆绑。

从这个实验中我们可以看出，蜘蛛什么时候攻击猎物，取决于网什么时候振动。

那么，有没有可能跟蝗虫灰灰的体表颜色有关系呢？为此，我决定用鲜艳的红色物体再做一次实验。由于蜘蛛的捕猎单中没有一种是穿红色外衣的，我便用红毛线缠成像蝗虫那么大的一个小团，放在了蛛网上。

当红毛线团不动的时候，蜘蛛们都没有反应，而当我用麦秸拨动毛线团时，它们立刻匆忙地跑了过来。

有一些头脑简单的蜘蛛会像对待一个真正的猎物那样，用脚尖碰一碰毛线团，然后吐出丝线进行包裹，甚至会用毒牙去咬，这时，蜘蛛才会发现上当了，转身悻悻地走开。而有些蜘蛛很狡猾，它们跑过来之后，用脚爪碰了碰便立刻发觉上当受骗了，这样它们也就不会浪费自己的蛛丝做无用的捆绑了。可不管是聪明的还是愚笨的，当网发生振动时，所有蜘蛛都会从远处的隐蔽所跑过来。

它们是怎样得到消息的呢？肯定不是依靠视觉。蜘蛛的视力是很差的，它们只有用脚触碰，用毒牙去咬，才能发现错误。而且，蜘蛛一般都在夜里进行捕猎，在漆黑的夜间，再好的视力也是没有用的。

因此，我们从中得出结论：蜘蛛们并不是靠眼睛来判断猎物什么时候落网的，而是靠网的振动获得信息的。在网上等待的蜘蛛能感知网的振动是很容易理解的，然而那些隐藏起来的蜘蛛是怎样知道自己的网在振动呢？想要了解这一点，其实不是很难。

我找到一只圆网蛛，在它织网的时候仔细地观察了一番。结果，我发现了一根从蛛网的中心拉出来的丝线，这条向斜上方拉的丝线一直延伸到了蜘蛛的隐蔽所。这根丝线只跟蛛网的中心点相连，同蛛网的其他部位没有任何关系，丝线的长短根据网与隐蔽所的距离不同而有所不同，平均长度大约为半米。

这条斜线就像一座桥梁，靠着它，蜘蛛能够匆匆地从隐藏的地方赶到网中；等它在网中央的工作完毕后，又可以沿着这座"桥梁"回到隐藏的地方。

不过这并不是这根线的全部效用。如果它的作用仅仅限于此的话，那么这根线应该从网的顶端连接到蜘蛛的隐蔽所。因为这样可以减小坡度，缩短距离。

这根线之所以从蛛网的中心引出，是因为网的中心连接着所有的辐射线，每一根辐射线的振动都能影响到它。这样，猎物无论在网的哪一个部位挣扎，振动都会传导到这根连接着中心的线上。躲在远处隐蔽所里的蜘蛛就是靠这根线得到猎物落网的消息的。所以，这根线不仅是一座桥，更是蜘蛛们获得信号的工具，它好似一根电报线。

为了证实这一点，我又做了一个实验。

我把一只活蝗虫放在了蛛网上，被粘住的蝗虫拼命地挣扎，蜘蛛马上从远处沿着那条丝线桥梁跑回蛛网，奔向可怜的蝗虫，随即吐出蛛丝把蝗虫捆绑起来，接着又将毒液注入蝗虫的体内。之后，蜘蛛用一根蛛丝把蝗虫拴在背后，把它拖回自己的隐蔽所，美美地饱餐了一顿。蜘蛛每次的表现都一如既往，没有任何的不同。

过了几天之后，我再次来到这张蛛网边上，悄悄地用剪刀把那根电报线剪断，然后又在网上放了一只活蝗虫。只见蝗虫在蛛网上拼命地挣扎着，蛛网剧烈地晃动起来，可是蜘蛛却趴伏在隐蔽所里一动不动，完全没有反应。

我成功了！我验证了之前的推论：那丝线桥梁是一根传递信号的电报线。

至此，可能还是会有人提出质疑：蜘蛛待在隐蔽所不动，很可能是因为丝线桥梁被剪断了，没有了回到蛛网上的路。

那请你仔细想想，蛛网有许多丝线挂在树枝上，这些丝线都可以成为蜘蛛回到网上的路，而且都很方便。可是，蜘蛛哪条路都没走，它一直聚精会神、一动不动地待在自己的隐蔽所里。这是为什么？因为电报线断了，没能将蛛网振动的信息传递给蜘蛛。视力不佳的蜘蛛看不到被粘住的猎物，猎物离它太远，它不知道。

就这样，蝗虫在蛛网上拼命地蹬着腿，而蜘蛛却一直在家里干瞪眼。整整一个小时过去了，蜘蛛才警觉起来，它可能感觉到脚下的电报线有些异常，不再绷得紧紧的，便起身去察看情况。蜘蛛随便选择了一条丝线，很轻松地回到了网上。这时，它才发现网上粘着一只蝗虫，于是赶紧奔过去把蝗虫捆了起来。然后，它去检查了那根被我剪断的电报线，并重新架设了一根。最后，它沿着这根新接好的线把猎物拖回了家里。

在我观察的几种圆网蛛中，角形圆网蛛的电报线最长，大概有三米，这更加有利于我的观察。一天早上，我发现角形圆网蛛的蛛网没有什么破损，这证明它昨晚没有捕到什么猎物，现在一定饥肠辘辘了。于是，我把一只蜻蜓放到了蛛网上，想看看能不能把角形圆网蛛从高高的隐蔽所里吸引下来。

果不其然，蜻蜓绝望地在蛛网上挣扎着，致使整个蛛网都剧烈地晃动起来，隐藏在柏树叶中的角形圆网蛛立刻出现了，顺着电报线飞快地爬回网上。捆绑一番之后，它带着猎物原路返回，准备安安静静地享受美餐。

几天之后，我重新做了一次实验，但提前把电报线剪断了。这次的猎物是一只更加健壮的蜻蜓，它拼命地挣扎，可是没有任何用处。同样，我的等待也是徒劳的，角形圆网蛛一整天都没有下来。电报线断了，角形圆网蛛不知道蛛网上发生了什么事情。美味的猎物就在网上，角形圆网蛛并非不在乎，而是它根本不知道猎物的存在。直到夜幕降临，角形圆网蛛才离开自己的隐蔽所，来到了蛛网上。它这才发现蜻蜓，于是吃掉了蜻蜓，然后把蛛网修葺一新。

在我的观察对象中，漏斗圆网蛛虽然也有一根电报线，却简化了许多。这种圆网蛛生长在春天，擅长在迷迭香丛中捕食蜜蜂。

漏斗圆网蛛在迷迭香的枝头上用蛛丝做了一个小窝，大小和形状就像一个栗子壳。它总是把大肚子放在窝里，前步足放在窝的边缘上，等待猎物落网，随时准备跳出去。

漏斗圆网蛛的蛛网是垂直的，很宽大，离它隐蔽的小窝很近。连接蛛网与小窝的是一个由多根辐射丝组成的角形物，漏斗圆网蛛的步足始终搭在其中的一根辐射丝上。这些辐射丝源于网的中心，能够把网上的信息传递给蜘蛛，又构成了捕猎网的一部分，所以这可以说是一举两得。

对于电报线的妙用，小的蜘蛛们还不太懂得，这种接电报线的技术也只有成年蜘蛛才能运用自如。那些成年蜘蛛就连缩在凉爽的安乐窝里静静思索或者闭目养神的时候，也会留心那根电报线传来的信号，并做好出征的准备。但是，这样长时间的警惕与守候是很劳神的。所以为了能够好好休息，减轻工作造成的紧张和压力，它们总是把电报线缠在腿上。我曾经亲眼见到过这种情景。

我在两棵常青树间发现了一张角形圆网蛛的网，那张网随风轻轻摆动着，在阳光底下闪闪发光。这张网的主人早已藏到隐蔽的居所里去了。沿着电报线找去，很快就可以发现蛛网主人的那个窝——一个用枯叶和丝做成的圆屋顶。

角形圆网蛛的身体埋在窝里面，身体后端堵住洞口，后腿的顶端连着一根丝线，没错，就是那根电报线。

我故意在那张网上放了一只蝗虫，想看一下那个隐居的猎手是怎样感受电报线传来的信号的，以及它在接收到信号时又有什么样的反应。

当那只蝗虫在网上挣扎的时候，网便振动起来，网的振动又通过那根电报线传导到了蜘蛛的腿上。蜘蛛立即钻出窝，沿着电报线快速地来到网上，然后便是捕猎的惯常操作。

说到这里，似乎还有一个疑问：蛛网时常被风吹动，那么蜘蛛会不会被弄得草木皆兵呢？通过观察，我发现要是因为风吹动而使网振动，那些隐居的蜘蛛并不出动，仍在窝里安闲地待着，它们似乎很明白这是假信号。原来，那根电报线还有这样一个神奇的功能，它能够区分网的振动是来自猎物的挣扎还是风的吹动。

故而，这根电报线还有另一个神奇功能，即：它能像人类使用的电话一样，把各种真实的、确切的声音传递过来。蜘蛛就是用一个脚趾接着电话，用腿听着传来的信号，并且准确地分辨出哪些信号是真的，哪些信号是假的。

产业争夺战

产业，如果从经济学范畴去解读，将会非常具有难度。在此，我们无需那么教条，我所要讲的产业，就是指占有的财产。

打个比方吧。如果一只狗找到了一根骨头，骨头就是这狗的产业，是不可侵犯的财产。对于蜘蛛来说，蛛网就是它的产业，而且更有资格被称为产业。因为，狗发现骨头纯粹是依靠敏锐的嗅觉和偶然的运气，既不需要先期的投资，也不需要什么高明的技巧，它只是一个发现者而已。而蜘蛛从自己的肚子里获取原料，依靠自己的才能创造了这份产业，它是财富的创造者。所以，如果说动物界中存在一种神圣的产业的话，那就非蜘蛛的蛛网莫属了。

作为蛛网的合法缔造者，蜘蛛能不能认出自己的作品呢？毕竟，每一种蜘蛛的蛛网都有自己的特点，与其他蜘蛛的有明显的区别。

为了了解这一点，我把相邻的两只彩带圆网蛛对调了一下，把它们分别放到了对方的蛛网上。这两只彩带圆网蛛一来到蛛网上，就立刻熟门熟路地跑到了蛛网的中心区，头朝下，坐在那里，一动不动。看来，它们很满意对方的蛛网，就像对自己的蛛网一样满意。而且，它们也没有发觉有什么异样，就像是待在自己家里一样，丝毫没有搬回去的意思。对于这一点，我早就预想到了，因为这是同一种圆网蛛，它们的蛛网几乎一模一样。

于是，我改变了方法。这一次，我把两只不同种类的蜘蛛对调了：我把彩带圆网蛛放到了圆网丝蛛的蛛网上，然后把圆网丝蛛放到了彩带圆网蛛的蛛网上。这两种蛛网有着明显的区别：彩带圆网蛛的蛛网比较密，圈数也比较多。

就这样，两种蜘蛛被放到了陌生的环境中接受考验，它们会做出怎样的反应呢？我很好奇。

　　我猜想，它们应该会表现出惊慌失措，因为两张蛛网有着明显的不同，蜘蛛们应该能够有所察觉。可是没有，这两只圆网蛛没有任何受到惊吓的表现，它们根本没有意识到有什么不同，仍旧安稳地守在中心区里，等待着猎物"自投罗网"。

　　如此看来，圆网蛛是认不出自己的网的，只要给它们一张蛛网，它们就会理所当然地将其视为自己的作品。而且，只要这张网没有被损坏到不能再用的地步，它们都不会去修补、重新编织。

　　这种意识上的混淆使得我的荒石园里发生了很多悲剧。

　　为了便于研究，我把在树林里发现的所有种类的圆网蛛都捉了来，放进了荒石园的灌木丛。这样，我不必再费心去寻找，随手就可以找到期望的研究对象。就这样，很多圆网蛛在荒石园里的一道迷迭香丛中安了家，这里既朝阳又避风，是一个适宜蜘蛛生活的好地方。

　　每次，我都是随意地把找来的圆网蛛放在树丛某处，让它们按照自己的意愿去安家落户。通常来说，这些圆网蛛被我放在哪里，就会待在哪里一整天，一动不动，直到晚上才动身去寻找合适的地方结网。

　　有的圆网蛛会重新结网，有的则没有那么大的耐心。它们原来都有属于自己的一张蛛网，或者在小沟旁的灯芯草丛里，或者在一片红豆杉的矮树林里，可是现在什么都没有了。那么，它们会怎么做呢？是原路返回去找寻自己原来的财产，还是去抢夺别人的产业？对于这两种选择，显然圆网蛛会选择最省事的那一种，也就是第二种。

　　这不，我看到了一只准备行动的彩带圆网蛛。彩带圆网蛛朝一只圆网丝蛛的蛛网走去，后者也是刚刚来这里定居的。圆网丝蛛没有动，仍旧趴在蛛网的中心位置，看起来镇静自若。没过一会儿，一场恶战开始了，两只圆网蛛展开了一场生死搏斗。最后，圆网丝蛛战败了，彩带圆网蛛把它捆绑起来，拖到了蛛网的中心区。就这样，客人把主人吃掉了，而且吃得心安理得。这顿饭吃了整整二十四个小时，圆网丝蛛被吸得一干二净，最后还被嚼成了一小团渣滓，然后被扔掉。

　　彩带圆网蛛依靠野蛮而残酷的方式，抢夺了圆网丝蛛的蛛网，将其变成自己的产业。而且，只要蛛网没有破到不能用，它就会一直使用下去。

　　虽然彩带圆网蛛的手段很残忍，但我们还是可以给它找出辩解的理由。彩带圆网蛛和圆网丝蛛毕竟不是同类，在自然界的法则里，不同种类的动物之间为了生存而进行斗争、残杀都是很平常的事情。那么，如果是相同种类的两只蜘蛛，它们之间会发生什么事情呢？

由于一直等不到这种事情自然发生，所以我只能自己动手了。我把一只彩带圆网蛛放到了另一只彩带圆网蛛的蛛网上。客人一来到蛛网上，便化身为侵略者，对主人发动了猛烈的攻击。一时间，两只彩带圆网蛛陷入激战，打得难分难解，但最终还是侵略者获得了胜利。同样，战败者成了胜利者的盘中美餐，即使两者是亲姐妹，胜利者仍旧吃得心安理得、有滋有味。战败者的网，也就成了胜利者的产业。

通过这些现象，我看到了胜利者的狰狞面目，它们吞食同类，夺其产业。以前，我们人类也是这么做的，一部分人掠夺另一部分人，将弱者变成自己的盘中餐。而现在，不同的民族之间、人与人之间，仍然存在相互劫掠的行为，只不过不再是人吃人罢了。因为当人类品尝到更加美味的小羊排之后，吃人这样的事情就中止了。

但是，我们也不能因此过分苛责圆网蛛，它们毕竟不是以残杀同类为生，也不会主动去抢夺别人的产业。是我，把它们从自己的蛛网上拿走，放到了别人的蛛网上。

我的脚碰触到的东西就属于我自己，从那一刻起，你的网和我的网没有任何区别，如果你要提出抗议，那么我就选择把你吃掉，一劳永逸地解决问题和争议——这就是圆网蛛的法则。只有在这些特殊的情况之下，圆网蛛才会做出这样恶劣的行为。

这样的解释，可以说是出于我对圆网蛛的愧疚，毕竟这样的混乱是我一手制造的，而这样的混乱必然会造成以上的悲剧。

圆网蛛是非常珍惜自己的蛛网的，所以只有当丢失了自己的蛛网之后，才会去抢夺别人的蛛网。当然，这样的抢夺行为不会发生在白天，圆网蛛在白天不织网，它们只在晚上织网。当圆网蛛发现自己被剥夺了赖以为生的工具，并且觉得自己最强大的时候，就会去攻击别人，把对方杀掉，占据对方的产业。就让我们原谅它们吧！

现在，让我们去观察一下习性不同的圆网蛛吧。以上我们的观察对象是彩带圆网蛛和圆网丝蛛。这两种圆网蛛从外形上来看，有着明显的不同：彩带

法布尔昆虫记全集

圆网蛛有着一个橄榄形的圆肚子，腰间缠绕着美丽的白色、深黄色和黑色的带子；圆网丝蛛的肚子瘪瘪的，肚子上围着一块白围裙，装饰着月牙形的边饰。

如果只从外形和衣着来看，我们是根本不会把这两种圆网蛛紧密地联系在一起的。但是，在给蜘蛛分类的时候，天赋的主要特征要凌驾于外形之上。这两种外形迥异的圆网蛛，具有非常类似的生活习性。

彩带圆网蛛和圆网丝蛛都喜欢在白天捕猎，它们从早到晚都待在蛛网上，而且它们的蛛网也很相似，都有着"之"字形的曲线，所以彩带圆网蛛把圆网丝蛛吃掉以后，会继续使用圆网丝蛛的蛛网。如果侵略者和胜利者是圆网丝蛛，它同样会把彩带圆网蛛吃掉，然后占有彩带圆网蛛的产业。无论胜利者是谁，它都会很惬意地继续生活在别人的蛛网上。

接下来，让我们来看一看冠冕圆网蛛吧。冠冕圆网蛛全身呈棕红色，纤发蓬松，最突出的特点是背上有大白点，摆成十字形。它们害怕阳光，白天一般躲在蛛网附近的隐蔽所里，到了晚上才出来织网、捕猎。在结构和外形上，冠冕圆网蛛的网与彩带圆网蛛的网也很相似。

我开始想象，如果我让一只彩带圆网蛛在白天去拜访一只冠冕圆网蛛，会发生什么事情呢？于是，我把一只彩带圆网蛛放到了冠冕圆网蛛的蛛网上。

电报线将客人到来的消息报告给了躲在隐蔽处的冠冕圆网蛛，它跑了过来，在蛛网上巡视着，不久就发现了侵略者。但似乎觉得自己不是彩带圆网蛛的对手，它急忙跑回了自己的隐蔽所，没有采取任何对抗措施。

彩带圆网蛛似乎也没搞清状况。如果它被放到了同类的蛛网上，那么它一旦杀死对方，就可以占据蛛网的中心位置。可是，这一次是如此的不同，蛛网上什么都没有，没有敌人来阻止它占据这个重要的中心位置。彩带圆网蛛就一直傻傻地待在最开始的位置，一动不动。

于是，我用一根长麦秸去挑逗它。如果是待在自己的蛛网上，彩带圆网蛛就会激烈地抖动蛛网，以此来恐吓侵略者。可是这一次，尽管我一再地刺激它，它仍旧没有任何反应，没有跑开，也没有抖动蛛网。我观察了半天，才找到原因，原来冠冕圆网蛛一直在位于蛛网头顶上的隐蔽处窥视着。

彩带圆网蛛是害怕了吗？我用长麦秸继续刺激它，终于使它走动了几步。我发现，彩带圆网蛛的动作不是很灵便，它好像抬不起脚，甚至弄断了几根蛛丝。是不是因为冠冕圆网蛛的蛛网黏性更大呢？

在接下来的很长一段时间里，彩带圆网蛛一直待在蛛网的边缘上，冠冕圆网蛛则始终躲在隐蔽所里，它们就这样不安而又安静地窥视着对方。太阳下山了，冠冕圆网蛛走出了隐蔽所，开始了新的一天的工作，它没有理睬彩带圆网蛛，径直走到了蛛网的中心区。而彩带圆网蛛似乎吓坏了，纵身跳了下去，很快便消失在迷迭香丛中。

随后，我又进行了多次实验，结果都一样。彩带圆网蛛的胆子原本很大，可是或许由于蛛网的结构不同，或许由于蛛网的黏性不同，它的胆子变小了，不敢主动发起攻击。

冠冕圆网蛛则静静地待在隐蔽处，等待夜晚降临之后，才鼓足勇气，重新出现在舞台上。而只要它一出现，就能把入侵者吓跑。在这里，胜利属于权力被侵犯的一方。

从人类的道德伦理角度而言，这种情况是令我们满意的，但我们不能因此赞美圆网蛛：作为侵略者的彩带圆网蛛表现出了对冠冕圆网蛛的尊重，是很有必要的。

首先，对手是躲在"碉堡"里面的，彩带圆网蛛无法了解"碉堡"里有什么埋伏。其次，冠冕圆网蛛的蛛网黏性更大，使用起来很不方便，彩带圆网蛛才不会为了一个不一定有价值的东西而用自己的性命去冒险呢！彩带圆网蛛才不会做出这么愚蠢的事情。

但是，彩带圆网蛛一旦成为被侵犯产业的人，或者遇到的是另一只彩带圆网蛛或圆网丝蛛的网，便不会有丝毫的犹豫：它会凶残地杀掉主人，把这产业据为己有。

对此，我们可以说，力量压倒了权利。或者也可以说，在野蛮人中根本没有权利可言。

为了食物，动物世界的法则就是乱哄哄地你抢我夺，除了力不从心之外，没有任何约束。只有我们人类，可以摆脱这种本能，规定出某种权利，并随着意识的觉醒，缓慢地创造出权利来。

当然，这种神圣的烛光还摇曳不定，但年复一年地增长，它将成为光辉灿烂的火把，在人类的社会里结束动物的原则，并总有一天会彻底地改变社会的面貌。

图书在版编目(CIP)数据

法布尔昆虫记全集/龚勋主编. —成都：天地出
版社，2017.6
（中国少儿必读金典：全优新版）
ISBN 978-7-5455-2780-3

Ⅰ. ①法… Ⅱ. ①龚… Ⅲ. ①昆虫学—少儿读物
Ⅳ. ①Q96-49

中国版本图书馆CIP数据核字（2017）第088456号

法布尔昆虫记全集

出 品 人	杨 政
原 著	[法] 法布尔
主 编	龚 勋
责任编辑	李 蕊 夏 杰
责任印制	董建臣 张晓东

出版发行	天地出版社
	（成都市槐树街2号 邮政编码：610014）
网 址	http://www.tiandiph.com
	http://www.天地出版社.com
电子邮箱	tiandicbs@vip.163.com
经 销	新华文轩出版传媒股份有限公司

印 刷	北京彩虹伟业印刷有限公司
版 次	2017年6月第1版
印 次	2017年6月第1次印刷
成品尺寸	171mm×244mm 1/16
印 张	19
字 数	200千
定 价	39.80元
书 号	ISBN 978-7-5455-2780-3